Herwig R. Friedag/Walter Schmidt · Management 2.0: Kooperation

Management 2.0: Kooperation

Der entscheidende Wettbewerbsvorteil

Herwig R. Friedag,
Walter Schmidt

Haufe Mediengruppe
Freiburg · Berlin · München

Bibliographische Information Der Deutschen Bibliothek

Die Deutsche Bibliothek verzeichnet diese Publikation in der Deutschen National-
bibliographie; detaillierte bibliographische Daten sind im Internet über
http://dnb.ddb.de abrufbar.

ISBN 978-3-448-09328-5   Bestell-Nr. 00199-0001

© 2009, Rudolf Haufe Verlag GmbH & Co. KG
Niederlassung München
Redaktionsanschrift: Postfach, 82142 Planegg/München
Hausanschrift: Fraunhoferstraße 5, 82152 Planegg/München
Telefon: (089) 895 17-0,
Telefax: (089) 895 17-290
www.haufe.de
online@haufe.de
Lektorat und Produktmanagement: Günther Lehmann

Umschlag: kaiser werbung und design, Freiburg
Druck: fgb · freiburger graphische betriebe, Freiburg

Zur Herstellung dieses Buches wurde alterungsbeständiges Papier verwendet.

Vorwort

Wenn nicht alles täuscht, werden wir Mitte 2009 die Bodensenke eines globalen Abschwungs erreicht haben. Dann ist die Luft raus – wie man so sagt. Die Nachwehen in der Realwirtschaft werden wir noch eine Weile spüren, aber wenn wir die richtigen Lehren ziehen, könnten wir stärker aus der Krise hervorgehen, als wir hineingegangen sind.

Was war passiert? Das Platzen der Internetblase hätte bereits als Fanal gelten können, dass die lange Welle der Computerisierung ihren Höhepunkt überschritten hatte. Der Grenznutzen von Investitionen in die reale Wirtschaft war zu gering geworden. Deshalb floss die reichlich vorhandene Liquidität in spekulative Scheininnovationen. Doch der 2000er-Crash war relativ kurz und nicht wirklich global. Der Schock von „9/11" tat sein Übriges – die Welt war mit anderen Dingen beschäftigt. Statt nach einer neuen Basis für die Realwirtschaft zu suchen, wurden neue Spekulationsobjekte entwickelt und von allen Seiten kräftig gefördert. Doch wenn eine Welle ins Tal stürzt, können die Schaumkronen den Niedergang nur für eine kurze Zeit verdecken. Und so kam, was kommen musste.

Jetzt sind wir hoffentlich wach geworden und scheinen eines zu begreifen: Wir müssen mehr und viel intensiver als bisher miteinander kooperieren. Nicht nur die wichtigsten Industrienationen – die sogenannten G 20 – beschwören den Geist der Kooperation. Es zeigt sich auch, dass gerade jene Unternehmen, die auf Nachhaltigkeit und interne wie externe Zusammenarbeit setzen, offensichtlich besser mit den widrigen Umständen zurechtkommen: Management 2.0 – die Fähigkeit zur Kooperation und darauf aufbauender nachhaltiger Wirtschaftlichkeit – wird immer mehr als der entscheidende Wettbewerbsfaktor angesehen, der einen neuen Zyklus in der Weltwirtschaft einläutet. Auf dieser Basis könnte eine neue lange Welle des Aufschwungs erwachsen – die 6. Welle.

Diesem Wettbewerbsfaktor haben wir unser Buch gewidmet. Aufgrund der guten Erfahrungen mit dem Taschenguide „Balanced Scorecard" haben wir die fachlichen Inhalte in eine Geschichte verpackt. Constanze Trollinger wird Ihnen erzählen, wie sie ein norddeutsches Unternehmen gemeinsam mit ihren Kollegen auf Kooperation eingeschworen hat. Und auf dem Weg zu Management 2.0 ist einiges passiert… Aber am besten lesen Sie selbst.

Berlin, März 2009   Dr. Herwig R. Friedag Dr. Walter Schmidt

www.haufe.de/kooperation

Sie finden dort folgende Unterlagen:

a. Der komplette Foliensatz, den Friedag/Schmidt in ihren Workshops verwenden (wird periodisch aktualisiert)
b. Übersicht über ausgewählte Strategie-Konzepte
   1) Spieltheorie
   2) Ressourcen/Kernkompetenzen
   3) Structure follows strategy
   4) Produkt-Markt-Matrix
   5) SWOT-Modell
   6) Portfolio-Planung
   7) Strategie-Muster
   8) Wettbewerbsstrategie
   9) Shareholder Value
   10) Stakeholder-Ansatz
   11) Erfolgspotenziale
   12) disruptive Innovationen
   13) Ozean-Modell
   14) WEG-Modell
   15) Strategie als Kunst
c. Anforderungsprofile (Grundformular und das Beispiel eines Werks-Controllers)
d. Werkzeuge einer potenzialorientierten Unternehmensführung
   1) Umsatz-Potenzial
   2) Margen-Potenzial
   3) strategische Potenzialanalyse für Leistungen/Produkte
   4) Innovationsbeitrag
   5) Basistabellen zur Entwicklung eines strategischen Hauses
   6) Berichts-Scorecard
   7) Potenzialbewertung (Prinzipien und einfaches Berechnungsschema für Human- und Sachpotenziale)
   8) Chancenbezogene Achtsamkeit (Matrix)
   9) Potenzialorientierte Abschlussrechnung (Prinzipien und einfaches Berechnungsschema)
   10) Zielkostenplanung
   11) Verrechnungspreise
e. Literaturliste

Hinweise und Meinungsäußerungen zu den Dokumentationen und Tabellen nehmen wir dankbar entgegen:

Dr. Herwig R. Friedag: consult@friedag.com
Dr. Walter Schmidt: walter@ask-schmidt.de

Inhaltsverzeichnis

Verzeichnis der Abbildungen

Namensregister

Familie

Constanze Trollinger	gelernte Controllerin
Konrad Trollinger	Exmann aus Halberstadt, Küchenfabrikant
Astrid Menke	Schwester aus der Nähe von Stuttgart
Johannes Menke	Vater, lebt in Berlin
Doris	Lebensgefährtin des Vaters

Freunde

Klaus Döring	Freund aus Jugendtagen in Marburg
Helmut Stehlin	Freund des Vaters, ex-Bankier
Bernhard Credere	alter Freund ihres Vaters aus Bayern

Zeuss GmbH Husum

Dr. Gerhard Junker	Geschäftsführer
Harald Zeuss	Gründer der Zeuss Husum GmbH
Gudrun Zeuss	Witwe, verwaltet das Zeuss'sche Vermögen
Erwin Häberl	Freund des Vaters aus der Studienzeit
Marianne Noumos	Leiterin des Rechnungswesens
Angelika Servig	Sachbearbeiterin im Rechnungswesen
Margit Alwys	Leiterin Personal
Lasse Krämer	Einkäufer des Bereichs Antriebssysteme
Gernot Peters	Mitarbeiter Einkauf Antriebssysteme
Gunther Nieda	Nationaler Leiter Vertrieb Antriebssysteme
Serge Pijet	Export-Vertriebsleiter für Steuerungen / Antriebssysteme
Dr. Immanuel Perquiro	Entwicklungsleiter Steuerungen
Dr. Jonas Hinrichsen	Leiter der Bereiche Wartungssysteme und maritime Umwelttechnik
Rainer Grützmann	Leiter Projektmanagement
Werner Baumann	Leiter des Bereichs Antriebssysteme
Martin Flutzsch	Fertigungsleiter elektronische Steuerungen

A.Leiner AG

Gerd Paulick	Geschäftsführer
Dr. Hermann Geiger	Vertriebsleiter
Ivo Berking	Entwicklungsleiter
Peter "Schnibbel" Jost	kfm. Leiter

Berater

Amanda Albanski	NLP-Trainerin
NN	Moderatoren

Wir möchten darauf hinweisen, dass alle Personen bzw. Unternehmen frei erfunden, Ähnlichkeiten rein zufällig sind. Kursiv gesetzte Namen stellen reale Orte dar.

Einführung

Ein eiskalter Wind fegte über den Berg. Das Thermometer zeigte zwar nur 15 Grad minus, aber gefühlt waren es wenigstens minus 25 Grad! Constanze Trollinger, Mitte 30 und seit gut einem Jahr Geschäftsführerin saß mit Lasse, Freund und zugleich Mitarbeiter ihres Unternehmens, der Zeuss Husum GmbH, im Sessellift und fror.

Soeben waren sie noch die *Trametsch*, die längste Ski-Abfahrt der Südtiroler Alpen, heruntergefahren, aber nun zog es sie des Apfelstrudels wegen auf die *Pfannspitzhütte* – auf 2.500 Meter Höhe. Lasse beugte sich weit vor, um den Wind abzuhalten, Constanze zu schützen – es blieb aber eiskalt. Beim Ausstieg aus dem Sessellift passierte es: Noch ohne Stöcke verhakten sich ihre Beine, sie stürzte und fühlte einen unbekannten Schmerz. Lasse schaute verwundert zurück, brauchte einige Sekunden bis er begreift: Es war etwas passiert. Constanze kam nicht auf die Beine. „Mein linkes Knie, es will nicht."

Der Mitarbeiter der Liftgesellschaft rief die Gendarmerie, die nach knapp 10 Minuten mit einem Motorschlitten eintraf. Die oberflächliche Untersuchung zeigte: Constanze Trollinger musste in die Klinik nach Brixen transportiert werden. Ein grausiger Ritt auf dem Snowmobile – schlimmer als jede schwarze Pistenabfahrt – brachte sie in die Plose-Bergstation, und knapp 60 Minuten später begutachtete ein Arzt die Lage: „Gebrochen ist nichts, es scheint das Kreuzband zu sein, ob gerissen oder nicht, können wir hier nicht beurteilen. Wir werden das Knie jetzt fixieren, Sie sollten dann in den nächsten 10 Tagen in Deutschland zum Orthopäden gehen. Bis dahin bewegen Sie sich bitte wenig, aber mit Krücken wird es schon gehen."

So schnell konnte eine Skireise enden!

Lasse, inzwischen auch in der Klinik eingetroffen, tröstete Constanze, fuhr mit ihr in ihre Ferienwohnung, und vorsichtig half er ihr, die Treppe zu erklimmen. „Schiet, dass mir das passieren musste", schimpfte Constanze und machte es sich auf einem Sofa bequem.

Die Schmerzen waren auch in den nächsten Tagen nicht sehr stark, sie humpelte mit ihren Krücken durch die Wohnung, hatte viel Zeit, um im Fernsehen die Alpinen Ski-Weltmeisterschaften in Frankreich zu verfolgen und kam sich richtig überflüssig vor. Lasse war, „fahr nur, ich komme hier schon klar", nach zwei Tagen wieder auf den Berg gefahren. Glücklicherweise schien die Sonne, und dick vermummt saß sie auf dem Balkon. Die Gedanken gingen hin und her. Es war schon blöd, aber vielleicht auch ein Zeichen ihres Körpers, der sie mahnte, mehr hauszuhalten? Sie hatte in den letzten Jahren wirklich viel und recht intensiv gearbeitet.

Diese dreieinhalb Jahre waren schon heftig, was hatte sie nicht alles erlebt, mitgestaltet, wie viele Nächte sind draufgegangen, um aus einer kleinen „Forschungsbude" an der norddeutschen Westküste, ihrer Zeuss GmbH, ein wirklich feines Unternehmen zu machen.

Wie viele Schritte zum Management 2.0 waren dazu notwendig gewesen?

1. Im Spätsommer 2005 wurde Constanze als Controllerin bei Zeuss Husum eingestellt und erkannte schnell, dass im Unternehmen eine gemeinsame Strategie fehlte. In zwei Workshops hatten sich die Führungskräfte des Unternehmens ein gemeinsames Bild von ihrer Zukunft geschaffen und festgelegt, welche Ziele sie erreichen wollten. Kern der Strategie war die Erkenntnis, dass eine aktive Zukunftsgestaltung nur mit Kooperation gehen würde. Ja es war das gemeinsam entworfene Bild eines kooperativen Unternehmens, das alle begeistert hatte.

In ihrer Euphorie hatten sie sich auf einen weiten Weg gemacht, um schrittweise ihr Unternehmen zu verändern (s. Abb. 1):

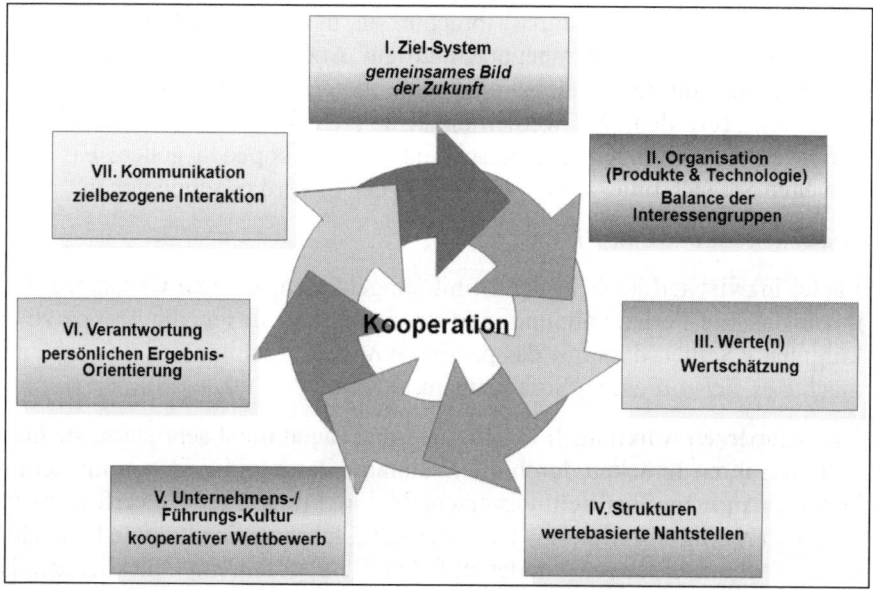

Abb. 1: Umsetzungsschritte für eine kooperative Strategie

2. Die Schärfung des Geschäftsmodells, das eine Konzentration auf ihre Kernkompetenzen ermöglichte. Damit einhergehend eine viel bessere Beobachtung, Erkennung und Beeinflussung ihrer Märkte, ihrer Kunden, ihrer Wettbewerber und Lieferanten.

3. Die Schaffung eines internen Marktes für die Organisation der Leistungserstellung bei Zeuss Husum, verbunden mit einer neuen Gestaltung der Kostenrechnung, der Einführung verhandelter interner Verrechnungspreise. Hierzu gehörte auch eine systematische Arbeit mit Zielkosten, Zielmengen und Zielportfolien sowohl auf dem Absatzmarkt als auch im Einkauf, bei der Kapitalbeschaffung wie auf dem Arbeits- und Bildungsmarkt.

4. Die Besinnung auf gegenseitige Wertschätzung als Kern kooperativer Wertschöpfung. Wertschätzung hat gravierende Folgen für die Gestaltung und Handhabung der Preisbildung im Rahmen eines durchgängigen Lieferkettenmanagements. Wertschätzung zeigt sich aber auch in der Entgelt- und Mitarbeiterpolitik, die sich zunehmend an der Entwicklung, Nutzung und Messung der Humanpotenziale orientiert. Und Wertschätzung gilt ebenso bei der Unterstützung von Entscheidungsprozessen durch stimmige Kennzahlen sowie durch Achtsamkeit für mögliche Chancen.

5. Das Experiment mit neuen Strukturen, der Clusterung eigenständiger Einheiten um den internen Markt, gab der gegenseitigen Wertschätzung Raum. Die Koordinierung durch einen Lenkungsausschuss, einer Gruppe für Preisstrategie & Lieferketten, einem Innovationsteam und einer Fertigungsgruppe sowie durch Kompetenzzentren sorgte für klare Linien zur Steuerung der Informationsströme.

6. Die Weiterentwicklung der Führungskultur führte zu mehr Orientierung auf einen „ausbalancierten" Bereich der Akzeptanz für alle relevanten Interessengruppen von Zeuss Husum. Durch eine konsequente Arbeit mit Regeln und adressierten Verantwortungsbereichen wurde eine Erhöhung des Anteils wirtschaftlich wirksamer Zeit erreicht. Die langsam Wirkung zeigende Konfliktkultur im Rahmen eines offenen, kooperativen Wettbewerbs zielte auf geduldige, die individuelle Motivlage der Mitarbeiter beachtende Innovation.

7. Ende 2008 hatten sie sich für ein transparentes System eindeutiger Verantwortung („EVen") entschieden. Es beruhte auf einer zielbezogenen

Verknüpfung der bestehenden Stellenbeschreibungen mit einer individuellen Resultatsorientierung. Bis zum Jahreswechsel hatten sie das bei allen Führungskräften umgesetzt und damit mehr Klarheit geschaffen, worin die Basis gegenseitiger Verlässlichkeit besteht. Jeder hatte übrigens
das aus seiner Sicht wesentliche Resultat als Gegenstand der persönlichen
Zielvereinbarung festgeschrieben. Damit wollten sie ihrem Ziel einer ver-
trauensbasierten Führung einen spürbaren Schritt näher kommen. Verlässlichkeit ist der Kern von Vertrauen.

8. Schließlich hatten sie begonnen, ihre Kommunikation zu verändern. Sie
   wollten von einer Praxis der Verlautbarungen einer Politik der Interaktion gelangen. Dabei ging es ihnen zum einen um die Konzentration des
   Berichtswesens auf die EVen des jeweiligen Empfängers, verbunden
   mit einer dialoggeführten Intranetplattform, die allen Führungskräften
   offen stand. Und zum anderen ging es ihnen um einen Übergang von
   der eher kurzfristig angelegten Wertsteuerung zu einer nachhaltigen
   Unternehmenssteuerung mit Potenzialen.

Da war sie nun nach dreieinhalb Jahren angelangt. Sie begannen Management 2.0, eine Philosophie der Kooperation miteinander zu leben, den Stil
von Befehl und Gehorsam durch eine vertrauensbasierte Führung zu ersetzen. Und Constanze schien es eine gute Basis zu sein, jetzt erst richtig loszu-
legen. Aber das kaputte Knie erzwang eine Pause. Die unverhoffte Ruhe und
die strahlende Sonne ließen einen Wunsch in ihr aufsteigen: einfach mal
aufzuschreiben, wie es dazu gekommen war. So fing sie an.

1 Potenziale – Was wir können und was wir wollen

Auf einen Blick:

❑ Einstieg: Wo stehen wir heute, welche Gefahren bestehen und welche Chancen könnten wir nutzen?

❑ Der grundsätzliche Zweck eines Unternehmens besteht in der Umwandlung von beschafften Potenzialen in Potenziale für Dritte. Die Wettbewerbsposition eines Unternehmens hängt davon ab, über welche Möglichkeiten und Fähigkeiten (Potenziale) es verfügt.

❑ Dieser Umwandlungsprozess erfordert Menschen, die ihn in Gang bringen und in Bewegung halten. Deren Tätigkeit unterliegt einem Rentabilitätsanspruch, denn die dabei erzielten Einnahmen müssen neben laufenden Ausgaben und Kapitalkosten auch die Ausgaben für die Zukunftssicherung bzw. eine Reservebildung decken.

❑ Mit Anforderungsprofilen lassen sich Potenziale – ob von Mitarbeitern, Lieferanten oder Kunden – strukturieren und messen. Wer seine Potenziale kennt, verbessert seine Chancen zur Potenzialausschöpfung und damit im Wettbewerb.

❑ Zusammenarbeit bringt mehr. Innerhalb wie außerhalb des Unternehmens. Wer gewinnen will, muss die Menschen lehren, miteinander und nicht gegeneinander zu arbeiten. Das erfordert, die Menschen mitzunehmen.

❑ Zum Mitnehmen benötigt man ein Bild von der gemeinsam gestaltbaren Zukunft als Grundlage einer Unternehmensstrategie.

Constanze kann es gar nicht fassen.

Nach allem, was ihr das Jahr 2005 bisher gebracht hatte, war der Sommer doch noch erholsam geworden: Sie sitzt am Bodensee. Der laue Augustabend gleitet mit einem leicht rot gefärbten Himmel in die Nacht, eine Nacht mit vielen Lichtern: Ein mit Girlanden besetzter Raddampfer bewegt sich gemächlich auf die Pier zu. Staunend blickende Menschen verlassen das Schiff. Die faszinierende Bühne, angestrahlt von vielen Scheinwerfern, liegt im See vertäut. Tausende haben bereits ihre Plätze in einem hoch aufragenden Amphitheater gleichen Zuschauerraum eingenommen. Über der Kulisse bewegt sich mit leichten Schnurren ein Zeppelin. Von den nahen Bergen grüßen blinkende Lichter die erwartungsvollen Zuschauer.

Was ist das Leben schön!

Bregenz, die Festspielstadt hat gerufen, und viele aus aller Herren Ländern sind gekommen, um dieses Schauspiel zu erleben. So auch Constanze. Zu Weihnachten hatte sie diese Reise zur Aufführung der Oper Troubadour von Giuseppe Verdi auf der Seebühne ihrem Vater geschenkt. Er sollte nach dem Tod seiner Frau wieder positive Gedanken fassen. Auch ihre „große" Schwester Astrid war zu ihnen gestoßen. Seit sie in der Nähe von Stuttgart lebt, ist die „Familie" viel zu selten zusammen. Umso mehr wertete es diesen Abend auf.

Letztes Weihnachten hatte Constanze Trollinger noch nicht gedacht, dass sich alles so schnell zum Besseren wenden würde. Sie, das kaufmännische Gewissen eines aufstrebenden Küchenmöbelherstellers aus Halberstadt in Sachsen-Anhalt verstand sich immer weniger mit ihrem Chef und Ehemann Konrad. War es der berufliche oder der private Zwist, der sie immer unzufriedener machte? Eigentlich lief das Unternehmen besser als viele erwartet hatten. Aber zu welchem Preis? Die Stimmung im Unternehmen wurde durch das schnelle Wachstum vergiftet. Überstunden ohne Ende, nur noch ein Ziel: Wachstum, Wachstum, Wachstum. Der Erfolgt drohte längst in eine Bedrohung umzuschlagen.

Auch die private Ebene war brüchig geworden. Der wirtschaftliche Aufstieg hatte beide dazu verführt, sich immer weniger Zeit für gemeinsame Stunden fern der betrieblichen Hektik zu gönnen. Es ist ohnehin schwierig, die Balance zwischen Beruf und privat zu halten, wenn man an führender Position im selben Unternehmen arbeitet. Wenn dann die Arbeit zum alles beherrschenden Thema verkommt; wenn die gegenseitige Achtsamkeit leidet; wenn das emotionale Band sich hinter sachlichen Erörterungen allmählich auflöst – dann ist die Gefahr groß. Dann bedarf es nur noch der Gelegenheit. Bei Messen oder Kunden- bzw. Lieferantenbesuchen geraten interessante Menschen in das Blickfeld, können schnell Beziehungen entstehen, die wenig mit „geschäftlich" zu tun haben…

Hinzu kam Konrads wachsendes Kontrollbedürfnis, er wollte alles im Griff haben, auch sie – und so hatte sie sich im Frühsommer entschlossen, eine Trennung herbeizuführen: auf beiden Ebenen. Es war wohl der richtige Augenblick. Die Einigung mit Konrad kam schnell zustande. Zumindest finanziell gab es keinen Streit, und Kinder waren nicht im Spiel. Mithilfe zweier Rechtsanwälte, die nicht überall nur Finten und Risiken sehen wollten, konnte das Scheidungsverfahren ohne Rosenkrieg, ohne Tränen und Beschimpfungen über die Bühne gebracht werden. So weit, so schlecht – aber vorbei.

Natürlich suchte sie nun eine neue Aufgabe und hatte sich bei einigen Unternehmen als Controllerin beworben, auch schon ein paar Vorstellungstermine hinter sich gebracht. Aber sie hatte Zeit, es drängte nichts. Erst einmal wollte sie die gewonnene Freiheit genießen.

Vor Constanze lag nun die noch leere Seebühne, erwartungsvoll lauschte sie der Ouvertüre. Sie freute sich auf die kommende Aufführung, hier in der Oper – wie in ihrem Leben.

Nach der bewegenden, mit vielen technischen Finessen erlebten Oper ließen sie den Abend in einem der Besucherzelte bei einem Viertele ausklingen. Selbstverständlich tranken sie keinen Trollinger. Das waren sie Constanze schuldig. Und zur Überraschung des Abends hörten die Schwestern vom Vater, dass er eine neue, na ja sagen wir „Bekannte" kennen und lieben gelernt hätte. „Das Leben ist viel zu kurz, um nur zu grübeln" – wie Recht er hatte! Vater wollte mit Doris bald zusammenziehen.

In gut 30 Minuten fuhren sie zu Dritt zurück nach *Nitzenweiler* nahe Kressbronn, wo sie die Nacht in einem kleinen Gasthaus verbrachten.

Am nächsten Morgen sah Constanze auf ihrem Handy die Nachricht, die auch ihr Leben für die nächsten Jahre prägen sollte: „Würden Sie gern einstellen. Beginn möglichst kurzfristig. Erbitten schnelle Kontaktaufnahme. Dr. Junker – Zeuss Husum." Sie rief gleich nach dem Frühstück zurück und verabredete ein Treffen am kommenden Montagnachmittag in Husum.

1.1 Die Zeuss Husum GmbH

Dr. Gerhard Junker war ein angenehmer Gesprächspartner. Er war ein schon etwas gesetzter Herr, wirkte eloquent und beherrschte gute Manieren; das hatte Constanze in der letzten Zeit ein wenig vermisst. In knappen Worten schilderte Dr. Junker die Situation des Unternehmens und die Erwartungen an die Zusammenarbeit mit Constanze.

Die Zeuss Husum GmbH wurde vor mehr als 30 Jahren von Harald Zeuss gegründet. Harald war ein leidenschaftlicher Tüftler und Ingenieur, der sich schon in jungen Jahren für Schiffsantriebssysteme begeistert hatte. Während seines Studiums arbeitete er als Hilfskraft in einem Entwicklungsteam der Hochschule, das ihn schnell schätzen lernte und nach dem Diplom unmittelbar übernahm. Harald erlebte das Glück des Tüchtigen. Gemeinsam mit seinem Studienfreund Erwin Häberl meldete er mehrere grundlegende Patente an. Weil die patentierten Lösungen zu einer spürbaren Verbesserung des Wirkungsgrads maritimer Antriebssysteme beitrugen, wurden sie bereits nach kurzer Zeit weltweit eingesetzt. Drei Jahre später nutzte Harald Zeuss die inzwischen nicht unerheblichen Patenteinnahmen, um sich selbstständig zu machen. Er gründete ein Unternehmen – die Zeuss Husum GmbH.

Harald Zeuss war ein inspirierender Mensch, der eine Reihe hochbegabter Ingenieure und Wissenschaftler um sich scharen konnte. So kamen neue Entwicklungsfelder hinzu – neben die Antriebssysteme traten Geschäftsfelder im maritimen Umweltschutz, spezielle Wartungssysteme, elektronische Bauteile und Steuerungen und schließlich ein Team von Beratern und Projektmanagern. Zeuss Husum beschäftigte inzwischen mehr als 250 Mitarbeiter.

Dann allerdings, völlig unerwartet und unvermittelt traf es die Familie Zeuss wie ein Donnerschlag: Harald hatte wie – so häufig – bis spät in die Nacht hinein gearbeitet. Gudrun, seine Frau, war längst schlafen gegangen. Gegen 3 Uhr morgens wollte Harald wohl eine Flasche Wein aus dem Keller holen. Er trank vor dem Schlafen gerne noch einen kleinen Schluck. Dort unten muss es passiert sein – man fand ihn am nächsten Morgen: Herzstillstand; er war nicht einmal 60 Jahre alt geworden.

Inzwischen waren vier Jahre vergangen. Gudrun Zeuss hatte sich schon vor Haralds Tod um das Vermögen der Familie gekümmert. Das hat sie fortgeführt; aber die Leitung der Firma war nicht ihre Sache. So übernahm Erwin Häberl, der alte Freund der Familie, die Geschäftsführung. Das war er Harald schuldig. Doch Erwin war immer als Wissenschaftler tätig gewesen. Im Gegensatz zu Harald hatte er das Institut nie verlassen. Er pflegte zwar zeitlebens einen engen Kontakt zur Industrie und zu Haralds Unternehmen. Aber Geschäftsführer der Zeuss Husum – das war doch etwas anderes. Frühzeitig deutete er daher Gudrun an, dass er mit seinem 65. Geburtstag das Engagement beenden werde. Als Berater und Freund des Hauses stände er noch zur Verfügung – aber nicht mehr. Beide suchten sie nach einem Neuen und wurden bei Dr. Junker fündig und handelseinig.

Nun war Dr. Junker sechs Monate im Amt. Schnell hatte er erkannt, dass Zeuss Husum zwar über hervorragende Spezialisten verfügte, aber kein wirkliches Team war. Die einzelnen Geschäftsfelder arbeiteten weitgehend nebeneinander her – es waren, wenn man so will, eigenständige Fürstentümer, die ihren einstigen König verloren und die Krönung eines neuen nicht zugelassen hatten. Erwin Häberl verspürte in keinem Augenblick den Ehrgeiz, dies zu ändern. Er wollte eigentlich nur das Zeuss'sche Vermächtnis erhalten. Vier Jahre aber sind eine lange Zeit, um Grenzen zu ziehen und unsichtbare Gräben auszuheben.

Gleichzeitig war das kaufmännische Bewusstsein bei Zeuss Husum nicht sehr stark entwickelt. Harald verfügte über ein ausreichendes Vermögen, sodass er sich als Tüftler den Luxus leisten konnte, nicht „wirtschaftlich" sein zu müssen. Diese Haltung war prägend für das Verhalten seiner Mitstreiter. Es ging immer um die technische Neuerung, die wissenschaftliche Leistung, die praktische Anwendbarkeit von Prinzipien – wenn dabei auch noch Gewinn abfiel, so war das nicht schlecht. Aber wirklich interessiert hat es eigentlich niemand. Zeit seines Lebens hatte Harald Zeuss niemals auch nur einen Pfennig bzw. Cent aus der Firma abgeführt. Im Gegenteil; wenn es nötig wurde, schob er frisches Kapital aus seinem Privatvermögen nach. Das aber wollte Gudrun nicht fortsetzen. Sie stellte die Forderung auf, Zeuss Husum zu einem echten Unternehmen zu entwickeln mit einer nachhaltigen Wertschöpfung und einer Eigenkapitalrendite von mehr als 10 %. Nur, Erwin Häberl war nicht der Typ, diese Forderung umzusetzen. Das hatte er auch von Anfang an gesagt.

Damit lag der Ball bei Dr. Junker. Er hatte vor seinem Einstieg bei Zeuss Husum schon andere mittelständische Unternehmen erfolgreich geführt. Aber eine solche Konstellation war auch für ihn etwas Neues, das er als reizvolle Herausforderung ansah. Gerhard Junker studierte einst Wirtschaftsinformatik, und technische Erfahrungen waren ihm nicht fremd. Eine Basis als gleichberechtigter Gesprächspartner für die Experten von Zeuss Husum ergab sich daraus zwar nicht. Aber ein gewisses „Feeling" brachte er schon mit. Außerdem war er nicht der Typ des Herrschers. Das hätte ihm als Einsteiger auch wenig genützt. Er betätigte sich eher als Moderator, dessen Aufgabe darin bestand, den Menschen im Unternehmen ein gemeinsames Ziel zu verschaffen – und die Mitarbeiter allmählich an den Gedanken der Wirtschaftlichkeit zu gewöhnen. Dabei halfen ihm seine besonnene und ruhige Art und seine Aura, die ihm von Anfang an einen unterschwelligen Respekt verschafften.

Eine Aura zu haben ist eine tolle Eigenschaft; allein für den Erfolg reicht sie auf Dauer nicht aus. Unter den rund 250 Mitarbeitern von Zeuss Husum hatten nur drei (!) eine kaufmännische Ausbildung – die Leiterin des Rechnungswesens, Marianne Noumos, die ihr zuarbeitende Sachbearbeiterin Angelika Servig und Lasse Krämer, der Einkäufer aus dem Bereich Schiffsantriebssysteme. Abhilfe tat Not. Auf eine Anzeige meldete sich neben anderen auch Constanze. Sie war Dr. Junker besonders aufgefallen, weil sie nicht nur auf ihre Befähigungen für den Job hingewiesen hatte, sondern bereits in ihrem Bewerbungsschreiben andeutete, was sie vom Unternehmen erwartet und welche Verantwortung sie als Controllerin übernehmen wollte. Und auch die eingeschaltete Personalberatung vermittelte nach dem Vorgespräch einen positiven Eindruck.

Nun also saß sie vor ihm. Sein Bauchgefühl hatte ihn nicht getäuscht. Sie war ihm auf Anhieb sympathisch, und anscheinend beruhte das auf Gegenseitigkeit. Constanze hatte ihren neuen Job!

Für den Anfang würde er ihr die Aufgabe stellen, alle Bereiche und Abteilungen zu besuchen, mit den Führungskräften und Mitarbeitern zu reden und die Zukunftsaussichten des Unternehmens zu analysieren. Da eine Messe bevorstand, sollte sie die Gelegenheit nutzen, den Markt ein wenig kennenzulernen. Insgesamt gab er ihr für die Einarbeitung sechs Wochen Zeit. Dann sollte sie ihm ihre Einschätzung vortragen.

Er würde alle Mitarbeiter über die neue Kollegin informieren und dass sie sich als Einstieg im Unternehmen umschaut. Sie solle ansonsten selbst entscheiden, wie sie an die Aufgabenstellung herangehen wolle. Und so kam es dann auch.

1.2 Der Einstieg bei Zeuss

Zuvor hatte Constanze zwei hektische Wochen hinter sich zu bringen: Sie suchte sich erst einmal eine kleine Wohnung in *Schobüll*, einem kleinen Dorf nahe Husum. So könnte sie bei gutem Wetter mit dem Fahrrad zur Arbeit fahren. Das erschien ihr in den heißen Spät-Augusttagen sehr verlockend zu sein. Zurück in Halberstadt ging es an die schwere Aufgabe, sich mit Konrad, ihrem Noch-Ehemann über die Aufteilung des Hausstands zu einigen. Aber ihre kleine neue Wohnung erleichterte diese Arbeit: Alles Sperrige, Voluminöse konnte bei Konrad bleiben, nur einige persönliche Erinnerungsstücke wollte sie in ihre neue Zukunft mitnehmen.

Mit einem Freund transportierte sie alles – der Kleintransporter war doch voll geworden! – nach Nordfriesland, richtete ihre neue Wohnung ein und konnte am 1. September bei Zeuss Husum loslegen.

1.2.1 Die Ausgangslage

Constanze ging an die Arbeit. Die sechs Wochen Einarbeitung vergingen wie im Fluge. Sie hatte sich umgetan, viele Unterlagen studiert, vor allem aber hatte sie sich mit allen Führungskräften getroffen und darüber hinaus in jedem Bereich mit wenigstens noch zwei oder drei weiteren Mitarbeitern gesprochen. Anfangs war man ihr mit Skepsis begegnet. Alle erwarteten, dass sie gleich als Kontrolleurin ihre Macht demonstrieren würde. Aber sie hat einfach nur zugehört, sich die Dinge erklären lassen und den Gesprächspartnern aufgezeigt, dass Controlling wenig mit Kontrolle, aber viel mit Transparenz zu tun hat. Ihr kommunikatives Talent und nicht zuletzt ihre wiedergewonnene Fröhlichkeit öffneten ihr die Türen.

Nun saß sie in Dr. Junkers Büro und präsentierte ihm ihre Einschätzung.

„Ich möchte Ihnen zu Beginn erst einmal zeigen, auf welcher Grundlage ich mir meine Einschätzung erarbeitet habe. Das kostet uns zwar fünf Minuten mehr, verbessert aber das Verständnis von dem, was ich sagen will", begann Constanze mit leiser Stimme ihre Ausführungen.

„Nur zu", versuchte er sie zu ermutigen. „Übrigens wird Ihnen aufgefallen sein, dass sich alle bei Zeuss Husum mit dem Vornamen und per „Du" ansprechen. Das sollten wir auch tun; ich heiße Gerhard."

Nach diesem Einstieg war das Lampenfieber Constanzes etwas gesunken, und sie begann ihre Präsentation: „Um die Zukunftsaussichten von Zeuss Husum einschätzen zu können, habe ich ein Potenzialmodell benutzt, das wir schon seit Jahren in Halberstadt als Orientierungshilfe eingesetzt haben. Dieses Modell ist nichts Neues, sondern geht in seinem Kern auf betriebswirtschaftliche Vordenker wie Gutenberg und Gälweiler zurück[1]. Es lässt sich durch folgendes Bild skizzieren (s. Abb. 2):

---

[1] Gutenberg bspw. hat sich bereits Mitte des vorigen Jahrhunderts ausführlich mit Potenzialen befasst. Er erklärt die Unternehmung als eine Kombination von Eignungspotenzialen, akquisitorischen Potenzialen und finanziellen Potenzialen [Gutenberg, E. (1980, 1983, 1984)]. Gälweiler hat zwanzig Jahre später den Faden wieder aufgenommen, indem er den Begriff des „Erfolgspotenzials" im Zusammenhang mit strategischer Führung einführte und ihn als dritte Orientierungsgröße neben Liquidität und Erfolg stellte (Gälweiler, A., 1974).

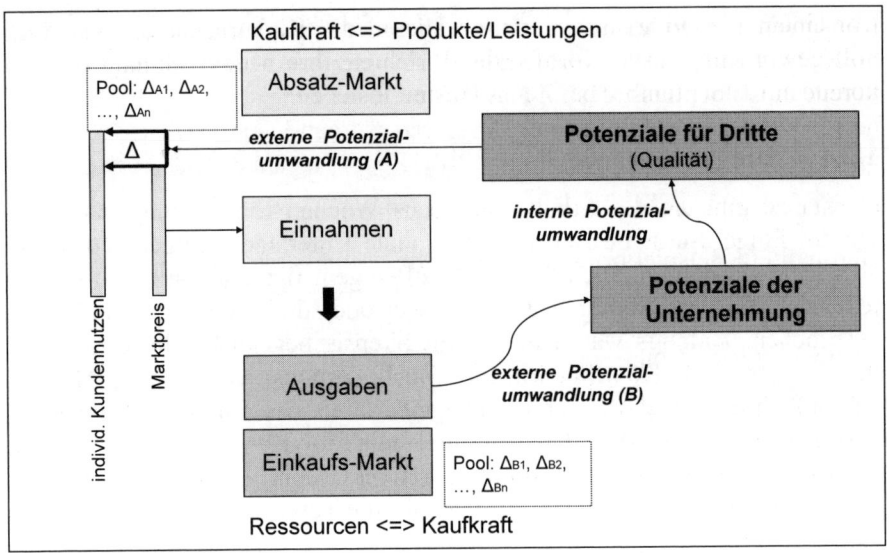

Abb. 2: Potenzialmodell

In der traditionellen Sicht verschaffen wir uns am Einkaufsmarkt die notwendigen Ressourcen (Mitarbeiter, Rohstoffe/Material, Kapital etc.), bearbeiten sie, liefern erstellte Produkte und Leistungen an unsere Kunden am Absatzmarkt und sind froh, wenn der Umsatz nach Abzug aller Kosten etwas Gewinn übrig lässt. So ist die Denkweise auch bei Zeuss Husum. Den Einkaufsmarkt behandeln wir dabei sehr stiefmütterlich – wenn vom ‚Markt‘ und von ‚Marktorientierung‘ die Rede ist, meinen wir ausnahmslos den Absatzmarkt. Der Einkauf ist einfach eine Funktion, die halt zu funktionieren hat, wie der Name schon sagt – aber keine strategische Bedeutung aufweist. Auch der Arbeits- und Kapitalmarkt werden in den Begriff der ‚Marktorientierung‘ eigentlich nicht einbezogen.

Wenn wir unsere Zukunftsaussichten einschätzen wollen, geht eine solche einseitige, enge Sicht am Kern der Dinge vorbei. Der grundlegende Zweck unseres Unternehmens liegt in der Umwandlung der den beschafften Ressourcen eigenen Potenziale in Potenziale für Dritte, für Kunden. Das muss in einer Weise geschehen, die der Kunde allein nicht oder nicht so gut wie wir bewältigen kann. Nur deshalb ist er bereit, uns dafür zu bezahlen.

Aus dieser Sicht beginnt der Unternehmensprozess mit dem Erwerb güter- und personengebundener Potenziale auf dem Beschaffungsmarkt. Er setzt sich fort durch deren interne spezifische Umwandlung in Potenziale, die für

Konsumenten (Dritte) nützlich sind. Er endet schließlich mit dem Verkauf dieser verwandelten Potenziale auf dem Absatzmarkt und dem daraus resultierenden Geldzufluss, dessen Kaufkraft für den erneuten Erwerb güter- und personengebundener Potenziale eingesetzt werden kann. Das ist der Grundprozess; dafür ist ein Unternehmen, auch Zeuss Husum da."

„Geht es auch etwas konkreter?", warf Gerhard ein.

„Ich will ein Beispiel bringen. Wären alle verfügbaren Potenziale von vornherein für jeden nutzbar, würde niemand auf die Idee kommen, dafür ein Unternehmen zu bemühen. Wer z. B. während einer Wanderung Wasser aus einem Bergbach trinkt, wird die entgeltliche Hilfe eines Unternehmens weder benötigen noch erwarten.

Derselbe Wanderer aber bezahlt ganz selbstverständlich seinen Obolus, wenn er auf einer Berghütte seinen Durst mit einem Glas Bier löscht. Denn das Bier muss aus dem Potenzial von Wasser, Hopfen und Malz erst durch die Erfahrung des Braumeisters und den Einsatz entsprechender Technik gebraut werden; und leistungsfähige Logistikprozesse müssen die Brauerei mit der Berghütte verbinden. Erst wenn diese vielen nützlichen, aber in ihrer ursprünglichen Form nicht als Bier trinkbaren Potenziale in das Genusspotenzial des auf der Hütte verfügbaren Bieres verwandelt wurden, kann der Wanderer seinen Durst stillen.

Dieser Umwandlungsprozess – in welcher Weise auch immer er im konkreten Fall gestaltet sei – erfordert Menschen, die ihn in Gang bringen und in Bewegung halten. Sobald es sich dabei um Menschen handelt, die ihr Handeln wirtschaftlich organisieren, kommt eine zweite Bestimmung hinzu – ihre Tätigkeit unterliegt einem Rentabilitätsanspruch: Die Einnahmen müssen

- die laufenden Ausgaben
- sowie die Ausgaben für
  - Kapitalprozesse,
  - Zukunftssicherung und
  - Reservebildung decken.

Potenzialumwandlung und Rentabilitätsanspruch sind die grundsätzlichen Merkmale, die ein Unternehmen kennzeichnen."

1.2.2   Wettbewerbsvorteile auf allen Ebenen

Langsam wurde Gerhard unruhig. „Das ist eine schöne Geschichte, der ich auch gerne zustimme. Aber was hat das alles mit Zeuss Husum zu tun? Du bist mir immer noch zu abstrakt und solltest nun auf den Punkt kommen."

„Da bin ich schon längst. Nehmen wir als Erstes das Verhältnis von Vertrieb und Einkauf unter die Lupe. Beide haben im Grunde dieselbe Aufgabe, aber bei Zeuss ignorieren sie sich nicht einmal. Ich fragte sie, wann sie das letzte Mal miteinander über ihre Arbeit gesprochen haben. Sie wussten es nicht; sie wussten nicht einmal, ob sie das überhaupt schon einmal getan hatten in den mittlerweile mehr als 15 Jahren, seit sie sich kennen."

„Wie kommst Du zu der Behauptung, dass beide dieselbe Aufgabe haben?"

„Ganz einfach: Der Vertrieb beschafft uns Geld. Schon die Sprache formuliert eine gewisse Nähe zum Einkauf. Aber es geht um mehr. Am Geld interessiert uns nur vordergründig die Menge und ob sie die Kosten deckt. Eigentlich wollen wir das Potenzial des Geldes zur Verfügung haben, all jene Dinge kaufen zu können, die wir zur erneuten Potenzialumwandlung brauchen. Uns interessiert die Kaufkraft.

Allerdings sind Geldvolumen und Kaufkraft nicht dasselbe. Das merken wir sehr schnell, wenn die Inflation eine spürbare Marke übersteigt und uns das Geld zwischen den Fingern zu zerrinnen scheint. Doch letztlich zeigt sich der Erfolg des Vertriebs erst im Einkauf.

Wie viel Kaufkraft wir durch den Verkauf unserer Produkte wirklich erlangt haben, lässt sich nur am Potenzial ermessen, das wir für unser Geld auf dem Beschaffungsmarkt bekommen. Das merken wir aber bei Zeuss Husum gar nicht, weil Einkauf und Vertrieb nicht miteinander reden; und Hand aufs Herz – haben Sie…", Constanze stockte, „hast Du schon einmal bewusst darauf geachtet?"

„Mach weiter. Ich höre Dir zu. Jetzt wird es auch für mich spannend!"

„Aus Sicht der geldgebundenen Potenziale ist also der Vertrieb Kaufkraft-Einkäufer und der Einkauf Kaufkraft-Verkäufer. Das klingt absurd, ist aber die Praxis. Wir bemühen uns vertriebsseitig gerade, unsere A-Kunden besser zu betreuen, weil wir uns davon Wettbewerbsvorteile versprechen. Dazu soll unser Key Accounting ausgebaut und effektiver gestaltet werden.

Im Einkauf sind wir noch nicht einmal auf den Gedanken gekommen, dass Key Accounting auch dort erhebliche Wettbewerbsvorteile bringen kann. Sind unsere Lieferanten wirklich die besten, unterscheiden wir überhaupt nach strategischen Lieferanten, und sind wir bei diesen ein bevorzugter Kunde[2]?

Bei unseren Kunden bemühen wir uns wenigstens darum, einzigartig zu sein, um strategische Vorteile zu erlangen. Wissen wir aber bei unseren Lieferanten, ob sie – und wenn ja – welche strategische Bedeutung sie für Zeuss Husum haben? Wissen wir, ob bestimmte Zulieferungen und deren Hersteller von unseren Kunden explizit bemerkt und als für sie wertvoll eingestuft werden? Können wir einschätzen, inwieweit der Preis, den der Kunde uns zahlt, von bestimmten Komponenten beeinflusst wird, die wir einkaufen? Ist seine grundsätzliche Entscheidung, bei uns einzukaufen, sogar davon abhängig, dass wir bestimmte Komponenten ausgewählter Hersteller beziehen? All das wissen wir nicht und können wir nicht einschätzen, weil bei Zeuss Husum anscheinend noch nie einer diese Fragen gestellt hat.

Einkauf, Marketing und Vertrieb müssten wirklich eng miteinander kooperieren, um eine brauchbare Antwort zu finden. Allein, sie reden ja nicht einmal miteinander über ihre Arbeit.

1.2.3   Anforderungsprofile

Das gilt übrigens nicht nur einseitig Richtung Einkauf. Der Vertrieb könnte so manches vom Einkauf lernen. Lasse Krämer, unser Einkäufer im Bereich Antriebssysteme arbeitet z. B. mit Lieferantenklassifizierungen auf der Basis von Anforderungsprofilen[3]."

Constanze musste aufpassen. Ihre Gedanken flogen hin und her. Sie war zwar noch im Gespräch mit Dr. Junker, dachte aber auch an den Nachmittag, den sie mit Lasse verbracht hatte. Im Rahmen ihres Kennenlernens der Zeuss GmbH hatte sie mit Lasse Ideen und Gedanken ausgetauscht und Gefallen an ihm gefunden. Eine Verabredung am folgenden Sonntag, es war ein Wahltag, folgte. Sie fuhren gemeinsam zum Norderhafen in Nordstrand und spazierten auf dem Deich Richtung *Holmer Siel*. Nachdem die Sonne am Horizont verschwunden war und sie gegen den Wind zurück zum Wagen laufen

---

[2]   Die Fragestellung ist dem Buch „Die 3 Faktoren des Einkaufs" von Schumacher S. C. et. al. (2008) entnommen.

[3]   S. Anhang „Controllinginstrumente"; Stichwort: Anforderungsprofile.

mussten, wurde es richtig kalt (was an der Nordsee ‚frisch' heißt!) und sie beschlossen, nach Süden zum Aufwärmen zu fahren. In der *lütten Nordstrander Teestuv* wurde ihnen bei einem Pharisäer mit Friesentorte wieder warm...

Natürlich blieb es nicht allein bei unternehmensrelevanten Gesprächen, Lasse war ein nicht nur interessanter und amüsanter, sondern auch recht gut aussehender junger Mann, der einem schon die Augen verdrehen konnte. Zudem konnte er toll von seinen Erlebnissen beim Wellenreiten erzählen – nicht hier an der doch etwas ruhigeren Eiderstädter Küste, sondern am Strand vom nahen Sylt. Aber Constanze hielt sich dann doch zurück – eine Affäre in der Probezeit kann problematisch sein! In den nächsten Tagen vermied sie den direkten Kontakt zu Lasse, aber er ging ihr nicht aus dem Sinn. Auch jetzt nicht!

„Die Problematik unserer Lieferantenprofile", setzte sie nach einer kurzen Verzögerung, die wohl nur sie bemerkt hatte, fort, „besteht leider darin, dass Herr Krämer sie faktisch im Alleingang erarbeitet hat. Kaum jemand weiß, dass es sie gibt. Und der strategische Bezug beruht ausschließlich auf Vermutungen. Auch die Ableitung von Maßnahmen erfolgt eher sporadisch, isoliert und inkonsequent. Es ist im Moment nicht viel mehr als eine ‚Hobbyveranstaltung' von Lasse. Aber das Instrument ist da. Wir müssten es nur systematisch einsetzen, indem wir strategische Orientierungen setzen und die Kooperation aller Beteiligten organisieren.

Doch es geht noch viel mehr. Warum klassifizieren wir unsere Kunden nicht ebenso und erstellen für jeden Zielkundentyp differenzierte Anforderungsprofile mit Soll und Ist? Dann könnten wir über geeignete Maßnahmen reden, wie wir unseren vertriebsseitigen Zielen schrittweise näher kommen. Die Systematik lässt sich dafür ohne Weiteres nutzen. Wir bräuchten dann allerdings halbwegs konkrete Vorstellungen über die Zielkunden und der Art, wie sie ‚ticken'. Aber ist das nicht ohnehin eine Aufgabe von Marketing und Vertrieb? Warum haben wir das nicht längst gelöst?

Und was ist mit den Mitarbeitern? Wir könnten in analoger Weise Mitarbeiterkompetenzprofile erarbeiten. In Halberstadt haben wir damit gute Erfahrungen gemacht. Mit seinem individuellen Profil, das jährlich im Gespräch aktualisiert wird hinsichtlich Anforderungen, Gewichtung und Bewertung, kann jeder Mitarbeiter zum Vorgesetzten gehen und auf Fortbildung oder – sofern das ins Profil einbezogen wird – auf Verbesserung der arbeitsplatzbezogenen Infrastruktur drängen. Und Margit, unsere Personalleiterin sieht vorab, in welchen Bereichen wir uns um Fortbildungsmaßnahmen kümmern müssen, wo die dringendsten Bedarfe bestehen.

Manche Unternehmen kalkulieren den Aufwand, um einen neuen Mitarbeiter zu finden und einzuarbeiten, auf über 100.000 €. Mag sein, dass es bei Zeuss Husum weniger ist. Das habe ich noch nicht feststellen können. Aber auf der Basis von Profilen hätten wir die Chance, den Wert auch für uns halbwegs nachvollziehbar einzuschätzen. Im Übrigen sind das dann auch die Kosten, wenn wir einen kompetenten Mitarbeiter nicht halten können! Sollten wir uns nicht vornehmen, die Mitarbeiterentwicklung mit diesen Kompetenzprofilen rationaler, nachvollziehbarer und damit besser zu gestalten?"

Constanze machte wie zur Unterstreichung eine kleine Pause, um dann ihren Gedankengang erst einmal abzuschließen.

„Das alles sind Potenziale, die offen vor uns ausgebreitet liegen. Wir brauchen sie nur aufzuheben. Das kleine ‚Zauberwort' heißt **Kooperation** und beginnt damit, dass Vertrieb und Einkauf miteinander über ihre Arbeit reden. Aber das hatte ich ja schon erwähnt."

1.3   Potenziale

Jetzt atmete Gerhard Junker tief durch. „Die Botschaft ist angekommen. Allein, Du sprichst immer vom ‚Miteinander reden'. Das geht in Ordnung. Nur, die Leute reden ja miteinander – gut, gut, sie reden nicht über die Verbesserung ihrer Arbeit, aber sie sind sich nicht fremd. Und ganz unter uns – man muss auch nicht immer über die Arbeit reden. Dann wird man ja meschugge. Worum es bei uns eigentlich geht, sind fehlende gemeinsame Ziele, die aus einer gemeinsamen Strategie entstehen. Erst dann haben wir doch eine Orientierung für sinnvolle Anforderungsprofile – seien sie nun für Kunden, Lieferanten oder Mitarbeiter.

Eine gemeinsame Strategie erarbeiten ist jedoch meine Führungsaufgabe und zukünftig auch Deine. Wir müssen die Initiatoren sein. Es ist jetzt auch die Zeit reif; damit alle endlich wissen, wo die Reise hingehen soll. Vorher dürfen wir den Mitarbeitern keine Vorwürfe machen. ‚Wer nicht weiß, wo er hin will, darf sich nicht wundern, wenn er woanders ankommt', sagte schon Mark Twain, obwohl er Zeuss Husum gar nicht kannte."

Gerhard lachte kurz in sich hinein. „Kooperation ist schön und gut. Aber wir müssen wissen, für welche Ziele wir kooperieren sollen und was dadurch besser klappt."

„Da will ich ja auch hin", Constanze hob die Stimme. Da war sie wieder, die Aufregung. Wird sie erklären können, was sie meint?

„Hast Du noch mehr?" Gerhard schmunzelte ein wenig über ihren Eifer. Andererseits war er sich nicht einmal ganz im Klaren, ob er wirklich noch mehr hören wollte. Aber Constanze hatte Fahrt aufgenommen und verstand seine Frage als Aufforderung.

1.3.1 Potenziale liegen brach

„Es geht gerade erst los. Potenziale erscheinen nicht nur als Kaufkraft, also in geldgebundener Form, sondern sind auch an Produkte und Personen gebunden. Dass Zeuss Husum das bisher nicht beachtet, kommt uns teuer zu stehen."

„Nun aber langsam; jetzt willst Du wohl scharf schießen und richtest Kanonen auf Spatzen." Gerhard wurde allmählich doch etwas unruhig. Eine derartige Präsentation hatte er nicht erwartet. Aber er war auch neugierig, was ihm da noch so alles auf den Tisch gelegt werden würde. Also fing er sich im selben Augenblick. „Mach weiter."

„Schauen wir uns den Umsatz etwas näher an. Wir verkaufen unsere Produkte in Kombination mit diversen Serviceleistungen, die wir nicht kalkulieren. In meinen Gesprächen wurde mir nur gesagt, dass diese Praxis schon immer so war bei Zeuss Husum. Ob es dabei um nennenswerte Beträge geht, hat noch keiner hinterfragt. Aber alle sind der Meinung, dass es sich eher um Peanuts handelt und der Aufwand nicht lohnt, das näher zu untersuchen.

Dann habe ich von Margit von der Personalabteilung erfahren, dass es bei uns schon seit Jahren penible Stundennachweise gibt, aus denen sich diese versteckten Serviceleistungen faktisch auf Knopfdruck herausfiltern lassen.

Ich habe den Knopf gedrückt: Für die vergangenen drei Jahre ergab sich folgendes Bild:

---

versteckte Leistungen

versteckte Dienstleistungen

beteiligte Servicemitarbeiter	50	Durchschnitt pro Monat
aufgewandte Servicestunden	10	Durchschnitt pro Monat
Ø Stundensatz der Beteiligten	75,00 €	Berechnung aus Personaldaten
versteckte Dienstleistung	**450.000 €**	jährliches Potenzial

Bei einer monatlichen Arbeitszeit von ca. 170 Stunden fallen beim Einzelnen 10 Stunden gar nicht so ins Gewicht, zumal die 50 Personen nicht immer dieselben sind und die 10 Stunden Servicearbeit nicht im Block geleistet werden. Ich will auch gar nicht diskutieren, was da alles unter der Rubrik „Service für Kunden" abgerechnet wird. Dennoch sind 450 T€ ein zu großes Umsatzpotenzial, um einfach zur Tagesordnung überzugehen.

Darüber hinaus schenken wir unseren Kunden Finanzdienstleistungen von mehr als 840 T€. Ich habe festgestellt, dass zwischen der Auslieferung unserer Ware und der Rechnungslegung im Schnitt 12 Tage liegen. Zusätzlich gewähren wir faktisch eine zinsfreie Zahlungsfrist von 98 Tagen – das steht so nicht in unseren Konditionen, aber in unseren Büchern. Außerdem stellen wir ohne Anrechnung einen Lagerzeitraum von durchschnittlich 37 Tagen zur Verfügung, damit wir jederzeit auf Abruf lieferfähig sind. Insgesamt leisten wir uns eine kundenbezogene Kapitalbindung von ca. 14 Mio. €. Wenn wir unseren günstigen Kontokorrentzinssatz darauf anwenden und zum Schluss die relativ wenigen gewährten Skonti noch hinzuzählen, ergeben sich die eben genannten rund 840 T€.

---

versteckte Finanzleistungen		
Ø Umsatz 2002-2004	35	Mio. € p. a.
Ø Dauer der FE-Lagerung	37	Tage
Kapitalbindung	3.548	T€
Ø Dauer der Rechnungslegung	12	Tage
Kapitalbindung	1.151	T€
Ø Reichweite der Forderungen	98	Tage
Kapitalbindung (Ø Forderungsbestand)	9.397	T€
Kapitalbindung, gesamt	14.096	T€
Zinssatz Kontokorrent	5,8 %	
versteckte Finanzleistung	**817.568 €**	jährliches Potenzial
gewährte Skonti	**24.897 €**	Quelle: Buchungsdaten

Zusammen mit den Serviceleistungen hätten wir also schon ein verstecktes jährliches Leistungspotenzial von fast 1,3 Mio. €. Selbst wenn wir davon nur 25 % freisetzen, steigt unsere Umsatzrendite um fast 1 %. Das wäre nicht die Welt, aber dennoch kein schlechter Erfolgsbeitrag.

Aber bisher wissen wir weder, wie sich das Potenzial auf die einzelnen Kunden verteilt, noch haben wir es in den Preisen kalkuliert. Dazu müsste der Vertrieb mit dem Personalwesen und dem Rechnungswesen entsprechend kooperieren. Doch auch sie haben noch nie derartige Fragen miteinander erörtert. Sie kennen zwar die Probleme, haben aber daraus nicht die Aufgabe abgeleitet, kooperativ nach einer Lösung zu suchen."

Gerhard war still geworden. Ihm schwante, dass da noch viel im Argen lag bei Zeuss Husum. Aber nun wollte er es wissen. „Pack alles auf den Tisch, Constanze. Deine Sicht beginnt mich zu überzeugen. Wir haben offensichtlich viel zu tun."

1.3.2 Chancen der Potenzialausschöpfung

„Das kann man wahrlich so sagen. Aber darin liegt doch auch unsere Chance. Bis jetzt ist Zeuss Husum immer gerade so durchgekommen. Wenn wir unsere Potenziale erkennen und lernen, wie wir sie heben können, sind unsere Zukunftsaussichten enorm. Sieh es doch einfach positiv.

Gut, kommen wir zum nächsten Punkt. In den Kundenbeziehungen selber liegen weitere Potenziale: Du kennst unsere Umsatzstruktur:

Umsatzstruktur		A-Kunden		B-Kunden		C-Kunden
	T€	Anzahl	Anteil	Anzahl	Anteil	Anteil
Umsatzstruktur 2004						
Antriebssysteme	26.298	5	65 %	27	32 %	3 %
Umweltschutz	3.236	3	82 %			18 %
Wartungssysteme	1.822	1	57 %			43 %
elektronische Bauteile				42	45 %	55 %
und Steuerung	2.316					
Beratung und						
Projektmanagement	1.655	1	35 %			65 %
Leitung. Verwaltung						
Gesamt T€	**35.327**	**10**	**21.365**	**69**	**9.458**	**4.504**
	100 %		60 %		27 %	13 %

Sie hat sich in den letzten Jahren kaum verändert. Auch das Volumen stagniert seit drei Jahren bei ca. 35 Mio. €. Das müsste nicht so sein, sagte mir Gunther Nieda, der nationale Vertriebsleiter Antriebssysteme. Wir verschenken zu viel Potenzial insbesondere bei unseren A-Kunden. In den letzten drei Jahren haben die ihren Umsatz um mehr als 25 % gesteigert. Die Abnahme von Antriebssystemen durch diese A-Kunden stieg zwar über alle ihre Lieferanten betrachtet nicht ganz so schnell, aber ca. 20 % waren es schon. Unsere Lieferungen sind dagegen fast konstant geblieben. Also ist unser Lieferanteil bei den A-Kunden zurückgegangen – andere Lieferanten haben einen größeren Lieferanteil errungen.

Ich habe ihn gefragt, ob wir so viel schlechter geworden sind. Das hat er verneint. Unsere Kernleistungen sind nach wie vor wettbewerbsfähig. Aber die anderen managen ihre Zulieferkette irgendwie besser. Ich erinnere nur an die Engpässe beim Zukauf von Steuerungselementen im vorigen Sommer. Da wurden wir offensichtlich stiefmütterlich behandelt. Einige unserer Wettbewerber hatten scheinbar einen besseren Stand. Auf die Rolle, die der Einkauf hierbei spielen könnte, habe ich ihn hingewiesen. Doch mit Lasse hat Gunther nicht darüber gesprochen. Das sei bei uns nicht üblich. Aber er könne sich vorstellen, dass ,man das versuchen sollte'. Na immerhin.

Wir haben dann mal versucht, das Umsatzpotenzial[4] zu bestimmen, das wir durch den Rückgang des Lieferanteils verlieren. Aus den Unterlagen von Gunther geht hervor, dass der Zulieferbedarf unserer Kunden – bezogen auf das Leistungsportfolio des Bereichs Antriebssysteme – im vergangenen Jahr bei über 215 Mio. € lag. Unser Lieferanteil betrug etwa 12 %. In diesem Jahr wird der Zulieferbedarf voraussichtlich auf über 230 Mio. € steigen. Wir aber gehen von einer etwa gleichbleibenden Lieferung in Höhe von 26,5 Mio. € aus. Damit sinkt unser Anteil auf unter 11,5 %.

Angenommen, wir könnten unseren Anteil wenigstens halten, ergäbe das bereits einen zusätzlichen Umsatz für Zeuss Husum von 1,7 Mio. €.

Weiterhin angenommen, wir könnten in unserem Einkauf von den jeweils besten Anbietern der Welt beziehen und wären überall bevorzugter Kunde – die Verkaufschancen unserer Antriebssysteme würden sich spürbar erhöhen. Nach Meinung von Gunther stiege damit unser Anteil wieder auf ca. 13 %, und der Umsatz erreicht die 30 Mio. €-Marke.

Außerdem sieht er unter diesen Bedingungen die Möglichkeit, zwei weitere große Kunden zu gewinnen, die sich schon längere Zeit für unsere Kernlösung interessieren, aber mehr Zuverlässigkeit vor allem bei den Steuerungs-

---

[4] S. Anhang „Controllinginstrumente"; Stichwort: Umsatzpotenzialplanung.

elementen erwarten. Das Auftragspotenzial schätzt er ‚vorsichtig' auf 7,5 Mio. €.

Nun sind Einschätzungen immer so eine Sache. Dennoch lässt sich bei Zeuss Husum allein im Bereich Antriebssysteme ein unerschlossenes Umsatzpotenzial von ca. 10 Mio. € ziemlich konkret identifizieren. Wenn es uns auch hier gelingt, nur ein Viertel davon zu heben, würde Zeuss Husum einen deutlichen Schritt nach vorn gehen und die seit Jahren anhaltende Stagnationsphase hinter sich lassen."

„Warum um alles in der Welt tun wir das nicht?", entfuhr es Gerhard fast wie ein Stoßseufzer.

„Vielleicht liegt es daran, dass bisher noch keiner solche Fragen gestellt hat und bei uns Kooperation weitgehend ein Fremdwort ist. Wir sind zwar ‚lieb' zueinander. Aber um die Arbeit des jeweils anderen kümmert sich eigentlich niemand so wirklich.

1.4 Das Bild der gemeinsamen Zukunft

Darüber hinaus konnte mir keiner der Bereichsleiter sagen, worin die inhaltliche Gemeinsamkeit von Zeuss Husum besteht, warum wir **ein** Unternehmen sind. ‚Weil Harald Zeuss es so gegründet und entwickelt hat', reicht mir als Begründung nicht aus. Ob sie sich denn Synergien aus einer Zusammenarbeit der Bereiche vorstellen könnten, habe ich alle Bereichsleiter gefragt. Denkbar sei das schon, war die fast einhellige Antwort. Aber konkret müsse man erst einmal schauen, was die anderen Bereiche so drauf haben.

Dabei habe ich mir von Immanuel, also von Dr. Immanuel Perquiro – dem Entwicklungsleiter für elektronische Steuerungen, bestätigen lassen, dass wir z. B. diese Elemente für die Antriebssysteme durchaus auch selbst entwickeln und fertigen könnten. Das erfordert auf der einen Seite Entwicklungsaufwand und einige kleinere Investitionen. Außerdem müssten wir unsere personellen Kapazitäten erweitern, wenn wir unsere bestehenden Kundenbeziehungen in diesem Bereich aufrechterhalten wollen. Auf der anderen Seite gewinnen wir beträchtliche Wettbewerbsvorteile, weil die Unzuverlässigkeit in der bisherigen Belieferung wegfiele und die Steuerungselemente in unseren eigenen Innovationsprozess eingebunden wären.

Das muss natürlich alles noch genau unter die Lupe genommen werden. Aber bisher wurde noch nicht einmal an diese Möglichkeit gedacht. Unser

Bereich für elektronische Bauteile und Steuerungen ist ja aus ganz anderen Intentionen heraus entstanden. Und der Bereich Antriebssysteme hatte halt schon immer fremde Zulieferer.

Das Zwischenfazit zeigt also, dass Zeuss Husum sich zwar durch gute Experten und Einzelleistungen auszeichnet und die Mitarbeiter sich nach ihrer Aussage bei uns wohlfühlen. Aber weder Einkauf und Verkauf, noch die fünf Geschäftsbereiche, noch Bereiche wie Personal- und Rechnungswesen arbeiten in nennenswerter Weise miteinander. Da hat es mich nicht gewundert, dass es ein unternehmensweit abgestimmtes Qualitäts- und Risikomanagement nicht gibt. Auch das Nachdenken über gemeinsame Kernkompetenzen wäre vollkommenes Neuland; von einer über alle Bereiche durchgängigen Gestaltung der gesamten Wertschöpfungskette – Einkauf, Personalentwicklung, Produkt- und Technologieentwicklung, Logistik, Lager, Fertigung, Verkauf, Rechnungslegung/Finanzen, Kundenbetreuung/Reklamationen bis hin zur Abfallverwertung und Verschrottung – gar nicht zu reden. Dass es kein organisiertes Controlling gibt, hat mich nicht überrascht. Schließlich hast Du mich deswegen eingestellt. Dass in Zeuss Husum so ‚konsequent‘ nebeneinanderher gearbeitet wird, war in diesem Ausmaß schon erstaunlich; zumindest für mich.

Dadurch entstehen ohne Zweifel erhebliche Wettbewerbsnachteile; einige davon habe ich versucht, in etwa zu quantifizieren. Dass Zeuss Husum dennoch nicht tief in den roten Zahlen sitzt, deutet auf enorme Basispotenziale hin, mit denen wir selbst eine so große Verschwendung von Möglichkeiten und Fähigkeiten bisher halbwegs verkraftet haben. Eines dieser Basispotenziale ist sicher das gute Betriebsklima; faktisch jeder, mit dem ich sprach, hat mich fast spontan darauf hingewiesen. Sie fühlen sich als Teil der großen Zeuss Husum Familie. Man ist nett zueinander.

Welches Potenzial sich aus einer engeren Kooperation all unserer Bereiche tatsächlich ergeben kann, ist gegenwärtig nicht wirklich abschätzbar. Es würde sich nach meiner Auffassung allemal lohnen, das näher zu untersuchen. Wenn unsere Experten erst einmal miteinander reden und sich gegenseitig erklären, was sie können, werden sich neue Ideen ergeben, von denen wir heute noch gar nichts wissen. Ich würde darauf wetten, dass sich darunter auch solche befinden, die wir mit Erfolg vermarkten können. Im Ergebnis wird sich Zeuss Husum wesentlich besser am Markt positionieren können als heute.“

„Topp, die Wette gilt", warf Gerhard ein. Er hatte auch schon etwas im Kopf, über das er unlängst mit Dr. Jonas Hinrichsen, dem Leiter der Bereiche Wartungssysteme und maritime Umwelttechnik, und Dr. Perquiro gesprochen hatte. Eine Entwicklungsmöglichkeit mit hohem Synergiepotenzial und aussichtsreichen Erfolgschancen. Aber das Ganze war noch nicht spruchreif; eine Patentanmeldung war zwar eingereicht aber noch nicht bestätigt. Die Drei hatten deshalb Stillschweigen vereinbart; und so sagte er Constanze nichts über seine Gedanken. Aber sie hatte ihn mit ihrer Einschätzung in seiner Denkrichtung bestärkt.

„Lass uns hier eine Pause machen. Ich muss erst einmal durchatmen und das alles verdauen. Wir gehen ein bisschen spazieren, essen etwas zu Mittag und dann werden wir uns darüber unterhalten, was wir tun wollen."

Gesagt, getan – sie fuhren zum Hafen zu *Tante Jenny*, einem der ältesten Restaurants in Husum und genossen ein herzhaftes Mittagessen. Anschließend schlenderten sie noch ein bisschen am Wasser entlang bis hinunter zur Klappbrücke an der Hafeneinfahrt. Obwohl es schon Oktober war, vergnügten sich viele Menschen in den Straßencafes, schlenderten Touristen wie Einheimische in der Sonne am Hafen entlang, eisschleckend oder fischbrötchenkauend. Dann ging es wieder zurück.

1.4.1 Zieldimensionen

„Was schlägst Du vor?", nahm Gerhard den Faden wieder auf, nachdem er Constanze einen Earl Grey und sich einen Latte Macchiato serviert hatte.

„Ich denke, wir brauchen ein behutsames, aber konsequentes Programm zur strategischen Entwicklung all unserer Potenziale. Nur dann können wir die Forderung von Frau Zeuss nach ausreichender Wirtschaftlichkeit erfüllen, um das Unternehmen nachhaltig am Markt zu positionieren und dem Vermächtnis von Harald Zeuss gerecht zu werden."

„Damit wir nicht mit denselben Worten aneinander vorbeireden", warf Gerhard ein, „sollten wir uns einigen, was wir unter ‚strategisch' und ‚operativ' verstehen wollen. Schon Konfuzius soll ja vor 2.500 Jahren gesagt haben: ‚Bevor ihr euch streitet, klärt die Begriffe. '

Constanze schmunzelte innerlich über Gerhards Hang zu weisen Zitaten, aber sie ließ sich nichts anmerken. „Da hast Du vollkommen Recht. Fast jedes Lehrbuch liefert uns seine eigene Definition. Das stiftet oft mehr Verwirrung als es hilft. Ich habe im Studium Alois Gälweiler[5] gelesen; und seine Definition erschien mir am plausibelsten für die Praxis. Wir haben sie auch in Halberstadt erfolgreich angewendet."

1.4.1.1 Zieldimension Entscheidungsebene

„Im Grundsatz läuft die Unterscheidung darauf hinaus, strategisch und operativ am unterschiedlichen Umgang mit den Möglichkeiten und Fähigkeiten des Unternehmens zu unterscheiden – Gälweiler bezeichnet die Kombination beider als Erfolgspotenziale. Das effiziente Nutzen und Umwandeln aller verfügbaren Potenziale kennzeichnet unser operatives Geschäft. Nutzen ist jedoch leider immer mit Abnutzen verbunden. Zum Teil werden die Potenziale in die Produkte und Leistungen umgewandelt, die wir verkaufen. Zum Teil veralten sie – Dein Wissen aus dem DOS-Lehrgang Anfang der 90er Jahre ist wahrscheinlich nicht mehr ganz up to date. Zum Teil verschleißen sie einfach wie z. B. Maschinen. Deshalb müssen wir parallel zum operativen Geschäft ebenso systematisch und kontinuierlich Potenziale entwickeln bzw. erwerben. Das ist unser strategisches Geschäft."

„Ich hätte eigentlich ‚strategisch‘ kurz und knapp mit ‚langfristig‘ und ‚operativ‘ mit ‚kurzfristig‘ gleichgesetzt", meldete sich Gerhard zu Wort. „Das mit den Erfolgspotenzialen ist ja ganz plausibel aber ziemlich ungewohnt. Es erscheint mir auf den ersten Blick auch ganz schön kompliziert. Glaubst Du, dass wir damit unsere Pappenheimer hinter dem Ofen hervorlocken?"

„Das war in Halberstadt zunächst auch ein Gewöhnungsprozess, hat uns dann aber eindeutig geholfen. Wir können uns besser auf das jeweilige Tun konzentrieren. Das strategische Geschäft erfordert andere Entscheidungen und andere konkrete Maßnahmen als das operative, deshalb ist es so wichtig, die Dinge nicht zu vermischen. Es ist eben ausschlaggebend, dass wir einerseits effektiv arbeiten, d. h. jene Potenziale entwickeln, mit denen wir Wettbewerbsvorteile realisieren können – andererseits geht es beim Nutzen der verfügbaren Potenziale darum, sie effizient zu verwerten. Strategisch bedeutet daher auch: die richtigen Dinge tun für unsere Kunden; und operativ heißt dann, die Dinge richtig tun (s. Abb. 3):

---

[5] A. Gälweiler (1974).

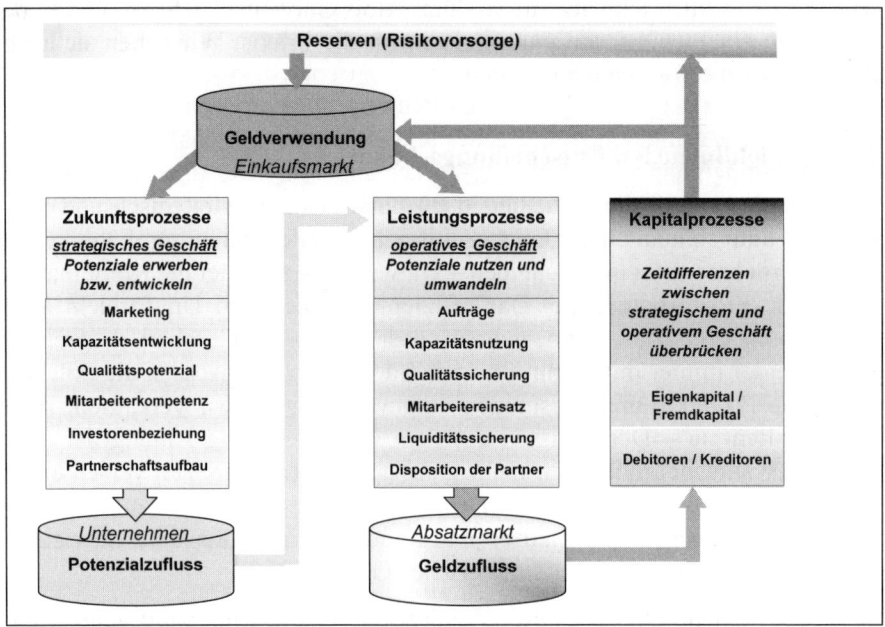

Abb. 3: Strategisches und operatives Geschäft

Das hängt aber auch damit zusammen, wie wir unsere Erfolge messen. Wir schauen normalerweise fast ausschließlich auf das Geld. Aber im strategischen Geschäft werden Potenziale ‚verdient', nicht Geld – das bekommen wir erst durch das operative Geschäft, sofern wir dort ausreichend geeignete Potenziale zur Verfügung haben und diese auch nutzen. Deshalb sind alle Kennzahlen, die strategischen Erfolg am Geldeingang messen, sehr späte Indikatoren. Wer etwa Marketing am Umsatz misst, erhält Vertrieb. Marketing soll Neugier erzeugen, damit es genug Menschen gibt, die Zeuss Husum kennen und sich für unsere Produkte und Leistungen interessieren. Erst dann kann der Vertrieb Aufträge besorgen, mit denen wir Geld verdienen. Strategisches Geschäft und operatives Geschäft bedingen einander, sind aber nicht dasselbe.

Definition:
strategisch = Aufbau von Potenzialen = Zukunftsprozesse gestalten
            = die richtigen Dinge tun
operativ   = Nutzung von Potenzialen = Leistungsprozesse realisieren
            = die Dinge richtig tun

Und wenn wir nur mit späten Indikatoren messen, kann es auch schnell ein ‚Zu-Spät-Indikator' werden. Weil wir erst zu spät bemerken, dass wir die adäquaten Erfolgspotenziale im entscheidenden Moment nicht zur Verfügung haben. Wir müssen strategisches und operatives Geschäft auf der einen Seite eng miteinander verzahnen. Auf der anderen Seite gilt es, beide mit ihren jeweils spezifischen Methoden und Instrumenten zu gestalten und zu steuern. Dann steigen unsere Chancen, Erfolg zu haben.

Im Übrigen kommt auch noch eine dritte Entscheidungsebene hinzu: das dispositive Umgehen mit den Engpässen unserer Kapazitäten: Zum einen müssen wir täglich mit bestehenden Engpässen umgehen; gleichzeitig sind wir gut beraten, die langfristige Entwicklung von Engpässen im Auge zu haben, damit wir in fünf Jahren nicht überrascht werden – dazu aber später mehr.

1.4.1.2 Zieldimension Zeit

Die zeitliche Abfolge hingegen ist eine andere Dimension bei der Planung und Realisierung unserer Ziele. Wir können beispielsweise festlegen, welchen Umsatz und welchen Gewinn wir in fünf Jahren erreichen wollen, wie groß Zeuss Husum dann sein soll und wie viele Kunden wir anstreben. Das sind langfristige Ziele für das operative Geschäft – manche bezeichnen das auch mit den Begriffen ‚Unternehmenspolitik' oder ‚Orientierungsrahmen'.

Umgekehrt müssen wir schon heute damit beginnen, die erforderlichen Potenziale zu entwickeln, damit sie uns in fünf Jahren in ausreichendem Maße sowohl qualitativ als auch quantitativ zur Verfügung stehen. Daraus entstehen kurzfristige Ziele für das strategische Geschäft. Das heißt, auch kurzfristig, also heute und morgen, müssen wir strategische Ziele erarbeiten, neben den kurzfristigen operativen Zielen. Und wie gerade angesprochen gibt es neben den langfristigen strategischen Entwicklungszielen auch langfristige operative Ziele, die wir uns antun wollen. Es sind eben zwei verschiedene Dimensionen."

1.4.1.3 Zieldimension Analyse

„Schließt ‚strategisch', nicht auch das analytische Nachdenken über Chancen und Risiken ein? Und ‚operativ' ist dann das Umsetzen dieser Gedanken? Ich bin immer noch nicht ganz bei Dir."

„Das Analytische ist eine weitere, die dritte Dimension; Analysen benötigen wir sowohl kurz- als auch langfristig und für alle drei Entscheidungsebenen. Man kann das am besten mit einem Würfel visualisieren (s. Abb. 4):

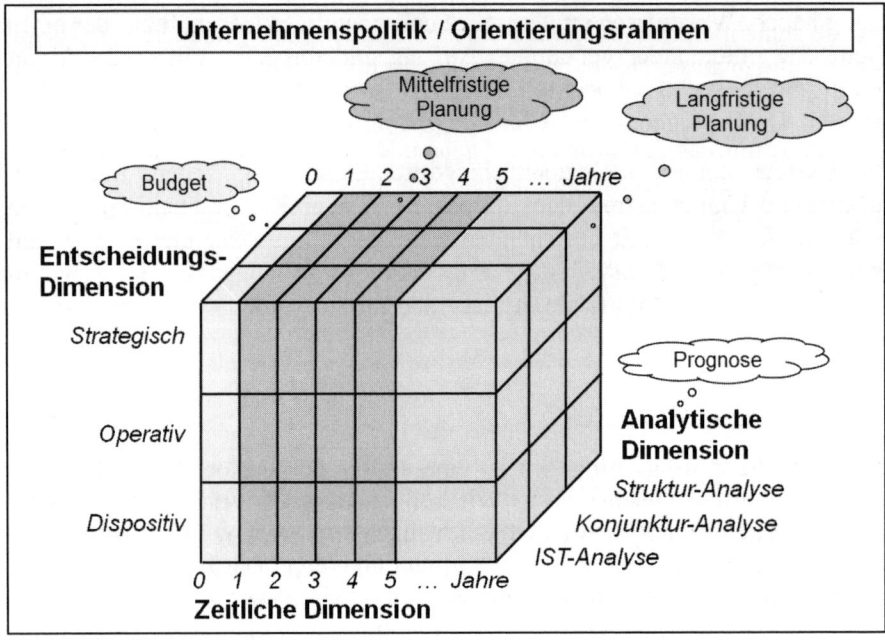

Abb. 4: Planungswürfel[6]

Die Fragestellung lautet doch: Auf der Basis welcher Analysen muss ich welche Entscheidungen für welchen Zeithorizont treffen? Das Würfelmodell impliziert übrigens auch, dass es besser ist, unser Budget aus der mittelfristigen Planung abzuleiten. Dann sehen wir aufgrund systematischer Analysen und Zielorientierungen schon frühzeitig, was auf uns zukommt und können alle Führungskräfte und Mitarbeiter gründlicher auf die mit dem Budget zu treffenden Entscheidungen vorbereiten. Bei Zeuss Husum ist es leider immer noch gepflegte Praxis, die Vorschau aus dem dritten Quartal in das Budget des Folgejahres zu überführen. Strategische Überlegungen und mittelfristige Planung spielen dabei eine höchstens untergeordnete Rolle; bestenfalls als eine Art ‚Merkposten'. Deshalb interessieren sich auch nur wenige für die

---

[6] Gestaltet nach Deyhle, A. (2003), S. 730, S. 998 ff. (die angeführten Analysen sind nur eine Auswahl; außerdem fallen in diese Dimension auch Instrumente wie Szenarien und Simulationen).

‚strategischen Spielchen' – wie die meisten sagen. Es entstehen ja daraus keine praktisch wirksamen Konsequenzen bzw. sie werden für die Menschen im auf das Budget eingeengten Planungsprozess nicht sichtbar. Gleichzeitig wurde mir oft bekundet, dass unser Budget willkürlich sei, bloß das Bestehende zementiere, Innovationen einenge und letztlich gemauert wird, damit die Prämie nicht gefährdet ist. Das wundert mich nicht – auch in der Planung werden bei uns zu viele Potenziale verschenkt."

„Ich lasse mir das durch den Kopf gehen. Diesen Planungswürfel sollten wir allen Führungskräften vorstellen und schrittweise in die Praxis einführen... mein Gott, was willst Du alles mit uns anstellen?", entfuhr es Gerhard in diesem Moment. Und wie zur Rekapitulation murmelte er fast unverständlich für Constanze vor sich hin:

„Wir werden also unsere Analysen auf die Potenziale von Zeuss Husum ausrichten. Wenn wir wettbewerbsfähig sein wollen, müssen wir überall, d. h. auf allen Ebenen der Potenzialumwandlung – oder entlang der gesamten Wertschöpfungskette, wie ihr Controller sagt – danach suchen, auf welche Weise wir einzigartig sein können; sei es durch strategisch besondere Beziehungen zu unseren Lieferanten oder durch unsere internen, u. U. tiefer als bisher gestaffelten und aufeinander abgestimmten Kompetenzen oder die Einbindung unserer Kunden und letztlich durch eine ausgewogene Kooperation aller miteinander. Das könnte unser entscheidender Wettbewerbsvorteil werden. Dazu müssen wir Ziele setzen, Ideen sammeln und Maßnahmen ableiten, die wir dann in die mittelfristige Planung überführen, um sie zu gegebener Zeit in das Budget einzubinden. Das ist ein gar nicht so schlechter konzeptioneller Ansatz. Aber wie bringe ich das meiner Truppe bei, ohne dass die mich verständnislos anschauen? Und wie kriege ich sie dazu, dass sie aktiv mitziehen? Wie viele Jahre gibst Du uns, um das zu bewältigen?"

„Geduld ist die Tugend der Strategen", lächelte Constanze – da hatte sie nun auch so einen Spruch abgelassen, „aber wenn wir nicht einfach mal anfangen, schaffen wir es nie."

1.4.2   Erarbeitung eines gemeinsamen Bildes

Zwei Tage später bat Gerhard Junker Constanze zu sich: „Ich brauchte zwei Nächte, um über unser Gespräch nachzudenken. Ich befürchte, wir können nicht mehr lange so ‚rumwurschteln' wie bisher. Unsere Wettbewerber schlafen nicht. Gestern hatte ich zudem über unsere hausinterne Buschtrommel vernommen, dass ein wichtiger Mitarbeiter von einem Wettbewerbsunternehmen angesprochen wurde. Glücklicherweise hilft uns manchmal auch unsere Abgeschiedenheit hier an der Küste! Aber diese Information zeigte mir, dass wir auch unseren Mitarbeitern eine Zukunft aufzeigen müssen – eine gemeinsame, eine gemeinsam gestaltete Zukunft."

Constanze lächelte innerlich. Auch sie hatte von den Gerüchten gehört und gehofft, dies könnte Anlass für Veränderungen sein.

„Mir schwebt ein Workshop vor", dachte Gerhard laut weiter, „mit unseren Führungskräften der ersten und zweiten Ebene. Der Grad der Komplexität bei uns lässt es nicht zu, neue Marschrichtungen einfach von oben anzuordnen. Wir sollten neue Ideen, Ziele, Strukturen im Kopf öffnen, austesten und uns neu justieren, um bestehende Interessenkonflikte und Misstrauen in Kooperation zu verwandeln. Und vorher werde ich mit Frau Zeuss zur Orientierung ein paar langfristige operative Ziele abstimmen. Vielleicht kann ich sie sogar dazu gewinnen, am Workshop teilzunehmen. Kannst Du bitte nach geeigneten Moderatoren für einen derartigen Zieleworkshop Ausschau halten und die organisatorische Vorbereitung übernehmen?[7]"

---

[7] Detaillierte Hinweise auf die mögliche Struktur eines derartigen Workshops finden Sie im Anhang.

2 Ziele – Von der Vorgabe zum gemeinsamen Bild der Zukunft

Auf einen Blick:

❑ Das Tun in der Gegenwart wird vom Bild der Zukunft und den Erfahrungen der Vergangenheit bestimmt.

❑ Die Zweckbestimmung gibt ein Bild von der gesellschaftlichen Aufgabe eines Unternehmens. Sie beschreibt die Basis seiner Existenz. Damit niemand die Existenz infrage stellen kann, müssen wir wissen, worin die zentrale Herausforderung besteht und welche Antwort wir geben wollen. Das ist der Kern jeder Unternehmensstrategie.

❑ Das Geschäftsmodell sollte die Einzigartigkeit des Unternehmens für seine Kunden aufzeigen – damit dem Rentabilitätsanspruch Genüge getan werden kann. Die Einzigartigkeit kann durch Innovationen gestärkt werden. Das Geschäftsmodell muss die Frage beantworten, wie wir mit unserer Strategie Geld verdienen wollen.

❑ Mit der Balanced Scorecard als Managementinstrument kann der Prozess zur Strategieumsetzung eingeleitet und begleitet werden – ohne Strategie ist die Balanced Scorecard nur ein Kennzahlengerüst.

❑ Translate Strategy into Action – es geht bei der Balanced Scorecard um das Umsetzen der strategischen Zielstellungen in konkretes TUN und um die Übersetzung in die Sprache der handelnden Menschen – Kennzahlen können dabei helfen.

❑ Für die Erarbeitung der Strategie und dem gemeinsamen Festlegen des zielgerichteten TUNs sollte man sich ausreichend Zeit nehmen. Nur so kann ein gemeinsames Bild auch reifen.

❑ Da die Strategieumsetzung nicht durch den Führungskreis eines Unternehmens allein erfolgen kann, ist die interne Kommunikation über Ziele und Einflussmöglichkeit eines jeden Mitarbeiters äußerst wichtig.

2.1   Einstieg in die Strategie

Nach einigen Wochen waren zwei Moderatoren gefunden, 15 Teilnehmer für den Workshop ausgewählt, vorbereitende Gespräche zwischen den Teilnehmern und den Moderatoren geführt und ein erster dreitägiger Termin vereinbart. An einem schönen Abend im Spätherbst fanden sich alle im *Historischen Krug* in Oeversee ein. Das in fast 200-jähriger Familientradition geführte Romantikhotel mit seinem Reet gedeckten Dach und der Einbettung in ein parkähnliches Gelände bot das richtige Ambiente, um sich der strategischen Weiterentwicklung in Ruhe und Konzentration widmen zu können.

Die Moderatoren hatten vorgeschlagen, sich außerhalb des Unternehmens zu treffen, damit alle Teilnehmer frei sein konnten vom Alltagsgeschäft; und die Abende sollten zur Kommunikation genutzt werden. Deshalb übernachteten alle im Hotel – auch wenn es nur etwa 40 km von Husum entfernt liegt.

Der Abend begann mit einem gemeinsamen Essen. Zur Überraschung aller war es Gerhard Junker wirklich gelungen, Frau Zeuss zur Teilnahme an diesem Workshop zu bewegen. Eigentlich wollte sie sich ja aus dem Unternehmensalltag heraushalten, aber schon wegen des von den Moderatoren im Vorgespräch beschriebenen Prozesses der Mitnahme möglichst vieler am Diskurs, an der gemeinsamen Zielbestimmung für Zeus Husum hatte sie sich entschlossen, sich diesmal zu engagieren und mitzumachen.

Nach einer Einstimmung in das Thema durch die beiden Moderatoren stellte Gerhard Junker die langfristigen Ziele für das operative Geschäft vor, die er gemeinsam mit Frau Zeuss als Orientierungsrahmen abgestimmt hatte: Nachhaltiges Umsatzwachstum mit einer Ziel-Kapitalrendite in 2010 von wenigstens 10 %. „Na ja, das sind noch fünf Jahre, da wird viel passieren", dachte so mancher. Man war es ja nicht anders gewohnt.

Anschließend erläuterten die Moderatoren das Programm für die kommenden drei Tage und baten alle, sich noch gegenseitig vorzustellen.

Verwunderung!

Natürlich kannten sich die Teilnehmer alle recht gut. Insofern wäre es müßig gewesen, jeweils den Lebenslauf in Kurzform darzustellen. Sie sollten stattdessen über ihre Hobbies sprechen, über ihre Engagements außerhalb der Zeuss Husum GmbH und was sie tun würden, wenn sie einen Wunsch frei hätten. Das brachte genügend Stoff für Überraschungen und die bei einem kühlen *Flensi* und Wein fortgesetzte Kommunikation. Der Abend klang am Kamin aus; die Stimmung war gut; der etwas ungewöhnliche Einstieg hatte Neugier erzeugt; und so gingen alle zu Bett mit dem Gefühl, vielleicht am nächsten Tag ein neues Kapitel in der Firmengeschichte von Zeuss Husum aufzuschlagen.

2.1.1 Bewahren und Verbessern

Der Morgen begann mit einer gedanklichen Lockerungsübung. Die Teilnehmer trugen in Gruppen zusammen, was bei Zeuss Husum unbedingt bewahrt und was noch verbessert werden kann. Die vier Gruppen beantworteten jeweils nur eine der beiden Fragestellungen, um nicht abwägen zu müssen.

Bezeichnend, aber für Constanze nicht überraschend, gab es u. a. folgende Äußerungen:

Was wollen wir bewahren:

- beste Qualität

- hohen Serviceanspruch

- kundenspezifische Flexibilität

- wirtschaftliche Unabhängigkeit

- positives Arbeitsklima

Was sollten wir in Zukunft noch besser machen:

- Führungskultur (partizipierend, teamorientiert, unterstützend)

- Entscheidungskompetenz mit Sachkompetenz verbinden

- mehr Transparenz

- systematische Weiterbildung (Personalentwicklung)

- Potenziale der Menschen im Unternehmen besser nutzen (Synergie)

- gemeinsame Vertriebsstrategie

2.1.2 Der Unternehmenszweck

Vor dem nächsten Schritt erläuterten die Moderatoren ihr Herangehen, ihren roten Faden (s. Abb. 5):

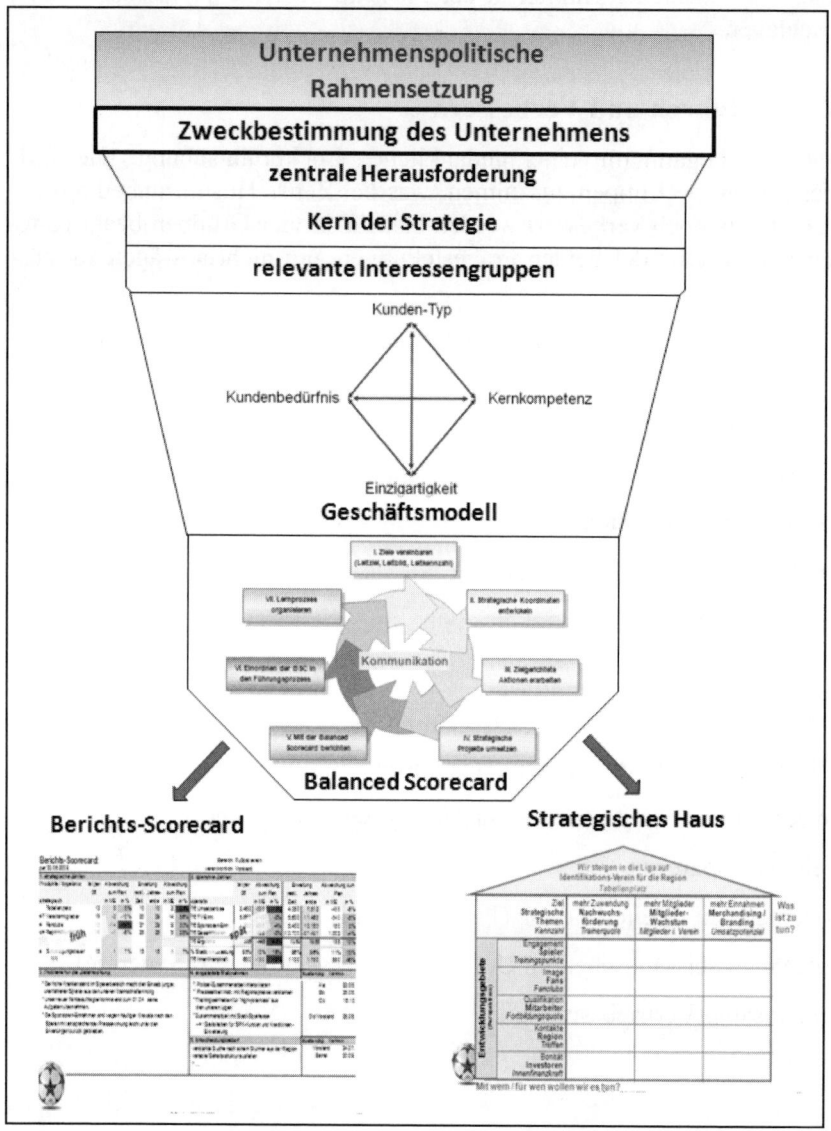

Abb. 5: Schritte zur Balanced Scorecard

Ausgehend von der unternehmenspolitischen Rahmensetzung wäre als erstes abzuprüfen, ob die Zweckbestimmung des Unternehmens der Rahmensetzung noch adäquat ist. Davon lässt sich ableiten, worin die zentrale Herausforderung von Zeuss Husum heute und morgen besteht und was den Kern der Strategie – oder anders ausgedrückt: die strategische Antwort – bilden muss, um den Herausforderungen gerecht zu werden, und welche Interessengruppen man dabei mit im Boot haben muss. Als nächstes gilt es zu klären bzw. zu präzisieren, wie auf dieser Grundlage Geld verdient werden soll, wie das Geschäftsmodell zu gestalten ist. Danach stellt sich die Frage, was jetzt zu tun ist, um den strategischen Ansatz mit Leben zu erfüllen. Damit sind wir dann bei der Balanced Scorecard und ihren beiden Ausprägungen als Strategisches Haus und als Berichts-Scorecard. „Das ist kurz und knapp unser Programm. Lassen Sie uns an die Arbeit gehen."

Die unternehmenspolitische Rahmensetzung hatten Frau Zeuss und Gerhard Junker gegeben. Wie im roten Faden erläutert, ging es nun darum, den Zweck des Unternehmens zu beschreiben. „Na ja, Profit machen" war die erste Reaktion. „Das kann es ja nicht sein" wagte sich Margit Alwys vom Personalwesen aus der Deckung. „Wir müssen unseren Mitarbeitern, den Menschen die sich hier bei Zeuss Husum engagieren, eine Heimat und eine Zukunft geben – sonst sind wir in kürzester Zeit weg vom Fenster." „Für unsere Kunden innovative Produkte entwickeln und liefern", warf Lasse Krämer ein.

Die Diskussion wogte hin und her – mit der Zeit bekamen alle ein Gefühl für die Komplexität der Anforderungen verschiedener Personengruppen, für die Zeuss Husum eine wichtige Rolle spielte – die Moderatoren bezeichneten sie als „Stakeholder." Wen brauchen wir mit im Boot, wenn wir der langfristigen Orientierung von Frau Zeuss gerecht werden wollen? So kam man zum Schluss, dass Zeuss Husum für folgende Gruppen eine wichtige Rolle spielte:

- Kunden

- Mitarbeiter

- Lieferanten, die ja eigentlich mehr zu Partnern werden sollten

- Kapitalgeber (Frau Zeuss und ihre Kinder)

- Region Husum – sei es die Stadt, der Kreis Nordfriesland oder das Land Schleswig-Holstein

„Ja, das ist sicher richtig", äußerten die Moderatoren, „dies sind Menschen bzw. Institutionen, deren Interessen wir später berücksichtigen müssen, damit sie uns bei der Strategieumsetzung unterstützen. Aber den Zweck des Unternehmens für diese relevanten Interessensgruppen sollten wir auch noch versuchen zu beschreiben.

Woraus gewinnt Zeuss Husum seine Existenzberechtigung? Denn auf diesem Gebiet müssen wir besonders gut sein, damit uns niemand unsere Existenz streitig macht."

„Jo", begann Dr. Immanuel Perquiro, an seiner kalten Pfeife ziehend, „ich bin zwar nicht hier geboren, aber inzwischen nach 18 Jahren fühle ich mich hier sesshaft. Noch nicht Heimat, aber zu Hause. Und ich will, dass es so bleibt. Dass mir Zeuss Husum auch die nächsten Jahre ein interessantes Arbeitsleben mit auskömmlichem Gehalt bietet. Und natürlich geht das nur, das habe ich schon begriffen, auch nur, wenn unsere – und ich darf Sie so bezeichnen, liebe Frau Zeuss – ,Bank' ein auskömmliches ,Gehalt' bezieht. Das geht nur, wenn auch unsere Kunden mit unseren Produkten zufrieden sind – langfristig zufrieden sind, denn maritime Steuerungen sind kein Produkt für ein paar Jahre. Wir müssen Sicherheit für Jahrzehnte geben. Gleiches gilt für unsere Partner Lieferanten.

Zusammengefasst ist doch unser Daseinszweck im nachhaltigen Marktauftritt als Spezialist für maritime Technologie zu sehen; für unsere Kunden, die Mitarbeiter, unsere ,Bank' und unsere Lieferanten – klar, auch für die Region, in der wir zwar kein Global Player, aber doch ein nicht unwichtiger Arbeitgeber sind."

Das waren unerwartet viele Worte von Dr. Perquiro, der sonst ein eher stiller Tüftler war. Man wog die Worte, und Gerhard Junker versuchte, eine von allen akzeptierte Formulierung zu erstellen:

„Unternehmenszweck: Zeuss Husum entwickelt, projektiert und liefert weltweit maritime Technologie (Antriebssysteme, maritimer Umweltschutz, elektronische Bauteile und Steuerungen sowie spezielle Wartungssysteme)."

„Aber", warf er ein, „um dies nachhaltig tun zu können, ergibt sich natürlich die Notwendigkeit einer großen Innovationskraft. Können wir uns die bei unserer Größe leisten, müssen wir nicht vielmehr unser Heil – im Gegensatz zu den wirklich Großen auf dem Markt – in der Kooperation mit anderen Partnern suchen und finden?"

„Ja", meldete sich Constanze zu Wort, „ich bin zwar noch nicht lange hier. Doch ich habe mit jedem von euch schon mehrfach gesprochen; und manchmal sehen ‚Zugereiste' mehr. Ihr selbst habt es mir an vielen Beispielen erklärt. Natürlich war jeder Fall nur ein Einzelfall. Aber wenn ich eins und eins zusammenzähle, ist unterm Strich auch für mich die mangelnde Kooperationsfähigkeit das entscheidende Problem von Zeuss Husum, wobei ich dies nicht nur nach außen, sondern auch im Unternehmen als Herausforderung sehe. Um wie viel könnten wir besser sein, wenn wir das packen."

Die kalte Pfeife von Dr. Perquiro brauchte Wärme, und so wurde eine Diskussionspause eingelegt – doch auch bei Tee und Kaffee gingen die Gespräche weiter.

Die Moderatoren fassten nach der Pause die bisherigen Ergebnisse zusammen und wiesen darauf hin, dass man ja wohl soeben nicht nur den Unternehmenszweck, sondern auch die strategische Kernfrage von Zeuss Husum bestimmt hätte: „Wie schaffen wir es, unsere Kooperationsfähigkeit spürbar zu verbessern, sodass wir daraus einen entscheidenden Wettbewerbsvorteil gewinnen?"

Alle schauten sich groß an! Aber man konnte doch gut miteinander? „Na ja", meinte Lasse, „eigentlich stimmt die Fragestellung; effektive Zusammenarbeit sieht schon anders aus. Wenn ich es richtig bedenke, von den anderen Bereichen unseres nun ja wirklich nicht großen Unternehmens weiß ich herzlich wenig. Weiß nur, wer wo arbeitet, aber an was, wo wir eventuell Gemeinsamkeiten, gleiche Kunden haben, wo wir ähnliche Technologien einsetzen, das kommt mehr per Zufall heraus.

Letzte Woche hatte ich ein richtiges Aha-Erlebnis. Ich besuchte unseren Lieferanten Meedjes & Co. in Lübeck. Wir verhandelten die Lieferung eines Bauteils und waren zum Abschluss bei den Preisen, und da sagte doch Herr Meedjes zu mir ‚3 % kann ich Ihnen noch nachlassen, wenn wir die 100.000-€-Grenze überschreiten'. ‚Nein nein', erwiderte ich, ‚es geht doch hier nur um ca. 60 T€, über die wir reden." Er schaute mich etwas fragend an und sagte nur, ‚na klar, aber mit den Aufträgen Ihres Herrn Dr. Hinrichsen schrammen Sie doch an der 100 T€-Grenze'. Ich war platt! Nicht einmal wir, die wir alle für Zeuss Husum einkaufen, haben eine gemeinsame Beschaffungsplattform, geschweige eine gemeinsame Beschaffungspolitik. So kann es doch nicht weitergehen!"

„Und ich kenne nicht einmal Ihren neuen Mitarbeiter Gernot Peters", verteidigte sich Dr. Hinrichsen. Die Gemüter waren erregt. Irgendwie hatte die Kernfrage an den Nerv der Teilnehmer gerührt. „Wir sollten jetzt bitte kein ‚Schwarzer-Peter-Spiel' beginnen", stoppte Gerhard Junker schließlich die aufkommende Schulddiskussion. „Unser Problem scheint ja ungewollt entstanden zu sein – aber es ist da. Auch ich stelle immer wieder fest, wie wenig wir in den einzelnen Unternehmensbereichen voneinander wissen. Wir müssen die Türen bei uns aufreißen, sollten mehr miteinander reden und voneinander lernen. Und ich frage mich auch manchmal, ob wir wirklich in so unterschiedlichen Geschäftsfeldern aktiv sein müssen."

2.1.3   Das Geschäftsmodell

„Dies ist unser nächstes Thema", leiteten die Moderatoren die Diskussion wieder in geregelte Bahnen. „Wir haben jetzt erste Ansätze, wo es gut läuft, machen uns Gedanken, an welchen Stellen wir uns verbessern sollten und haben auch schon erarbeitet, was zumindest ein großes Problem ist – oder drücken wir es anders aus: welche enormen Verbesserungspotenziale in Ihnen schlummern. Aber jetzt wollen wir von Ihnen eine Aussage erarbeiten lassen, womit Sie in den nächsten Jahren Geld verdienen wollen. Die Zweckbestimmung und die langfristigen Orientierungen von Frau Zeuss setzen einen Rahmen. Nun wollen wir gemeinsam erarbeiten, worin das Geschäftsmodell der Zeuss Husum besteht, das diesen Rahmen ausfüllen kann. Dabei sollte unser Geschäftsmodell vier Fragestellungen beantworten können (s. Abb. 6):

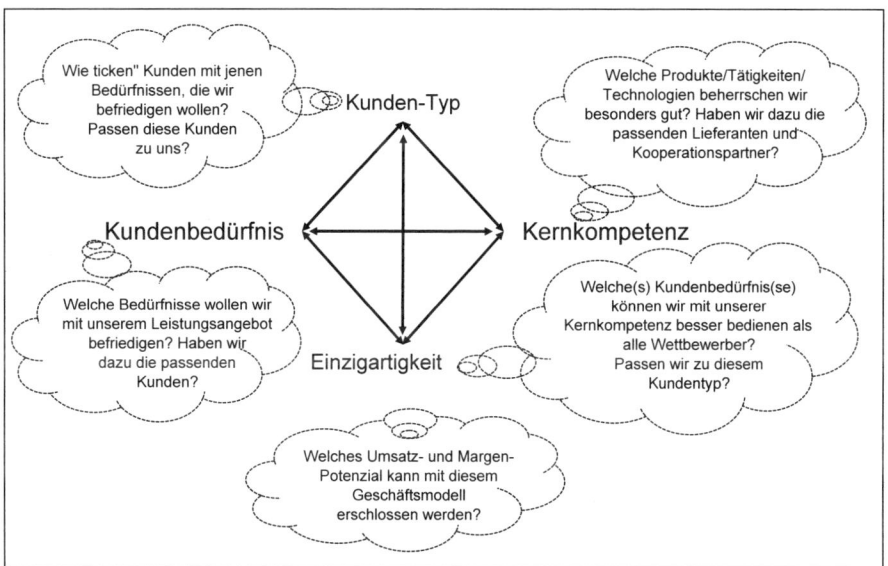

Abb. 6: Geschäftsmodell

1. Einzigartigkeit:
   Wie wollen wir es erreichen, dass Zeuss Husum für seine Kunden zu einem einzigartigen Lieferanten wird – der für diese unverzichtbar ist und deshalb auch auskömmliche Preise für seine Produkte nehmen kann?

2. Kernbedürfnis:
   Auf welche(s) Kernbedürfnis(se) unserer Kunden wollen wir uns konzentrieren, damit wir sie auf einzigartige Weise befriedigen können? Nur wenn wir dies herausarbeiten, werden wir auch eine konkret fassbare Einzigartigkeit anstreben können.

3. Kundentyp:
   Wer sind eigentlich die Zielkunden der Zeuss Husum? Wie „ticken" Menschen, die solche Kernbedürfnisse haben? Wir stellten vorhin schon fest, dass wir uns in der maritimen Wirtschaft bewegen wollen. Aber wir sind mit unseren 35 Mio. € Umsatz in diesem weit gegriffenen Geschäftsfeld von mehreren Milliarden € nur ein Nichts, ein Niemand. Dieser Markt ist so groß, dass wir nicht einmal alle Wettbewerber kennen. Wäre es nicht sinnvoller, den möglichen Kundenkreis so einzugrenzen – dass wir die Chance haben, für die verbleibenden Kunden ein Jemand, ein einzigartiger Partner zu sein? Können wir ein so konkretes Feld definieren,

auf dem wir ein ausreichendes Umsatz- und Wachstumspotenzial vorfinden und zugleich die reale Möglichkeit sehen, in einem überschaubaren Zeitraum einen nennenswerten Marktanteil zu erreichen?

4. Kernkompetenz:
Und natürlich: Wir müssen nicht nur wissen, wer was benötigt und was dazu gegenwärtig auf dem Markt angeboten wird. Wir müssen auch wissen, wie wir dies so kompetent produzieren und anbieten können, dass der Kunde eigentlich keine andere Wahl hat, als zu uns zu kommen. Es sollte für ihn die beste Option werden, unser Partner zu sein. Was also müssen wir besser können, als alle anderen, damit wir diese Einzigartigkeit erreichen?"

In den aufgeteilten Gruppen ging die Diskussion sofort hoch her. Man realisierte schnell, dass eigentlich mehrere Geschäftsmodelle vonnöten wären: für jedes der Geschäftsfelder eines! Wie sind Antriebssysteme, maritimer Umweltschutz, elektronische Bauteile und Steuerungen sowie spezielle Wartungssysteme unter einen Hut zu bringen? Gab es überhaupt Gemeinsamkeiten? Konnte das Beratungs- und Projektfeld eine Klammer bringen oder war es nicht auch viel zu spezialisiert?

Die Gruppen fanden keine sie zufriedenstellende Lösung, so musste das Plenum einen Ansatz erarbeiten. Eine wirkliche Herausforderung für die Moderatoren: Zunächst fragten sie in einem Brainstorming nach vermuteten Synergiepotenzialen zwischen den Bereichen. Nach etwas stockendem Anlauf war es erstaunlich, welche Möglichkeiten von den Teilnehmern an die Tafel gebracht wurden. Sie kamen auf diese Weise wieder etwas aus der Befangenheit heraus, in die sie während der Gruppenarbeit das Denken in den historisch gewachsenen Strukturen eingebunden hatte. Dann machten die Moderatoren klar, dass es nach dem bestehenden Diskussionsstand aus ihrer Sicht drei Varianten gibt:

- Wir erhalten die fünf Geschäftsfelder und entwickeln sie eigenständig. In diesem Fall ergibt sich die Frage, warum Zeuss Husum als ein gemeinsames Unternehmen erhalten bleiben soll?

- Wir realisieren ein Holdingmodell, bei dem zwar jeder Geschäftsbereich sein eigenes Geschäftsmodell behält und ausbaut, zugleich aber darüber eine strategische Leitung entsteht, die als Klammer des Unternehmens fungiert und eine Reihe von gemeinsam nutzbaren Unterstützungsleistungen anbietet. In diesem Fall ergibt sich die Frage, wie eigenständig die

Geschäftsbereiche bleiben sollen und welche Entscheidungsbefugnisse der Holding übertragen werden?

- Wir einigen uns auf eine gemeinsame Zielstruktur, mit der alle gut leben könnten – ein klares Geschäftsmodell, das durch Nutzung der bestehenden Synergien trotz Einengung des Wirkungsgebiets allen einen ausreichenden eigenen Spielraum bietet.

Die erste Variante wurde, ziemlich spontan, von allen Teilnehmern abgelehnt. „Damit würden wir ja die bestehenden Zustände zementieren!" Das Holdingmodell hingegen fand viele Anhänger, weil es gewohnte Freiheiten belässt und zugleich der Hoffnung Raum gibt, durch Zentralisierung lästiger Verwaltungsaufgaben und gemeinsam organisierte Marktunterstützung Absatzchancen und Produktivität der Bereiche gleichermaßen zu erhöhen. Doch auch die zweite Variante wurde schließlich recht kritisch gesehen. „In welchem Geschäftsfeld war man denn wirklich ein ‚Jemand'? Und Geschäftseinheiten mit 30 bis 50 Mitarbeitern, waren die auf dem Weltmarkt überhaupt konkurrenzfähig?"

Constanze kramte aus ihren Unterlagen die Zahlen des vergangenen Jahres hervor. In der Profit-Center-Rechnung von 2004 hatten zwei Bereiche, die Wartungssysteme und die maritime Umwelttechnik, eine knappe schwarze Null. Die Vorausschau für 2005 deutete auf ein – bei der maritimen Umwelttechnik sogar tiefrotes! – negatives Jahresergebnis der beiden Bereiche hin.

Auch Gerhard hatte die Zahlen im Kopf. Doch er zielte in eine andere Richtung. Jetzt konnte er es sagen, sein Stillschweigen brechen: „Liebe Kollegen, ich hatte mir schon im Vorfeld zusammen mit Jonas Hinrichsen und Immanuel Perquiro Gedanken darüber gemacht, dass wir auf dem riesigen Umweltmarkt ohne eine klare Ausrichtung keine Chance haben, jemals wirklich ein bedeutender Marktteilnehmer zu werden. Wir machen mal dies, mal das – technisch gut, manchmal sogar exzellent, aber jedes Mal neu. Mit dem bekannten Ergebnis. Und das gilt auch für den Wartungsbereich.

Da ist uns eine Idee gekommen: Die meisten Kollegen von Dr. Hinrichsen sind brillante Ingenieurwissenschaftler. Trauen wir uns nicht zu, sie im Bereich der elektronischen Steuerungssysteme einzusetzen? Hier arbeiten wir auch im maritimen Bereich, haben aber sehr interessante Entwicklungen in Arbeit und könnten – so die gemeinsame Sicht – in wenigen Monaten mit einer neu entwickelten Steuerung für die Flussschifffahrt ein einzigartiges Produkt auf den Markt bringen.

Vor zehn Tagen ist die Patentbestätigung eingetroffen. Serge, unser Vertriebsleiter Ausland für Steuerungen/Antriebssysteme hat schon Kontakt zu potenziellen Reedereien im In- und Ausland, ein Markt der wächst und auf dem es bislang keine Alternativen zu unserer Neuentwicklung gibt. Nach ersten überschlägigen Berechnungen ist das Potenzial für Umsatz und Marge recht hoch. Also, ich meine, wir sollten uns zukünftig auf diesen Bereich konzentrieren. Mit den Antriebssystemen ist er eng verknüpft, und auch das Beratungsgeschäft erhält hier ein starkes Betätigungsfeld – kurzum, die von euch aufgezeigten Synergiepotenziale können tatsächlich zur Geltung kommen."

Dr. Hinrichsen stand – schweren Herzens – zu dieser Aussage und bekräftigte, dass auch er keine vernünftige Alternative sähe. Doch eine: Seine besten Mitarbeiter würden das Unternehmen verlassen, weil zu einer guten, erfolgreichen Projektarbeit nun mal auch ein gutes finanzielles Ergebnis gehöre. Allein mit einem tollen technischen Erfolg wollen insbesondere seine jüngeren Kollegen auch nicht mehr leben!

Es wurde eine heiße Diskussion mit vielem Hin und Her, die schließlich in der Empfehlung an Gerhard Junker und Jonas Hinrichsen mündete, mit allen Mitarbeitern der Bereiche Wartungssysteme und maritime Umwelttechnik individuelle Gespräche zu führen mit dem Ziel, ihnen neue Aufgaben im auszubauenden Unternehmensbereich Steuerungen/Antriebssysteme anzubieten.

Die Moderatoren wollten eigentlich eine so schnelle Entscheidung stoppen, mit mehr Fakten anreichern; aber alle waren sich einig: „Wer wenn nicht wir, auch mit Unterstützung von Frau Zeuss, kann entscheiden. Und die neue strategische Einengung – eigentlich muss man ja sagen: Die Schärfung unseres Geschäftsmodells bedeutet ja nicht, dass ab sofort in den beiden Bereichen nichts mehr getan werden darf; nur sollten keine strategischen Anstrengungen mehr gemacht werden, um Aufträge hereinzuholen, bzw. um neue Mitarbeiter einzustellen. Wenn allerdings ein interessanter Auftrag kommt, „einfach so", der keine negativen Auswirkungen im Unternehmensbereich Steuerungen/Antriebssysteme hat, für den freie Kapazitäten mobilisierbar sind und ein positives Ergebnis zu erwarten ist, dann kann man diesen Auftrag natürlich gern abarbeiten."

Gesagt getan: Damit waren wirklich Weichen für ein interessantes, klar abgegrenztes Zeuss-Geschäftsmodell gestellt:

- Kundentyp:
  Die Zielkunden der Zeuss Husum sind Werften, die für Handels- wie Personenschifffahrtsreedereien bzw. staatliche Marineinstitutionen Schiffe
  zwischen 10 und 100 m Länge neu- bzw. umbauen oder ausrüsten.

- Kernbedürfnis:
  Unsere Kunden, die Werften, benötigen für ihre zu bauenden Schiffe
  Steuerungs- und Antriebssysteme, die mit möglichst wenig Ressourcen-
  einsatz im späteren Fahrbetrieb zu unterhalten sind. Die Wirtschaftlichkeit im Fahrbetrieb ist für die Kunden der Werften oberstes Gebot. Dabei
  spielen die An- und Ablegevorgänge eine wichtige Rolle. Jede signifikan-
  te Einsparung auf diesem Gebiet ist daher ein wichtiges Auftragsargu-
  ment.

- Kernkompetenz:
  Die Neuentwicklungen der Zeuss Husum ermöglichen exakte Ansteue-
  rung und das bedienerlose An- und Ablegen von Schiffen auch in schwierigsten Gewässersituationen und sind einzigartig auf dem Markt. Zudem
  unterstützen wir die Werften bei Konstruktion, Einbau und Wartung der
  entsprechenden Hightechsysteme und verfügen über einen ausgezeichne-
  ten Ruf als zuverlässiger Systempartner. Das schließt auch – im Auftrag
  der Werften – die Ausbildung und Einarbeitung der Schiffsführer auf die
  neue Steuerungstechnik ein.

- Einzigartigkeit:
  Zeuss Husum bietet als einziges Unternehmen diese bereits patentierte
  Steuerungs- und Antriebssystemlösung. Durch permanente Weiterentwicklung werden wir in diesem Technologiefeld auch immer auf dem
  neuesten Stand sein und gemeinsam mit unseren Kunden spezielle Neuentwicklungen betreiben.

2.1.4   Ausklang

Nach Abschluss des Workshops fuhr Constanze recht beschwingt zusammen
mit Lasse zurück nach Husum. Sie unterhielten sich angeregt über ihre Eindrücke, die gewonnenen Ideen und den neuen Schwung, den sie verspürten.
Als Lasse Constanze in *Schobüll* aus dem Auto ließ, fragte er zaghaft, ob sie
vielleicht Lust hätte das kommende Wochenende mit ihm nach Sylt zu fahren „es soll viel Wind geben – ich will dort noch versuchen, die Wellenrei-
tensaison ‚mit einem tollen Ritt zu‘ beenden.“ „Du spinnst, wir haben jetzt

November", wunderte sich Constanze. Aber er ganz cool: „Gummi schützt – auch bei Kälte." Na ja, sie müsste ja nicht ins Wasser, also warum nicht? „Haben die Hotels noch auf, oder ist da jetzt tote Hose?" „Ja, viel los ist nicht. Du wirst die meisten Sylter derzeit auf Gran Canaria treffen. Aber ich kenne eine kleine Pension in Wenningstedt, da finden wir sicher zwei Zimmer." Sie gab sich einen Ruck und sagte zu.

Constanze war am kommenden Sonnabend, als sie von Lasse in seinem Kleinbus abgeholt wurde, etwas flau im Magen. Er war ja ganz nett, aber eben doch ein Teil ihres ,Firmenlebens'. Und ihr Kopf sagte ihr „Vorsicht". Nun denn:

Nach kurzer Fahrt erreichten sie Niebüll, und nach 20 Minuten Wartezeit setzte sich der Autozug über den Hindenburgdamm in Bewegung. Es war Flut und recht windig – wie meist im November. Das Meer war teilweise ganz dicht am Damm, man fühlte sich ein bisschen wie Moses beim Auszug der Israeliter aus Ägypten. In Westerland angekommen, fuhren sie zum Parkplatz Rote Kreuz Straße am Strand, wo es wirklich auch noch einige andere „Verrückte" gab, die entweder die Sylter Trendsportart Windsurfen oder – wenige – das Wellenreiten ausübten. Lasse zog sich im Wagen den Neoprenanzug an (what a man!) und ging mit seinem Brett ins Wasser.

Constanze wollte gar nicht hingucken. Die Wellen fauchten und türmten sich bis zu zwei Meter hoch auf, und kalt war es: höchstens acht Grad. Ein leichter Nebel, Gischt und Salz tauchte den Strand in fahles Licht. Teilweise sah sie Lasse nicht mal, er tauchte immer wieder weg – und plötzlich sah sie ihn jubelnd auf seinem Brett entlang des Wellenkamms dahin sausen. Sie war zwar sportlich, aber das war ihr doch zu viel! Nach einer Stunde, er jauchzte immer noch in den kalten Fluten, ging sie in das nahe Restaurant und wartete bei einem Grog auf Lasse.

Es dämmerte, Constanze fing schon an, sich Sorgen zu machen, da kam Lasse mit kältegeröteten Wangen ins Restaurant. Er hatte bereits die Ausrüstung im Wagen verstaut, aber kalt war ihm weiterhin: „Komm schnell, wir fahren in unser Quartier – ich muss eine heiße Dusche nehmen." Nur wenige Kilometer, am Risgap, einer kleinen Straße im benachbarten Wenningstedt hatte er in einer kleinen Pension zwei Zimmer bestellt. Diese waren gemütlich und warm. Im Sommer wären sie sicherlich nicht die einzigen Gäste gewesen, aber im November…

Nach der Dusche gingen sie gemeinsam zum Fischstand von *Gosch* und bestellten ein noch warmes Fischbrötchen und ein lecker *Jever*. Der kräftige Wind hatte sich zu einem Herbststurm gemausert, und sie standen auf der Klippe und betrachteten das graue, brausende und tosende Meer. Immer bedrohlicher rollten die Wellen heran. Plötzlich schrie Constanze auf: Eine Möwe hatte im Sturzflug den letzten Bissen ihres Fischbrötchens aufgeschnappt und flog davon. Das war ein Schreck! Lasse lachte, er hatte so etwas schon einmal beobachtet, aber dass dies so direkt neben ihm passieren würde, hätte er nicht gedacht. Constanze betrachtete immer noch staunend ihre nun leere Serviette und konnte es nicht fassen. Da es auch noch anfing zu nieseln, gingen sie zurück zu ihrem Quartier und ruhten sich etwas in ihrem Zimmer aus, quatschten miteinander und lasen die Sylter Rundschau von vorn bis hinten, dazwischen war nicht viel, war ja auch November!

Später am Abend liefen sie die wenigen 100 Meter wieder zum Kliff und nahmen das Abendessen in einer urigen Wirtschaft, dem *Kliffkieker* ein. Sie betrachteten in der Speisekarte die Fotos, die zeigten, wie das Meer jedes Jahr ein bisschen mehr vom Land abknappst und fragten sich, wann wohl auch dieses Haus direkt an der Kante abgebrochen werden müsste.

Heute Nacht jedenfalls passierte es glücklicherweise nicht, und das leckere Abendessen, natürlich Fisch, lenkte sie von bösen Gedanken ab. Alle Bratkartoffeln fanden Platz im Bauch, und zum Abschluss musste ein *Friesengeist* Erleichterung bringen. Allerdings kamen dann noch zwei oder drei mehr dazu, denn pünktlich um 22 Uhr wurden zur Überraschung von Constanze und Lasse die Tische zusammengerückt und die „Dorfdisko", der Tanz op de deel ging los. Buntgemischte Musik, von Freddy´s „Junge komm bald wieder" bis zu „Satisfaction" von den Rolling Stones, auch ganz Neues, kaum 10 Jahre alt. Erst schauten sich die beiden verdutzt an, doch dann hatten sie auch Lust. Zusammen mit jung und alt, von den örtlichen Schönheiten mit 16 bis zu den heißen älteren Herren mit brustoffenem Hemd waren alle mit Spaß dabei: „wild thing"! Aber auch die ruhigen Stücke hatten es in sich…

Gegen Mitternacht, wie auf dem Land so üblich, war Schluss mit der Stimmung; die beiden trollten sich, verschwitzt, etwas angeheitert und müde zu ihrem Quartier. Constanze schluckte, als Lasse wie selbstverständlich mit in ihr Zimmer kam. Sie lehnten, nein drückten sich aneinander, die Hände fanden ihren Weg und wenig später fühlten sie die Hitze ihrer Körper.

Am nächsten Morgen kamen sie sich wie ertappt vor, als sie gemeinsam die Treppe zum Frühstücksraum herunterkamen und der freundlichen Pensionswirtin in die Arme liefen. Aber bezahlen mussten sie doch beide Zimmer, ob benutzt oder nicht!

2.2 Was ist <u>jetzt</u> zu tun – Die Balanced Scorecard

Mitte Dezember wurde es etwas ruhiger bei Zeuss. Der Vertrieb war zwar viel unterwegs, um den Kunden Aufmerksamkeiten zu Weihnachten zu überbringen. Die meisten Mitarbeiter in Husum aber beschäftigten sich jetzt doch mehr mit den Beschaffungsproblemen für eigene Geschenke. Da kam es eigentlich ganz gelegen, dass in der letzten Arbeitswoche im alten Jahr der Folgeworkshop angesetzt war. Es war kalt, hatte sogar etwas geschneit, und so waren alle froh, als sie gut im inzwischen altbekannten *Historischen Krug* in Oeversee eintrafen.

Nach der Begrüßung brachten die Moderatoren das beim letzten Workshop erarbeitete Geschäftsmodell wieder in Erinnerung und fragten jeden Einzelnen noch einmal, ob sich in den letzten fünf Wochen eine andere Sicht auf das Arbeitsergebnis ergeben hätte. Nein, auf Steuerungen/Antriebssysteme insbesondere für die Flussschifffahrt wollte man sich konzentrieren. Natürlich hatte das Workshopresultat, obwohl Stillschweigen vereinbart war, bei Zeuss Husum die Runde gemacht – aber kein großes Murren verursacht, denn im primär von den Veränderungen betroffenen Bereich Umweltschutz hatte Dr. Hinrichsen vorsorglich mit allen Mitarbeitern gesprochen und interessante Aufgaben für die Zukunft angedeutet.

2.2.1 Leitziel und Leitbild – Die strategische Ausrichtung

„Gut, wenn wir unser Ziel, zwar noch etwas vage, im Auge haben, sollten wir uns jetzt überlegen, was zu tun ist, um in diese Richtung gemeinsam aufzubrechen", führten die Moderatoren aus. „Keiner von Ihnen kann sagen, was in vier oder fünf Jahren konkret zu tun ist – dazu wissen wir weder, wie das Umfeld von Zeuss in fünf Jahren aussehen wird, noch kennen wir die dann wirksamen spezifischen Anforderungen des Marktes. Außerdem ist es bisher wohl keinem gelungen, in der Zukunft zu leben und zu arbeiten. Wir können immer nur im Heute tätig werden.

Wie sagen die Engländer so treffend: „Who wants to predict the future have to create them[8]." Also lassen Sie uns darüber reden, was jetzt getan werden kann, um die Ausrichtung des gesamten Unternehmens auf die strategische Orientierung und unser geschärftes Geschäftsmodell zu realisieren. Mit der Konzentration auf das Geschäftsfeld Steuerungen/Antriebssysteme insbesondere für die Flussschifffahrt und der Kenntnis der aktuellen Situation bei Zeuss sowie auf unserem Markt können wir uns wohl überlegen, was wir heute tun müssen, um uns in Richtung der gemeinsamen Strategie zu bewegen.

Fangen wir doch erst einmal an, uns im Rahmen des Geschäftsmodells auf ein gemeinsames Ziel für die unmittelbar vor uns liegende Zeit zu einigen. Womit fangen wir <u>jetzt</u> an? Ein oberstes Ziel für alle, die bei Zeuss arbeiten – wir nennen es ‚Leitziel', denn es soll der oberste Maßstab für alle strategischen Anstrengungen der nächsten Jahre sein – zur Erinnerung, im strategischen Geschäft befassen wir uns mit dem Entwickeln jener Potenziale, die wir zum Erreichen der langfristigen Orientierung von Frau Zeuss benötigen."

„Bis wann reicht denn ‚jetzt'?" wollte der Vertriebsleiter Ausland, Serge Pijet wissen – „geht es um ein Jahr oder um 10 Jahre?"

„Hier gibt es kein Richtig oder Falsch. Wir würden Ihnen einen Zeitraum empfehlen, der überschaubar ist, für den Sie die Veränderungen auf Ihrem Markt einigermaßen einschätzen können. Aber auch einen Zeitraum, in dem Sie sich strategisch entwickeln, neu ausrichten können. Für eine Branche wie die Softwareindustrie, die immer noch sehr kurze Entwicklungszeiten hat, kann dieser strategisch relevante Zeitraum vielleicht 12 bis 24 Monate umfassen. Im Maschinenbau sind es eher drei bis fünf Jahre, in der Forstwirtschaft 20 bis 40 Jahre. Für Zeuss Husum würden wir vielleicht fünf Jahre sehen: 2010 als Zielpunkt einer Entwicklung zu einem Spezialanbieter für Flussschifffahrtssteuerungen und -antriebssysteme. Und wenn Sie in 2009 feststellen sollten, dass dieses Ziel schon erreicht ist, keiner hindert Sie daran, vorzeitig ein neues anzusteuern."

„Das gilt wohl generell: Die Balanced Scorecard ist nie in Stein gemeißelt. Sie dient der Umsetzung Ihrer Strategie: ‚Translate Strategy into Action[9]';

---

[8] Wer die Zukunft vorhersagen will, muss sie gestalten.

[9] Übersetze die Strategie in Aktionen – „Übersetzen" gilt hierbei übrigens im doppelten Sinne: die Strategie in tägliches TUN überführen <u>und</u> die Strategie so in die Sprache der

das war und ist die Intention ihrer Väter Robert Kaplan und David Norton. Und wenn sich Ihre Strategie aus welchen Gründen auch immer verändert oder Sie Ziele schneller erreichen als erwartet, dann ändern Sie auch Ihre Balanced Scorecard.

Im Übrigen: Sie sollten jährlich überprüfen, ob Ihre strategischen Ansätze noch relevant sind, welche Ziele schon erreicht wurden. Viele Kunden orientieren deshalb ihre BSC nur auf das nächste Jahr – dann ist sie auch in den jährlichen Budgetprozess eingebunden. Aber unser Vorschlag für Zeuss Husum: Fünf Jahre wäre sicher ein noch beherrschbarer Zeitraum.

Wir hatten mal einen österreichischen Kunden", erzählte einer der Moderatoren, „mit dem erarbeiteten wir in zwei Workshops auch erst das Geschäftsmodell, dann die daraus abgeleiteten strategischen Zielstellungen: Man wollte in einem eng definierten Geschäftsfeld zu den Weltmarktführern aufschließen. Und wir waren uns über das ganz konkrete Tun für die nächsten 24 Monate einig. Kaum waren wir fertig, kam der Anruf des Vertriebsleiters aus Amerika, der berichtete, dass er eine Anfrage von einem sehr großen Verbraucher hätte, der bislang das Produkt selbst produziert hatte und nun den ganzen Bereich outsourcen wollte. Ein Lieferant sollte zukünftig für ihn produzieren. Aber bitte in einem Werk vor der Haustür.

Man führte miteinander Gespräche, und da der Kunde technologisch einen sehr guten Ruf hatte, einigte man sich auf eine Zusammenarbeit. Dies war für das Unternehmen eine riesige Herausforderung; nun war man nicht zu den Weltmarktführern aufgeschlossen, sondern man wurde Weltmarktführer! Die strategische Herausforderung lag in diesem Moment darin, ein Werk in den Vereinigten Staaten zu errichten und in recht kurzer Zeit lieferfähig zu werden. In solchen Situationen auf die Balanced Scorecard, auf die – erst kürzlich vereinbarten – strategischen Ziele zu schauen und zu sagen ‚dies hatten wir vereinbart‘ und damit die Chance sausen zu lassen? Nein, das kann es nicht sein. Wir haben uns dann in diesem Unternehmen ganz schnell in der Führungsrunde zusammengesetzt und eine neue Balanced Scorecard erarbeitet, die die Grundlage für die (neue) strategische Ausrichtung war."

„So, nun aber zurück zu Zeuss Husum. Wir möchten jetzt in Arbeitsgruppen nicht nur ein Leitziel erarbeitet wissen, also die interne Zielstellung, wir würden auch gern erfahren, bis wann Sie dies erreichen wollen und woran

---

Handelnden übersetzen, dass sie für die Betroffenen nachvollziehbar, handhabbar und bedeutsam erscheint.

Sie erkennen, ob Sie auf dem richtigen Weg sind bzw. ob Sie die Zielstellung erreicht haben: Wir nennen diese Kenngröße ‚Leitkennzahl‘. Und damit Sie die halbe Stunde gut mit Diskussionen füllen, noch eine vierte Aufgabe: Wie wollen Sie eigentlich von Ihren Kunden gesehen werden, wenn Sie das Leitziel erreicht haben. Versuchen Sie dies bitte zu beschreiben."

Die halbe Stunde verging wie im Flug. Anschließend präsentierten die Arbeitsgruppen deren Ergebnisse, und es wurde lange diskutiert. Einigen dauerte die Diskussion zu lange, aber die Moderatoren wiesen darauf hin, dass für ein gemeinsames Bild der Zukunft die Bilder im Kopf eines jeden Einzelnen auch verfestigt werden sollten – dafür braucht man vielleicht für manche zu viel Zeit. Diese ist aber gut angelegt, denn zukünftig hätten alle eine gemeinsame Sicht auf das, was sie erreichen wollten.

Was anfangs nicht erreichbar schien, nahm inzwischen seinen Lauf: Alle einigten sich auf ein gemeinsames Zielsystem:

* Leitziel der Zeuss Husum GmbH:

  Europäische Werften sprechen uns an.

Hiermit wollte man allen Mitarbeitern von Zeuss signalisieren, dass es nicht nur darum geht, hervorragende Flussschifffahrtssteuerungen und -antriebssysteme zu entwickeln und zu produzieren, sondern auch zu verkaufen. Die Entwicklung würde am besten in Zusammenarbeit mit den Kunden erfolgen. Zeuss sollte also von europäischen Werften als der Entwicklungspartner gesehen und angesprochen werden! Die Eingrenzung auf europäische Werften wurde einerseits mit dem großen Reiseaufwand, andererseits mit der Tatsache begründet, dass die Lohnkosten in anderen Regionen noch nicht die Wichtigkeit wie in Europa hätten – und darin liegt ein großer Vorteil der Zeuss-Entwicklung. Und wenn Werften z. B. aus den USA Zeuss ansprechen sollten, wäre man einem Geschäft nicht abgeneigt, aber derzeit liegt Amerika strategisch zu weit entfernt.

* Leitkennzahl der Zeuss Husum GmbH:

  Anteil der europäischen Werften, von denen wir angesprochen werden

Diese Leitkennzahl oder -größe orientiert sich auf die Vorstufe einer Entwicklungszusammenarbeit. Zeuss will nicht nur bekannt sein, sondern als Partner aktiv von den Werften angesprochen werden. Es geht also nicht nur um Marketing, sondern es ist eine Aufgabe für alle Mitarbeiter im Unternehmen: Die Kunden kommen zu uns, weil wir so gut sind!

- Leitbild der Zeuss Husum GmbH:

Elektronische Steuerungssysteme von Zeuss machen die Flussschifffahrt schnell und sicher.

Dieses Bild von Zeuss sollte bei allen Konstrukteuren der europäischen Werften im Kopf verankert sein; wenn ein Reeder ein Flussschiff in Auftrag gibt oder ein Passagierschiff modernisieren lassen will, sollte die Steuerung von Zeuss immer die erste Wahl sein.

Auch für die zeitliche Komponente des strategischen Zieles fand man entsprechend dem Vorschlag der Moderatoren eine Einigung: 2010 wollte man soweit sein. Constanze bekam den Auftrag, zusammen mit Dr. Gerhard Junker für 2010, aber auch für die Quartale bis dahin festzulegen, welche Werte die Leitkennzahl „Anteil" der europäischen Werften, von denen wir angesprochen werden' haben sollte. Hierzu musste natürlich definiert werden, was man als ‚Werft‘, also als Zielkunde bezeichnet. Ab wie vielen Mitarbeitern, ab welcher Werftgröße war ein Schiffbauunternehmen ein potenzieller Kunde für Zeuss?

2.2.2 Strategische Themen – was wollen wir tun?

Damit hatten sie gemeinsam das Dach, die verbindende Klammer ihrer strategischen Aktivitäten festgelegt (s. Abb. 7).

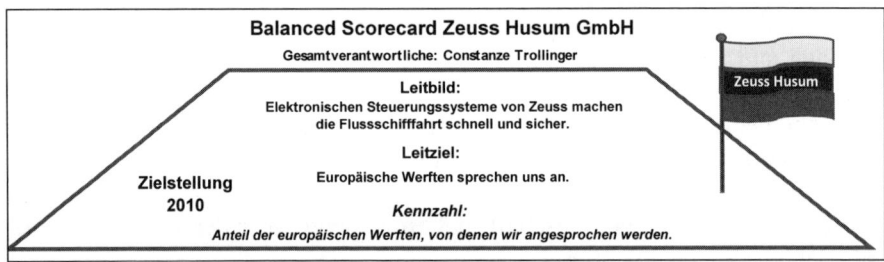

Abb. 7: Das „Dach des strategischen Zeuss-Hauses"

Am späten Nachmittag des ersten Workshoptages im Dezember wurde dann diskutiert, welche die zentralen Aufgaben, die wesentlichen strategischen Themen sein würden, um das Leitziel zu erreichen. Arbeitsgruppen versuchten, erst einmal im kleinen Kreis, die wichtigsten Schritte festzulegen – und dazu auch jeweils eine Kennzahl.

Für die Moderatoren nicht unerwartet präsentierten die fünf Gruppen immerhin neun verschiedene strategische Themen. „Wer etwas Großes will, der muss sich beschränken wissen; wer dagegen alles will, der will in der Tat nichts und bringt es zu nichts", zitierten die Moderatoren den großen Philosophen Hegel und riefen zur Reduzierung der Ideen auf. Jede Gruppe kämpfte für ihre Vorschläge, aber so langsam schälten sich drei Themen heraus, auf die man sich letztendlich einigen konnte:

1. strategisches Thema:
   Ziel: interne Kooperation ausbauen
   Bezeichnung: bereichsübergreifende Projekte
   Kennzahl: Anteil bereichsübergreifende Projekte bei Zeuss

Dieses strategische Thema ergab sich schon aus den intensiven Diskussionen über die wenig entwickelte Kooperationskultur bei Zeuss Husum. Nur, wie angehen? Gemeinsame Projekte, an denen Mitarbeiter aus allen (ehemaligen) Bereichen beteiligt sind, wären eine Möglichkeit, zu mehr Verständnis füreinander, mehr Miteinander und einen besseren Ideen- und Erfahrungsaustausch zu kommen.

2. strategisches Thema:
   Ziel: Werften kennen Zeuss
   Bezeichnung: Marketing
   Kennzahl: Anzahl Werftanfragen

Zeuss ist gut, und die vom Patentamt angenommene Lösung resultiert aus unserer Innovationskraft. Aber wissen dies auch unsere Zielkunden? Es geht darum, möglichst bei allen europäischen Werften, die Schiffe konstruieren, bauen bzw. überholen, Kenntnis um die Möglichkeiten der von uns entwickelten Antriebs- und Steuerungskomponenten zu entwickeln.

3. strategisches Thema:
   Ziel: dem Wettbewerb immer einen Schritt voraus
   Bezeichnung: Entwicklung
   Kennzahl: Anzahl Entwicklungsideen

Bei diesem Thema gab es lange Dispute ob der vorgeschlagenen Kennzahl; sind denn Ideen überhaupt messbar, wäre z. B. die Anzahl eingereichter Patentanträge nicht viel zielführender und besser messbar?

„Natürlich", argumentierte in diesem Fall Constanze, „sind die Patentanmeldungen viel leichter zu erfassen als die Anzahl neuer Entwicklungsideen – und ich weiß noch nicht einmal, wie wir wirklich die Entwicklungsideen messen wollen. Aber wir sind ein so kleines Unternehmen, dass wir kaum jedes Jahr einen Patentantrag stellen werden. Das kostet nicht nur viel Geld, sondern auch bürokratischen Aufwand. Und die Konkurrenz bekommt dadurch eher mit, was wir neu entwickelt haben und könnte es ähnlich nachbauen. Die Grundlage von Neuentwicklungen sind nun einmal Ideen. Die müssen wir produzieren! Immanuel, er kommt ja wirklich aus dem Fach, weiß genau, dass nicht jede Idee ein Treffer ist. Aber ohne Ideen werden wir nie auch nur ein Patent beantragen können oder zumindest mit einer Neuentwicklung auf dem Markt reüssieren." Das Argument überzeugte nicht alle, sodass beschlossen wurde, nach einem Jahr zu schauen, ob nicht die Zahl der Patentanmeldungen eine bessere Kennzahl wäre.

Somit war das themenbezogene Zielsystem für Zeuss festgelegt (s. Abb. 8):

Ziel	interne Kooperation	Werften kennen Zeuss	dem Wettbewerb einen Schritt voraus
strategisches Thema	bereichsübergreifende Projekte	Marketing	Entwicklung
Kennzahl	% bereichsüber-greifende Projekte	# Anfragen von Werften	# Entwicklungsideen

Abb. 8: Die strategischen Themen der Zeuss Husum GmbH

Aber die Moderatoren wollten noch mehr. Am nächsten Morgen ging es weiter.

2.2.3 Entwicklungsgebiete – Die Balance halten

„Wie viele Personen sind Sie?", fragte der Moderator die überraschte Margit Alwys, die für das Personalwesen zuständige Mitarbeiterin. „251" kam es wie aus der Pistole geschossen, „und am 1.1.2006 sind wir 250, da uns Herr Groen aus dem Bereich Umweltschutz verlässt." „Es sind, wenn ich richtig zähle, 15 Personen; mir geht es um die hier Anwesenden! Meine Frage zielt aber auf etwas anderes: Glauben Sie, meine Damen und Herren, dass Sie ganz allein, ohne Hilfe weiterer Menschen Ihr Ziel erreichen? Sie wollen die Nummer 1 auf Ihrem Gebiet in Europa werden. Kann man das mit 15 Personen?"

„Nein", entgegnete Frau Noumos vom Rechnungswesen, „ich gehe mal davon aus, dass unsere Mitarbeiter sich auch engagieren werden, um dieses Ziel zu erreichen." „Ja, wenn wir es ernst meinen mit dem Thema Partnerschaft, sollten unsere Lieferanten auch ein Interesse haben, sich gemeinsam mit uns um Aufträge zu kümmern", warf Lasse ein. „Müssen wir also deren Interessen berücksichtigen", fragte der Moderator weiter. „Und sollten wir nicht auch daran denken, die Kunden für eine Mitarbeit an unserem Ziel zu begeistern?" „Das wäre ja noch schöner", entrüstete sich der Vertriebsleiter Nieda. Ich muss ja schon die Kunden bewegen, bei uns zu ordern. Sollen wir jetzt unsere Kunden bezahlen, damit sie mitarbeiten?" „Na, vielleicht nicht bezahlen, aber wäre es nicht hilfreich, wenn sich Kunden, Lieferanten, Mitarbeiter und ich weiß nicht, welche Menschen, Institutionen etc. wir noch engagieren könnten, für unser Ziel einsetzen?", entgegnete Gerhard. „Ich finde den Gedanken gar nicht schlecht, frage mich aber, wie man dies erreichen könnte", und blickte die Moderatoren an.

„Dies sollten Sie schon selbst herausfinden: Wir gehen wieder in Gruppenarbeit. Natürlich wieder neue Gruppenzusammensetzungen. Ihre Aufgabe nun: Überlegen Sie bitte, welche Interessensgruppen sinnvollerweise mit ins Boot genommen werden sollten. Wer ist denn für die Erreichung Ihres Leitziels wichtig? Wenn Sie diese Gruppen – im Wirtschaftsenglisch spricht man von Stakeholdern – festgelegt haben, sollten Sie überlegen, ob es nicht gemeinsame Interessen zwischen Zeuss Husum und diesen Gruppen gibt.

Beispielsweise die Mitarbeiter: Ich bin mir sicher, die Mitarbeiter haben auch Interessen, gemeinsam mit Zeuss an der Zielerreichung mitzuwirken. Was könnte dies sein?" „Bessere Bezahlung", warf Frau Alwys ein. „Das mag für die Mitarbeiter vielleicht gelten, aber hat das Unternehmen Zeuss vorwiegend Interesse an besserer Bezahlung der Mitarbeiter? Doch nur indirekt: Das Gehalt ist ein Entgelt für deren Leistung." „Arbeitsplatzsicherheit", fiel Dr. Hinrichsen ein. „Ja, für die Mitarbeiter sicher ein ganz wichtiger Aspekt. Für Zeuss aber auch wichtig, denn das angesammelte Know-how der Mitarbeiter ist die Basis der Entwicklungsarbeit und Grundlage für die Erreichung des Leitziels."

„Ich glaube, für Zeuss und für die Mitarbeiter ist in dieser Umbruchsituation eines besonders wichtig", überlegte Dr. Perquiro laut, „wir brauchen besser ausgebildete, den aktuellen Entwicklungen gegenüber aufgeschlossene Mitarbeiter. Wenn wir in der ersten Liga spielen und nicht nur zufällig mal eine neue Entwicklung auf den Markt bringen wollen, dann sollten wir in das Know-how unserer Mitarbeiter investieren. Und dies ist sicher auch im Interesse unserer Mitarbeiter. Damit sichern diese ihren Arbeitsplatz, weil wir nachhaltig Umsatzsteigerungen erzielen können. Dadurch wird es auch möglich, ihnen mehr Gehalt zu zahlen. Wenn wir in der Strategie von Potenzialentwicklung sprechen wollen, dann ist der Know-how-Aufbau wohl ein strategisches Ziel, das die Mitarbeiter wie das Unternehmen haben. Wenn wir hier investieren, erreichen wir weiteres Engagement unserer Mitarbeiter, sie lernen und werden dadurch erfolgreicher. Das Interesse der Mitarbeiter an der Zielerreichung entwickeln wir durch Know-how-Aufbau!"

„Deswegen bezeichnen wir die Einbeziehung der Stakeholder auch als ‚Entwicklungsgebiet‘, warfen die Moderatoren ein. „Wir wollen gemeinsam mit ihnen Interessen entwickeln. Aber nun an die Arbeit. Überlegen Sie in Ihrer Gruppe, welche die vier wichtigsten Stakeholder sind. Für das Entwicklungsgebiet ‚Mitarbeiter‘ haben Sie ja die Diskussion schon angefangen, nur wollen wir zusätzlich von Ihnen wissen, das kennen sie ja schon, mit welcher Kennzahl Sie messen würden, ob Sie beim Aufbau gemeinsamer Interessen Erfolg haben. 45 Minuten Zeit stehen Ihnen zur Verfügung."

Das Murren über den morgendlichen Stress wurde mit duftendem Tee und Kandis erstickt, der bereitstand und die Geister in den Arbeitsgruppen zu intensiver Diskussion ermunterte.

Um 10.30 Uhr startete die Ergebnispräsentation. Die fünf Gruppenleiter stellten ihre wichtigsten Interessengruppen vor, dazu, welche gemeinsamen Interessen entwickelt werden sollten und wie man die Zielerreichung messen könne. Nach einer guten Stunde Diskussion war man sich einig. Vier Entwicklungsgebiete reichen für den Anfang:

- Entwicklungsgebiet: Mitarbeiter
  Ziel: Know-how-Aufbau
  Kennzahl: % Budgetnutzung

Den Überlegungen von Dr. Perquiro sind alle Gruppen gefolgt; nur bei der Kennzahl gab es lange Diskussionen. ‚Schulungstage‘ wurde anfangs favorisiert, schon deshalb, weil diese Kennzahl leicht zu erfassen war.

Dann aber brachte die Gruppe von Lasse ihre Überlegungen ein: „Wir sind (fast) alle verantwortliche Führungskräfte und unterstützen die Notwendigkeit, dass unsere Mitarbeiter Fort- und Weiterbildung als etwas sehr Wichtiges ansehen. Für ihre eigene Entwicklung ebenso wie für Zeuss Husum! Wir sind uns auch einig, dass wir zukünftig – sofern nicht übergeordnete Gründe dagegen sprechen – für jeden Mitarbeiter ein halbes Monatseinkommen für entsprechende Kurse etc. budgetieren sollten. Wir sind uns weiter einig, dass der Besuch von Fortbildungen zielorientiert auch das Interesse von Zeuss berücksichtigen muss, also keine „Strickkurse" etc. gebucht werden. Es ist also unsere Aufgabe als Führungskräfte, alle Mitarbeiter in unserem Verantwortungsbereich zu animieren, selbstständig nach für sie, für die Erledigung ihrer spezifischen

Aufgaben relevanten Kursen zu suchen und diese zu belegen – wobei 50 % der aufgebrachten Zeit und die ganzen Fortbildungskosten vom Unternehmen bezahlt werden.

Aber wir kennen alle die Problematik: Manche Kursbesuche werden abgesagt, weil es irgendwo brennt, weil ein dringender Kundenauftrag abgewickelt werden muss. Das zeigt doch eigentlich, dass wir, die Führungskräfte nicht immer hinreichend bemüht sind, unser selbst gestecktes Ziel zu erreichen. Die von uns vorgeschlagene Kennzahl ‚% Budgetnutzung' motiviert also insbesondere uns, dafür zu sorgen, dass Fortbildung bei Zeuss groß geschrieben wird!" Anfangs nur murmelnde Zustimmung, aber nach einigem Überlegen akzeptierten alle diesen Vorschlag.

- Entwicklungsgebiet: Kunden
  Ziel: Kommunikation
  Kennzahl: Anzahl Besuche

Dieses Ziel klingt banal. Aber auch hier gab es lange Diskussionen. ‚Ziel: Umsatzwachstum' mit der Kennzahl ‚Auftragseingang' präsentierte eine Gruppe. Aber sofort schaltete sich Constanze ein: „Das Ziel ist sehr gut, wenn wir bei unseren Kunden schon dick im Geschäft sind, wenn uns jeder kennt und schätzt. Aber in unserer Situation, mit einem neuen, innovativen Produkt müssen wir die Kunden doch erst gewinnen, von unseren neu entwickelten Antriebs- und Steuerungskomponenten überzeugen, mit den Kunden die neuartigen Systeme in die zu bauenden Schiffe einplanen und -bauen – also es ist viel zu tun, bevor wir den Erfolg unserer Strategie sehen. Und ist Umsatz nicht eher eine operative Größe?

Wir haben mit dem Ziel ‚Aufbau einer intensiven Kommunikation mit den Kunden' sicher ein recht kurzfristiges, aber sehr strategisches Ziel im Auge. Und wir erwarten, dass diese Kommunikation nicht ausschließlich vom Vertrieb wahrgenommen wird. Eigentlich wollten wir nur die Kontakte von Mitarbeitern außerhalb des Vertriebs messen, um zu signalisieren, es ist die Aufgabe aller bei Zeuss, den Kunden zu begeistern von unseren Produktentwicklungen. Übrigens: Mit ‚Kommunikation' meinen wir nicht E-Mails, auch nicht Telefonate, sondern Besuche, Besprechungen, vielleicht sogar den Austausch von Mitarbeitern für eine gewisse Zeit!"

Bei den Entwicklungsgebieten für Mitarbeiter und Kunden waren sich alle einig. Diese sind bei der Strategieumsetzung möglichst zu integrieren, sollten schon aus eigenem Interesse mitmachen. Aber welche Personengruppe ist noch relevant für die strategische Zielerreichung von Zeuss? Folgende Vorschläge kamen mit entsprechenden Begründungen aus den Gruppen:

- Stadt Husum
  Wir müssen uns so langsam um ein neues Quartier für den Firmensitz kümmern; wenn wir so weiter wachsen wie bisher, platzen wir aus allen Nähten.

- Fachpresse
  Wir müssen uns besser verkaufen – am besten in der Fachpresse: Dies ist kostengünstig und sehr zielführend für unsere Vertriebsarbeit.

- Wirtschaftsförderung des Bundeslandes Schleswig-Holstein
  Ohne Zuschüsse aus der Landes-, Bundes- oder EU-Kasse können wir als kleines Unternehmen nicht existieren.

- Forschungsinstitutionen
  Warum nutzen wir nicht die in der Nähe angesiedelten Institute für Schiffbau, Schiffselektronik etc., um mit diesen gemeinsame Forschungsvorhaben durchzuführen? Auch würden wir dort potenzielle ‚High-Potentials‘ kennenlernen, denen wir eine interessante Zukunft bei Zeuss bieten könnten.

- Hausbank
  Wir sollten uns darum kümmern, immer über eine ausreichende Kreditlinie zu verfügen.

- Familie Zeuss
  Wir sollten immer darauf achten, dass die ganze Familie Zeuss, die Eigentümer des Unternehmens, uns gewogen bleiben und nicht daran denken, das Unternehmen an einen Konzern zu verkaufen.

- Führungskräfte
  Wir sind zwar auch Zielgruppe beim Entwicklungsgebiet Mitarbeiter, aber unsere Interessen gehen weiter: Wir sollten darauf achten, uns mehr Zeit zu nehmen für strategisch relevante Aufgaben, das heißt aber auch, mehr Verantwortung abgeben an unsere Mitarbeiter.

Geeinigt hatte man sich dann – „beschränken Sie sich" intervenierten immer wieder die Moderatoren – auf zwei weitere Entwicklungsgebiete:

- Entwicklungsgebiet: Schiffbauinstitute
  Ziel: Image/Reputation
  Kennzahl: Anzahl Pressemeldungen

Die technologische Entwicklung auch im Bereich der Schifffahrt geht rasant voran. Ein Unternehmen der Größe von Zeuss Husum würde auch mit verdoppelter Innovationskraft und auf einen Aspekt konzentriert es nie schaffen, entwicklungsmäßig an vorderster Front zu stehen. Daher sollten Entwicklungspartnerschaften mit den entsprechenden Instituten der Fachhochschule Kiel, dem Institut für Land- und Seeverkehr der TU-Berlin oder mit dem Hamburger Verband für Schiffbau und Meerestechnik eingegangen werden.

Ziel der gemeinsamen Arbeit ist nicht nur die Gewinnung neuer Erkenntnisse, sondern auch – über Veröffentlichungen und Vorträge auf internationalen Fachveranstaltungen – eine verbesserte Reputation von Zeuss Husum in der Fachwelt. Hierdurch werden nicht nur gemeinsame Entwicklungsprojekte mit den Forschungseinrichtungen, sondern auch mit Werften initiiert. Auch werden junge Wissenschaftler, die sich eher praktisch ausrichten wollen, auf Zeuss Husum als möglichen Arbeitgeber aufmerksam.

Die Kennzahl ‚Anzahl Pressemeldungen‘ orientiert auf gewonnene Reputation.

- Entwicklungsgebiet: Gesellschafter/Führungskräfte
  Ziel: Verantwortung
  Kennzahl: Anteil der Mitarbeiter, mit denen eine ergebnisorientierte Verantwortlichkeit erarbeitet wurde

Die anwesenden Führungskräfte beklagten sich, dass ihnen zu wenig Zeit für strategische Fragestellungen bliebe, sie zu sehr in das Tagesgeschäft (sollte das nicht auch strategisch sein?) eingebunden seien. Dieses Problem könnte zumindest ansatzweise gelöst werden, wenn die Mitarbeiter der nächsten Ebene mehr in Verantwortungsstrukturen eingebunden wären. Dafür ist gemeinsam mit denen zu klären, welche eindeutigen Ergebnisverantwortungen diese tragen sollten. Die Moderatoren stellten hierzu einen Ansatz vor[10].

---

[10] S. dazu auch Kapitel 7.

Verantwortlichkeit muss gelebt werden, das Festlegen eindeutiger Verantwortungsbereiche dokumentiert die entsprechenden Zielsetzungen und ist Grundlage einer unternehmensweiten Unternehmenskultur.

Warum die Gesellschafter in diesem Entwicklungsgebiet integriert sind? Nun, Frau Zeuss – und sie sprach auch für ihre Kinder – war es wichtig, dass das Unternehmen eine Unabhängigkeit von Personen bekommt. „Es ist für mich unerlässlich", äußerte sie „dass es für jede Führungsfunktion im Unternehmen auch einen Stellvertreter gibt. Das erwarten nicht nur die Banken, die unser Unternehmen im Rahmen von Basel II untersucht haben. Dies ist auch für die nachhaltige Entwicklung von Zeuss Husum wichtig. Wir haben doch nach dem Tod meines Gatten gesehen, wie schädlich die Ausrichtung auf nur eine Person ist."

Puh, das ist geschafft! Mit der Festlegung der Ziele der strategischen Entwicklungsgebiete ist nun unter ausgewogener Berücksichtigung der Interessen der wichtigsten Anspruchsgruppen bei Zeuss Husum ein wichtiger Aspekt der Balanced Scorecard erfüllt: Ein ausgewogenes strategisches Zielsystem wurde gemeinsam erarbeitet und ist Grundlage für die weitere strategische Arbeit (s. Abb. 9).

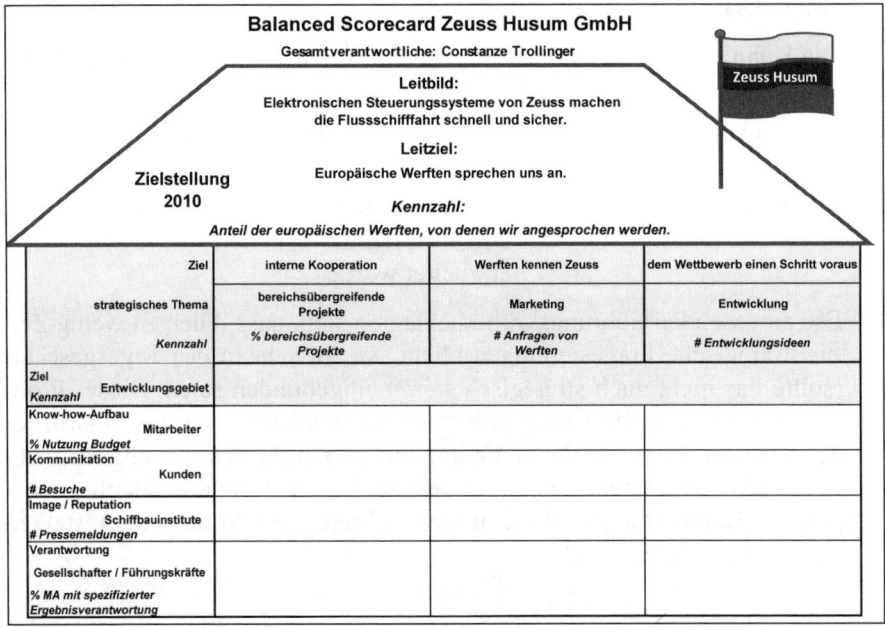

Abb. 9: Die strategischen Zielstellungen der Zeuss Husum GmbH

Der zweite Tag hatte allen nach vielen Diskussionen ein tolles Ergebnis gebracht: Gemeinsam hatten sie sich zu strategischen Zielen für die nächsten Jahre bekannt! Nach dem Abendessen bevölkerten sie die Bar und waren ausgelassen wie kleine Kinder. Constanze saß neben Lasse, ab und zu blickte sie ihn lächelnd an – nicht mehr! Das hatten sie beide ausgemacht; keiner in der Firma sollte von ihrer Verbindung wissen. Aber ab und zu eine flüchtige Berührung würde sicher keiner außer ihnen beiden registrieren. Gegen Mitternacht machte sich die Erschöpfung bemerkbar, die meisten zogen sich auf ihre Zimmer zurück, um 1 Uhr war dann für alle Ruhe.

2.2.4   Auf ZAK sein – konkrete Aktionen

„Guten Morgen", begrüßten die Moderatoren die gespannte Runde, „es reicht nicht, sich nur Ziele zu setzen. Dies haben wir gestern erreicht. Aber nun sollten wir gemeinsam überlegen, was ganz konkret zu tun ist."

„Ist doch klar", meldete sich Vertriebsleiter Nieda, „ich muss mich jetzt um ein neues Marketingkonzept kümmern, damit wir möglichst viele Anfragen von Werften nach unseren Produkten bekommen." „Ja, Herr Nieda, wir hatten uns aber doch darauf verständigt, dass dies nicht nur eine Aufgabe des Vertriebs ist. Unser heutiges Ziel ist es, das Wissen, die Ideen aller Anwesenden aufzunehmen, zu besprechen, sich auch von der konkreten strategischen Tagesarbeit ein gemeinsames Bild zu machen. Sie haben sicher tolle Ideen. Aber die Erfahrung zeigt uns immer wieder, auch die, die nicht im Vertrieb arbeiten, haben gute Ideen, vielleicht sogar mal eine bessere neue Idee, die Zeuss Husum bei den Weften als den Lieferanten für Steuerungstechnik von Binnenschiffen bekannt machen könnten."

Gerhard Junker pflichtete dem Moderator bei, „wenn wir so weiter arbeiten wie bisher, ändert sich doch nichts, Gunther. Lass uns doch den von den Moderatoren vorgeschlagenen Weg gehen. Und wenn Du hervorragende Ideen für den Ausbau unserer Kundenbeziehungen hast, wirst Du sicher Gelegenheit bekommen, diese einzubringen."

„Danke, Herr Junker. Alle sollen wieder mitmachen. Folgende Aufgaben habe Sie nun: Jede Gruppe soll auf Moderationskarten Ideen sammeln für konkretes, strategieorientiertes TUN. Die Ideen sollen so konkret beschrieben werden, dass jeder hier im Raum, ich betone jeder, sofern er die Karte vorgelegt bekommt, sogleich weiß, was er zu tun hat. Zudem: Wir sammeln nicht einfach so Ideen, da gibt es Tausende, die Zeuss Husum voranbringen könnten. Nein, diese Aktionsvorschläge sollen zudem in jeweils zwei Richtungen gleichzeitig wirken:

- vertikal in Richtung auf eines unser drei strategischen Themen
- horizontal in Richtung des gewählten Entwicklungsgebiets

Nehmen Sie folgendes Beispiel: Wir befinden uns zuerst im Feld mit den Koordinaten a) vertikal strategisches Thema 1: bereichsübergreifende Projekte und b) horizontal Entwicklungsgebiet Mitarbeiter. Die Ziele, die wir auf diesen beiden Ebenen verfolgen, sind bekannt – beide Zielstellungen unterstützen auch das von Ihnen bestimmte Leitziel ‚Ansprache durch europäische Werften'.

Eine Aktionsidee[11] könnte darin bestehen, Projektteams, die aus Mitarbeitern verschiedener Zeuss-Bereiche bestehen, gemeinsam auszubilden: in Projektmanagement, MS-Project o. Ä. Ziel dieser Ausbildung ist es, Projekt-Know-how zu erwerben. Eine Kennzahl für die Umsetzung dieser Idee wäre z. B. der Anteil der Zeuss-Mitarbeiter, die an einer derartigen bereichsübergreifenden Schulung teilgenommen haben. Ob diese im Unternehmen oder extern durchgeführt wird, ist hier erst einmal egal. Die Aktion wirkt – wie Sie mir sicherlich bestätigen können – in beide Richtungen (s. Abb. 10):

- vertikal: Bereichsübergreifende Projekte werden unterstützt, die Zusammenarbeit gelingt durch frühes miteinander Lernen besser.

- horizontal: An Projekten beteiligte Mitarbeiter lernen frühzeitig Projektmanagementtechniken, die Projekte laufen daher wahrscheinlich besser, und unsere Mitarbeiter werden durch Erfolgserlebnisse motiviert.

---

[11] In My Balanced Scorecard sind fast 500 weitere ZAKs beschrieben, jeweils mit Ziel und Kennzahl: Vgl. Friedag, H., Schmidt, W. (2004).

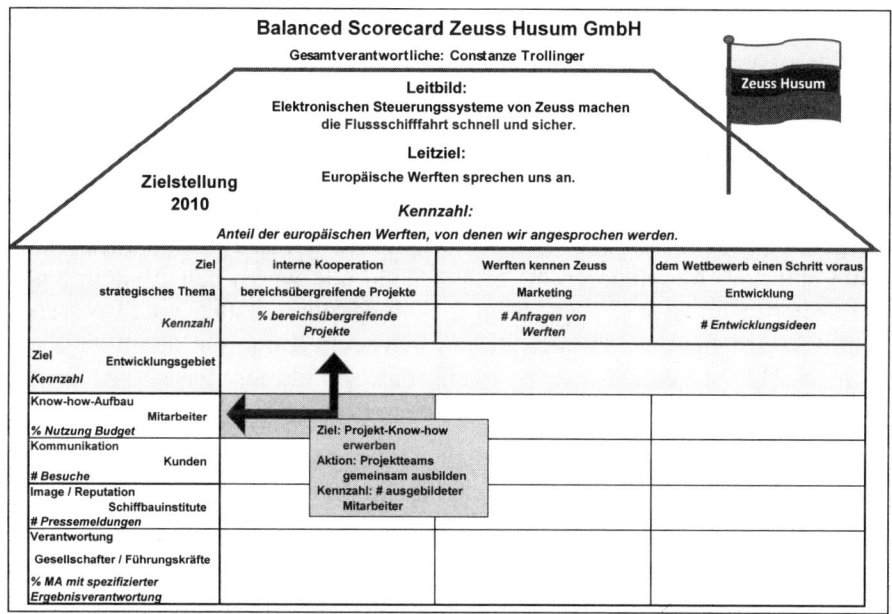

Abb. 10: ZAK – zielgerichtete Aktionen zur Strategieumsetzung

Ihre Aufgabe ist es nun, beginnend mit dem strategischen Thema 1 „bereichsübergreifende Projekte", ZAK-Karten, die wir vorbereitet haben, auszufüllen mit Ziel der Aktion, Beschreibung der Aktion und einer Kennzahl, mit der Sie die Umsetzung der Aktion oder das Ergebnis der Aktion messen wollen – also seien Sie auf ZAK und haben Sie viele interessante, aber auch konkrete Ideen! Karten mit ‚verbessern' oder ‚optimieren' sollten Sie vermeiden, es sei denn, Sie können erklären, was konkret damit gemeint ist. Nun auf!"

Viele Karten lagen vor den Gruppen, nur wenig Zeit, durchschnittlich 5 Minuten für eine Idee! Wie sollte man das schaffen? Aber aus Erfahrung wussten die Moderatoren, Zeitdruck ist ein guter Ideenmotor – mehr Zeit führt nur zu langen, nicht zielführenden Diskussionen über wenn und aber.

Es dauerte nicht lange, und die Ideen kamen, wie beim Brainstorming. Nach Ablauf der Zeit hatten einige Gruppen wirklich die Vorgabe der Moderatoren erfüllt, andere sich aber doch in Diskussionen verhaspelt. Nun wurden von den Gruppenleitern unter Assistenz der Gruppenmitglieder die ZAK-Karten vorgestellt, wobei die Moderatoren auf Einhaltung der vier Kriterien achteten:

1. Ist die Idee konkret?
2. Unterstützt die Idee das gewählte strategische Thema?
3. Unterstützt die Idee die Einbeziehung des gewählten Stakeholders?
4. Ist die gewählte Kennzahl zielführend und auch messbar?

Es dunkelte schon, bis alle strategischen Themen abgearbeitet und alle ZAKs vorgestellt waren. Fast 200 Ideenkarten pinnten auf den Plantafeln; parallel hatte einer der Moderatoren sie erfasst. Und alle waren den Ausführungen der Gruppen intensiv gefolgt, denn die Moderatoren hatten vorab gewarnt: „Bitte passen Sie gut auf, akzeptieren Sie keine Karte, die aus Ihrer Sicht nicht zielführend ist. Es kann gut sein, dass gerade Sie diese Karte weiter bearbeiten müssen – und dann hätten Sie ein Problem!"

2.2.5 Mit strategischen Projekten die Arbeit organisieren

„Um diese knapp 200 strategisch auf das Zeuss-Leitziel ausgerichteten Aktionsideen umzusetzen, empfehlen wir die Gruppierung dieser Karten zu strategischen Projekten. Wir empfehlen außerdem bei der Größe Ihres Unternehmens auch nicht, eine Gruppierung nach den strategischen Themen durchzuführen. Dann wären diese Projekte zu groß. Wir hätten einen Vorschlag: Kommen Sie bitte alle nach vorn und ordnen Sie die Karten auf die hier vorbereiteten Projektplantafeln. Wenn Sie meinen, eine Karte passt gut zu einer anderen, einfach zusammenpinnen. Ohne lange Diskussion. Und wenn jemand meint, die Karte hängt falsch, bitte hängen Sie die Karte um. Also recht chaotisch! Aber Sie werden sehen, dieser Prozess geht sehr schnell und am Ende, in knapp einer halben Stunde, haben sie eine Projektstruktur gefunden, die die Basis der weiteren Arbeit sein wird."

Ungläubiges Schweigen, aber dann wagten sich einige zu den Karten, und nach wenigen Minuten waren alle mit Eifer bei der Sache. Man konnte schön die unterschiedlichen Charaktere beobachten: die eher Vorsichtigen, die zögerlich hin und her schauten, abwägten. Die Forschen, die einfach machten. Und die Strukturierten, die nach irgendwelchen Kriterien – jeder nach seinen eigenen – die Karten auf die noch leeren Projekte verteilten.

Kaum 20 Minuten waren vergangen, da waren acht Projekte gruppiert. Im Halbkreis aufgestellt betrachteten die Teilnehmer etwas ungläubig ihr im Chaos entstandenes Werk. Jeweils einer durfte nun alle zu einem Projekt zusammengefassten Karten noch einmal vorlesen und entscheiden, ob diese

ZAK-Karten wirklich sinnvoll gruppiert waren. Natürlich wurden einige Karten auf andere Projekte verteilt, auch wurden zwei Projekte zu einem zusammengefasst. Insgesamt sieben Projekte hingen nun auf den Plantafeln.

Gemeinsam wurden für die sieben Projekte eine Projektbezeichnung, das Projektziel und eine Projektkennzahl festgelegt, die dem späteren Projektverantwortlichen ein Maß für seinen Projekterfolg geben sollte (s. Abb. 11):

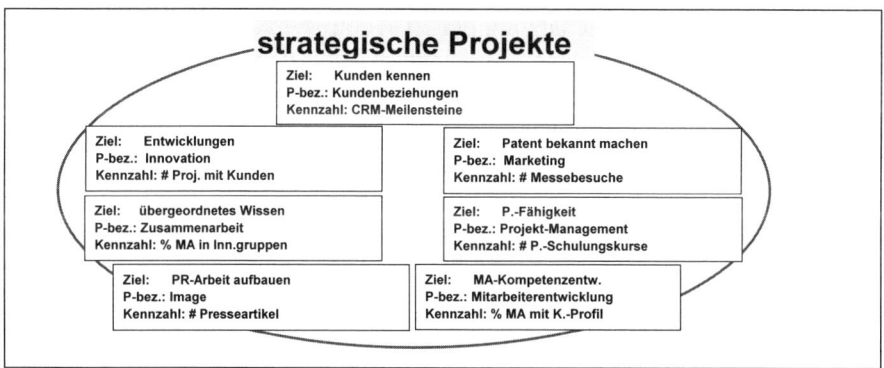

Abb. 11: Strategische Projektideen der Zeusss Husum GmbH

1) Projektziel: Kunden kennen
   Projektbezeichnung: Kundenbeziehungen
   Projektkennzahl: CRM-Meilensteine

Es geht bei diesem Projekt um die bessere Kenntnis der Kunden durch die Mitarbeiter der Zeuss Husum. Dafür soll ein CRM-Projekt (Customer Relationship Management, eine Software zur Dokumentation und Verwaltung von Kundenbeziehungen) aufgesetzt werden, in dem alle Kontakte, Schreiben, Mails, Absprachen, Vereinbarungen, Aufträge, Umsätze etc. festgehalten werden.

Mit der Projektkennzahl ‚Meilensteine‘ wird signalisiert, dass man sich noch nicht auf die Inhalte festlegen wollte oder konnte. So wird es Aufgabe der Projektleitung sein, einen Projektfahrplan zu erstellen und Meilensteine mit einem Fertigstellungstermin festzulegen.

2) Projektziel: Mitarbeiterkompetenz entwickeln
   Projektbezeichnung: Mitarbeiterentwicklung
   Projektkennzahl: Anteil Mitarbeiter mit einem Kompetenzprofil

Auch wenn viele Mitarbeiter der Zeuss Husum gut ausgebildete Spezialisten sind, die Mehrheit sogar mit abgeschlossenem Hochschulstudium, so fehlen doch viele Fähigkeiten, die es zu erlernen gilt!

Dafür soll federführend von der Personalabteilung in Zusammenarbeit mit den jeweiligen Vorgesetzten und dem jeweiligen Stelleninhaber für jede Position im Unternehmen ergänzend zur Stellenbeschreibung ein Anforderungsprofil erstellt werden. Dies wird dann abgeglichen mit der Selbst- und Fremdeinschätzung der Ist-Kompetenzen des Stelleninhabers. Aus der Differenz zwischen Soll und Ist kann dann eine Mitarbeiterentwicklungsplanung mit konkreten Aktionen abgeleitet werden[12].

Natürlich ist ein derartiges Kompetenzprofil nur Mittel zum Zweck, nämlich der Kompetenzentwicklung der Mitarbeiter und sollte nie zum Selbstzweck verkommen!

3) Projektziel: Patent bekannt machen
   Projektbezeichnung: Marketing
   Projektkennzahl: Anzahl Messebesuche

Ein wichtiger Baustein in der strategischen Planung der Zeuss Husum ist das erhaltene Patent auf die Steuerung von Binnenschiffen. Nun sollte es darum gehen, möglichst schnell allen potenziellen Kunden (Werften) bzw. auch deren Auftraggebern (Reedereien) Kenntnis von den Möglichkeiten dieser Neuentwicklung zu geben. Dies kann nicht nur Aufgabe des (unterbesetzten) Marketings sein; alle Mitarbeiter sollten involviert werden, auch z. B. die Mitarbeiter des Rechnungswesens, die ja auch Kontakt zum Kunden haben.

4) Projektziel: Projektabwicklungsfähigkeit
   Projektbezeichnung: Projektmanagement
   Projektkennzahl: Anzahl Schulungskurse

Die Zukunft von Zeuss liegt, da waren sich alle einig, in der kompetenten Abwicklung von Projekten: seien es Forschungs- und Entwicklungsprojekte, große Kundenaufträge oder Projekte in der sonstigen Zusammenarbeit mit Lieferanten und Kunden. Hierfür musste die Kenntnis um die Abwicklung von Projekten ausgebaut werden, auch im Multiprojektma-

---

[12] Der Anhang enthält beispielhaft ein Kompetenzprofil eines Mitarbeiters aus dem Controlling.

nagement – so können zukünftig Projekte besser zeit- und kostengerecht abgewickelt werden.

5) Projektziel: PR-Arbeit aufbauen
   Projektbezeichnung: Image
   Projektkennzahl: Anzahl Presseartikel

Zeuss Husum war bislang mit dem Image einer ‚Meeresbude‘ behaftet. Davon wollte und musste man wegkommen. Zukünftig wollte sich Zeuss auf das immer wichtiger werdende Feld der Flussschifffahrt ausrichten. Dazu sollte intern ein PR-Verantwortlicher in Zusammenarbeit mit einem externen PR-Manager für das Verfassen von Presseartikeln verantwortlich sein. Die Inhalte jedoch mussten aus dem gesamten Unternehmen kommen – eine wahrhaft wichtige Aufgabe!

6) Projektziel: übergeordnetes Wissen
   Projektbezeichnung: Zusammenarbeit
   Projektkennzahl: Anteil Mitarbeiter in Innovationsgruppen

Es wurde so viel gewusst bei Zeuss, nur keiner wusste, wo! Es sollten zu verschiedenen Themenkomplexen Innovationszirkel eingerichtet werden, in denen sich Mitarbeiter aus allen Bereichen über neue Projekte austauschen sollten.

Ziel bis 2010 sollte es sein, dass 5 % der Arbeitszeit für Diskussionen in den Innovationsgruppen zur Verfügung gestellt wird – viele Unternehmen haben mit der Freistellung für eine kreative Zeit sehr gute Erfahrungen gemacht.

7) Projektziel: Entwicklungen
   Projektbezeichnung: Innovation
   Projektkennzahl: Anzahl Projekte mit Kunden

Diskussionszirkel, um neue Ideen zu spinnen, sind das eine, das andere ist aber die Umsetzung derartiger Ideen in Aufträge. Hierzu sollten Innovationsprojekte in Zusammenarbeit mit Kunden durchgeführt werden. Gemeinsam entwickelt es sich marktgerechter! Zudem kommen externe Impulse und neue Sichten ins Unternehmen, und die Marktgängigkeit dieser in Zusammenarbeit mit Kunden entwickelter Innovationen ist eher gewährleistet.

Damit waren sieben Projekte, nein eher Projektideen erarbeitet worden, die die Zukunftsfähigkeit von Zeuss Husum gewährleisten sollten. Die Projektideen waren aus einem zielgerichteten Brainstorming heraus entstanden und konnten noch nicht als umsetzungsreife ‚Projekte' bezeichnet werden. Das musste im nächsten Schritt erfolgen:

Für jede dieser Projektideen musste nun ein Teilnehmer gefunden werden, der diese Sammlung von Projekt-ZAK-Karten zu einem veritablen strategischen Projekt strukturiert[13]. Die Moderatoren empfahlen, dass man nicht ‚den Bock zum Gärtner' macht. Verantwortlich für die Strukturierung der Projektideen sollten Mitarbeiter aus Bereichen werden, die sonst nicht verantwortlich für die Projektziele sind. Also sollte das Kundenbeziehungsprojekt nicht von den Vertriebsleitern Nieda oder Pijet strukturiert werden, sondern z. B. von Herrn Grützmann aus dem Bereich ‚Projektmanagement'.

Die Projektverantwortlichen – genau genommen waren es ja Projektvorbereiter – waren bald im Kreis der Führungskräfte gefunden, und dann konnten die Moderatoren die Aufgabenstellung bis zum nächsten, dem dritten Workshop festlegen:

„Wir treffen uns in sieben Wochen, Anfang Februar. Bis dahin sollten Sie, die Projektverantwortlichen, Ihre Projekte möglichst entscheidungsreif konzipieren. Folgendes ist hierfür zu erledigen:

1. Arbeitsgruppe bilden
   Suchen Sie sich zwei Kollegen, die das Projekt mit Ihnen bearbeiten. Es sollten Kollegen sein, die nicht hier an diesem Workshop teilgenommen haben. Möglichst sollte einer aus dem Bereich kommen, der üblicherweise für die Erreichung des Projektziels verantwortlich ist – so können Sie die dort vorhandene Fachkompetenz nutzen. Die Gruppe sollte nicht größer als drei Personen sein, sonst wird zu viel Zeit mit Diskussionen vergeudet. Gegebenenfalls können Sie natürlich zusätzliche Expertise hinzuziehen.
   Der Gesamtarbeitsaufwand für die Projektstrukturierung sollte nicht größer als zwei Mann-Wochen betragen. Wir haben schon mit Unternehmen zusammengearbeitet, die sich „tot geplant" hatten, denn sie wollten alles exakt haben – und wurden nie fertig!

---

[13] Multiprojektmanagement ist eine Wissenschaft für sich. Insbesondere in großen Unternehmen gibt es hierfür ganze Abteilungen. Aber in mittelständisch geprägten Unternehmen ist entsprechendes Know-how eher nicht anzutreffen – daher hier der kurze Hinweis auf die weitere Projektbearbeitung.

2. Projektziel bestimmen
    Wir haben uns gemeinsam über die Projektziele ausgetauscht – diskutieren Sie dies aber noch einmal mit Ihrer kleinen Projektgruppe. Konkretisieren Sie diese gegebenenfalls, oder gibt es begründet andere, abweichende Zielstellungen?

3. Verständigen auf eine Projektkennzahl
    Auch hier haben wir Vorarbeit geleistet. Aber, „das Bessere ist der Feind des Guten". Vielleicht finden Sie eine klarere, zielgerichtetere Kenngröße, vielleicht schlagen Sie für die erste Hälfte des Projekts eine andere Kennzahl als für die zweite Hälfte vor. Auch das ist möglich! Und beachten Sie bitte die Kosten, die eine Kennzahl verursacht. Umsonst ist nichts, auch Controlling kostet Geld!
    Legen Sie die Rechenregeln für die Kennzahl fest. Sicher wird Ihnen hierbei Frau Trollinger vom Controller-Service helfen. Und bestimmen Sie Ist und Soll bzw. Meilensteine für die gewählte Kennzahl – am besten für jedes Quartal der Projektlaufzeit.

4. Zusätzlich notwendige Aktionen einbeziehen
    Wir haben gemeinsam Aktionsideen entwickelt, die einerseits in Richtung auf das Entwicklungsgebiet, die Interessen der jeweiligen Stakeholder entwickelnd, wirken sollen. Andererseits unterstützen diese Ideen das jeweilige strategische Thema. Und natürlich dienen diese dazu, unser Leitziel zu erreichen. Aber diese Aktionsideen kommen aus einem zielgerichteten Brainstorming, wurden nicht entwickelt, um ein strategisches Projekt umfassend zu strukturieren. Dazu benötigen Sie bestimmt noch viele weitere Aktionen. Erarbeiten Sie diese, und legen Sie jeweils fest, in welcher zeitlichen Abfolge diese Aktionen umgesetzt werden sollten.

5. Ermitteln der benötigten Ressourcen (Investition, laufende Kosten, Zeit)
    Jedes Tun benötigt Ressourcen, sei es ‚nur' Zeit, seien es laufende Kosten oder aber auch einmalige Aufwendungen, Investitionen. Schätzen Sie doch bitte den Ressourcenbedarf Ihres Projekts ein. Und berücksichtigen Sie, dass Zeit, die Mitarbeiter von Zeuss mit der Projektumsetzung beschäftigt sind, auch Geld kostet. Es gibt im Unternehmen keine ‚eh-da-Kosten'.

6. Wirkung des Projekts auf die strategischen Ziele abschätzen
    Keiner von uns kann genau sagen, wie diese angedachten strategischen Projekte auf unser Leitziel wirken. Die Zukunft ist ungewiss. Aber hier im Saal sitzen mehr als 200 Mannjahre Erfahrung in Schiffbau- bzw.

Meerestechnologie. Wer kann die spezifische Zukunft von Zeuss besser einschätzen als Sie! Natürlich sollten immer wieder externe Expertisen eingekauft werden. Aber grundsätzliche Entscheidungen Ihres Tuns sollten Sie schon treffen – denn Sie müssen diese ja auch ‚ausbaden'!

Nun zurück zu den Projekten. Bitte schätzen Sie ein, wie die Projekte die Zielerreichung der strategischen Themen und der Entwicklungsgebiete unterstützen. Dazu haben wir ein einfaches Modell entwickelt (s. Abb. 12):

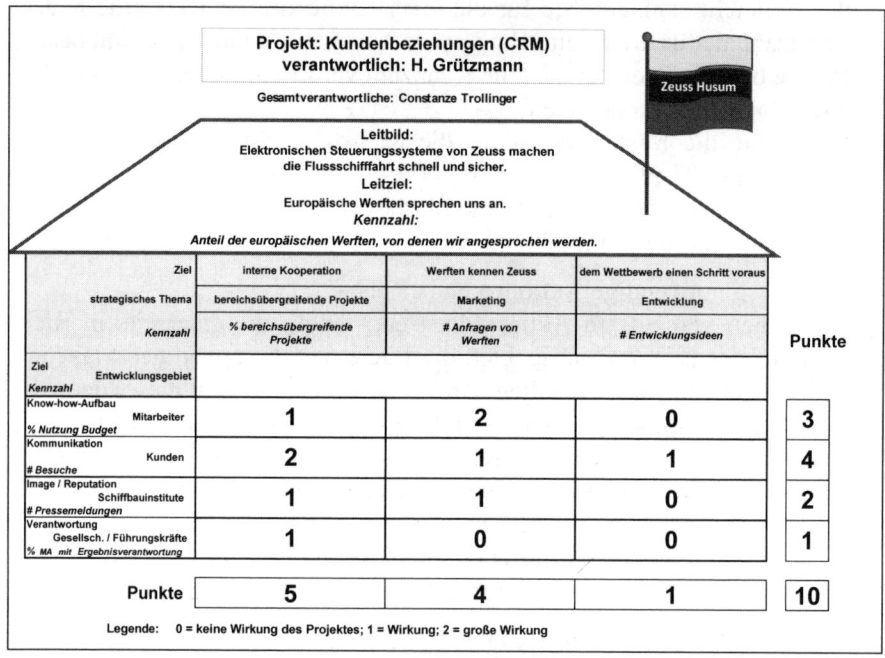

Abb. 12: Wirkungsmatrix

Diese Grafik dient nur als fiktives Beispiel. Sie sollen eine Einschätzung des Vorbereitungsteams über die Wirkung des Projekts auf die Ziele der Matrix geben. Aber folgende Bitte hätten wir schon an Sie: Wenn Sie in einem Feld – wir sagen Entwicklungsfeld dazu – zwei Punkte vergeben, sollte diese Einschätzung auch mit ZAK-Karten belegt werden. Eine ‚2' kann es natürlich nur geben, wenn in diesem Entwicklungsfeld auch Relevantes getan wird. In diesem Beispiel hätten wir als Gesamtergebnis 10 Punkte und können diese Einschätzung dann mit denen der anderen Projekte vergleichen.

Sie könnten natürlich auch von +10 bis -10 skalieren, oder von +3 bis -3. Aber unserer Erfahrung nach ist dies praktisch unerheblich, ändert wenig am Ergebnis. Am Ende ist die Einschätzung der Wirkung ein Argument unter vielen!

Sieben Projekte sind auch für Zeuss Husum viel Arbeit, meist ja zusätzliche Arbeit. Daher empfehlen wir Ihnen, sich zu beschränken. Vielleicht ist es besser, erst einmal mit drei oder vier Projekten zu beginnen, die anderen drei Projekte danach umzusetzen. In sieben Wochen treffen wir uns, und Sie stellen Ihre Projekte vor – dann sollten Sie gemeinsam festlegen, welche Projekte Sie der Geschäftsführung sofort zur Umsetzung vorschlagen und welche später folgen sollen."

2.2.6   BSC-Gesamtprojektleitung

„Tja", führten die Moderatoren weiter aus, „Sie haben vielleicht erstaunt bemerkt, dass sich Frau Trollinger nicht für ein Projekt gemeldet hat. Wir haben vorher mit dem Geschäftsführer, Dr. Junker und ihr angedacht, dass Frau Trollinger die Gesamtverantwortung für die Balanced Scorecard übernimmt. Sie hat diesen Prozess mit angestoßen und ist als Controllerin bestens dafür geeignet. Sie soll für Sie folgende Aktivitäten umsetzen, damit die Erreichung des Leitziels möglich wird:

- Das Wichtigste: Seien Sie, Frau Trollinger jederzeit Ansprechpartner für Ihre Kollegen, die die Projekte strukturieren. Am besten, Sie richten einen wöchentlichen Stammtisch ein, in dem Sie im Kreis der Projektverantwortlichen die anstehenden Probleme gemeinsam besprechen. Warum nicht auch hier von den Erfahrungen der Kollegen lernen?

- Nun zu einem sehr controllergemäßen Thema: Unterstützen Sie nicht nur Ihre Kollegen bei der Festlegung und Ermittlung der Ist- und Zielwerte für die Projektkennzahlen. Bitte tun Sie das Gleiche auch für die Zielkennzahlen der BSC-Matrix: Für die Leitkennzahl, für die Kennzahlen der strategischen Themen wie die der Entwicklungsgebiete müssen festgelegt werden:

1. Wie lauten die Rechenregeln?

2. Wie und wo können die Daten erhoben werden?

3. Wer sollte für die Datenermittlung verantwortlich sein?

4. Können Sie bereits jetzt einen Istwert ermitteln?

5. Welche Zielwerte schlagen Sie für die nächsten Quartale vor?

- Wir sprachen soeben von den ‚eh-da-Kosten' für internen zeitlichen Aufwand. Zur Vereinfachung schlagen wir vor, dass für die Projektkalkulation mit einem einheitlichen Tagessatz gerechnet wird. Auch hier: Seien wir nicht päpstlicher als der Papst!

- Es gibt bei strategischen Projekten in den Unternehmen immer wieder ein gleiches Problem: Überall werden einige spezialisierte Mitarbeiter für die Umsetzung mehrerer Projekte eingeplant. Aber jeder von Ihnen hat nur eine begrenzte Zeit. Mehr als 24 Stunden hat auch bei Ihnen trotz Zeuss kein Tag! Und das operative Geschäft soll ebenfalls weitergehen. Wenn Sie also bei der Vorbereitung der Projektpräsentationen das Gefühl haben, dass es hier zu personellen Engpässen kommen kann, heben Sie den Finger und verlangen Sie eine Abstimmung unter den beteiligten Projektleitern!

- Auch möchten wir Sie bitten, für eine einheitliche Darstellung der Projekte in sieben Wochen Sorge zu tragen. Wir haben schon derart engagierte Projektvorbereitungsteams erlebt, dass sie ein Theaterstück aufgeführt haben, um von der Wichtigkeit gerade ihres Projekts zu überzeugen. Und wir haben Teamleiter erlebt, die nuschelnd einen vierzeiligen Bericht vortrugen. Gleiche Chancen für alle, damit wir über Inhalte und nicht über die Darstellung entscheiden.

Und eine zusätzliche Aufgabe für alle: Welche anderen Projekte laufen derzeit bei Zeuss Husum? Ich gehe davon aus, einige! Müssen die sein? Wir haben doch jetzt gemeinsam festgelegt, was wir für die Strategieumsetzung tun wollen – und können wir daraus nicht auch ableiten, was wir zukünftig nicht tun wollen? Daher folgender Vorschlag:

- Jeder von Ihnen wühlt mal auch in alten Unterlagen und schreibt auf, welche Projekte über vielleicht 10 T€ derzeit laufen oder bereits genehmigt aber noch nicht angefangen wurden.

- Zur Unterstützung der Ernsthaftigkeit haben wir vorab mit Dr. Junker vereinbart, dass zukünftig kein Euro mehr für ein Projekt ausgegeben wird, das nicht in sieben Wochen bestätigt wird.

- Gern wird dann von Kollegen von ‚operativen Projekten' gesprochen. Natürlich haben Sie – hoffentlich – viele davon. Dann muss es aber einen Kundenauftrag hierzu geben!

Der Vorstand eines Kunden hatte uns einmal hierzu gesagt, ‚derzeit laufen bei uns nur sieben Projekte'. Aber wir haben auf der Auflistung bestanden. Und Sie glauben es nicht: Mehr als 70 genehmigte bzw. angefangene Projekte kamen zutage! Wir haben schon Unternehmen kennengelernt, die haben durch diese zielgerichtete Streichaktion mehr eingespart und mehr Zeit und Ressourcen erworben, als sie dann für die Umsetzung Ihrer BSC-Projekte aufgewandt haben."

2.2.7 Ein erster Ausblick ist möglich

Damit war dieser sehr intensive zweite Workshop zu Ende. Die drei Tage vergingen wie im Flug. Und alle waren geschafft. Aber gemeinsam hatten sie sich ein Bild von der Zukunft ihres Unternehmens erarbeitet und auch üb erlegt, wie dieses Bild Realität werden könnte (s. Abb. 13):

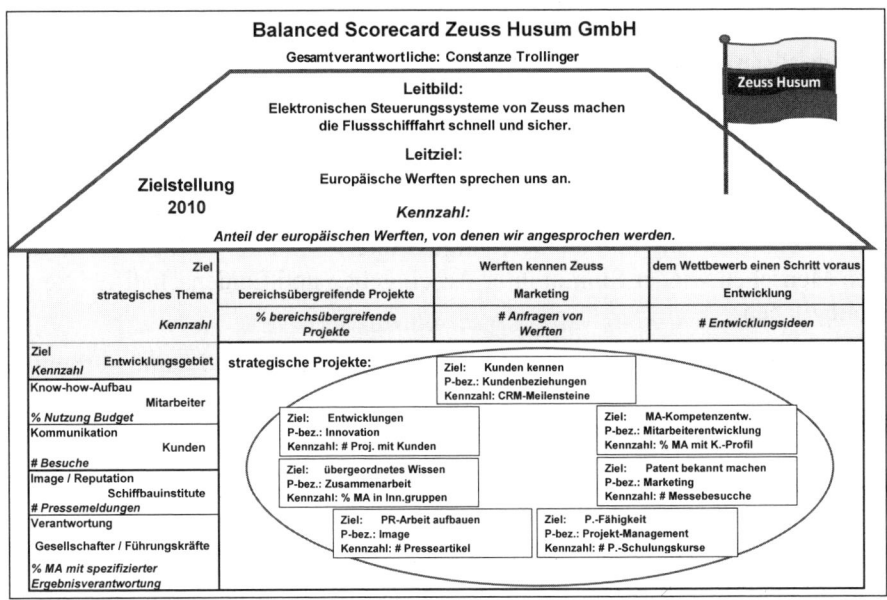

Abb. 13: Das ‚Haus der Balanced Scorecard' der Zeuss Husum GmbH

Ausgehend von der Zweckbestimmung hatten sie das Geschäftsmodell der Zeus Husum GmbH entwickelt und sich gemeinsam überlegt, welches denn die wichtigsten Potenziale seien, die derzeit entwickelt werden müssten. Unter einem Leitziel wurden drei strategische Themen festgelegt, die zunächst angepeilt werden. Und es wurden Ziele jener Personengruppen herausgearbeitet, deren Unterstützung als besonders wichtig angesehen wurde und – ganz im Sinne von ‚balanced' – in die Strategieumsetzung einbezogen.

Erste Ideen für das konkrete, zielgerichtete TUN wurden entwickelt und zu strategischen Projekten zusammengefasst – diese sind jetzt zu strukturieren.

Zur Vorbereitung auf den dritten, den Entscheidungsworkshop in sieben Wochen bat Dr. Junker die Moderatoren, zum Abschluss einen Ausblick zu geben, wie es weiter gehen sollte. Ein gemeinsames Bild hatten sie nun ja erarbeitet und ihr Geschäftsmodell geschärft. Aber ein Bild allein bringt noch keinen nachhaltigen Wandel. Welche Konstellation von Faktoren sollten beachtet werden, **um die Kooperationsfähigkeit bei Zeuss Husum so zu entwickeln, dass sie als entscheidender Wettbewerbsvorteil praktisch wirksam werden kann**?

Die Moderatoren erläuterten: „Wenn der unternehmerische Erfolg von Kreativität und Innovation abhängt, sind die Prinzipien des Industriezeitalters wie Standardisierung der Prozesse, Spezialisierung und Kontrolle der Menschen im Unternehmen und eine vorwiegend auf die Interessen der Kapitalgeber ausgerichtete Unternehmenspolitik nicht mehr zeitgemäß.

Wir brauchen ein neues Managementmodell! Wir haben es in – Anlehnung an Web 2.0 – „Management 2.0" genannt. Unternehmen sollten gesellschaftliche Verantwortung und die berechtigten Interessen aller wahren: sie sollten den Menschen wieder Sinn in ihrer Arbeit geben und Leidenschaft für Neues ermöglichen.

Management 2.0 basiert auf folgenden sieben Faktoren und damit verbundenen Aufgaben:

1. Zielsystem
   Aufgabe: Von der Vorgabe zum gemeinsamen Bild der Zukunft (den Schritt hatten sie bereits getan)

2. Organisation (Produkte und Technologie)
   Aufgabe: Vom Kostendenken zur Balance der relevanten Interessengruppen

3. Werte(n)
   Aufgabe: Von Lohn & Preis zur Wertschätzung

4. Strukturen
   Aufgabe: Von Schnittstellen zu wertebasierten Nahtstellen

5. Unternehmens-/Führungskultur
   Aufgabe: Vom trennenden zum kooperativen Wettbewerb

6. Verantwortung
   Aufgabe: Von der Stellenbeschreibung zur persönlichen Ergebnisorientierung

7. Kommunikation
   Aufgabe: Von der Verlautbarung zur zielbezogenen Interaktion

Hiermit war das Programm für die nächsten Jahre umrissen (s. Abb. 14):

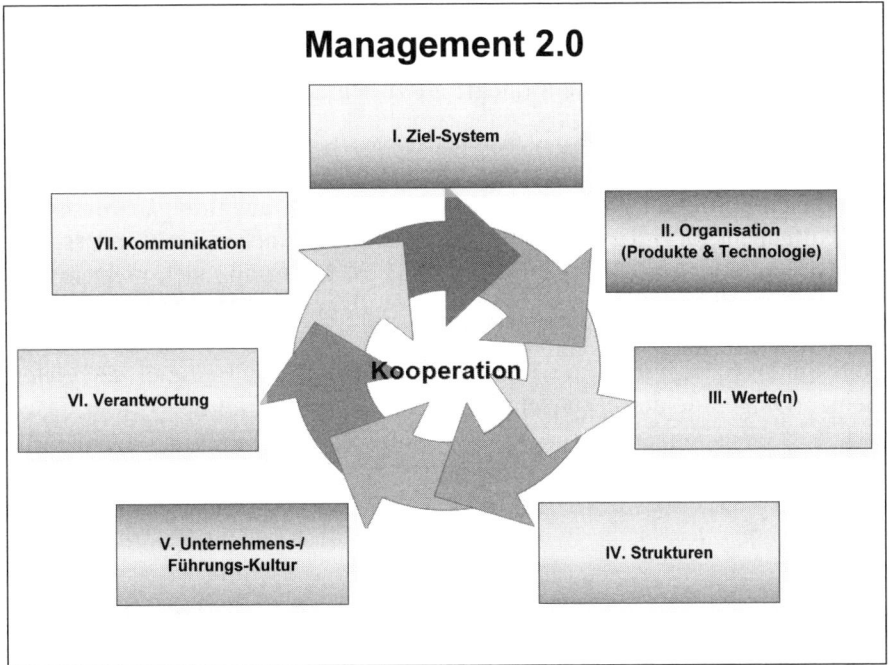

Abb. 14: Faktoren für erfolgreiche Kooperation

Zum Schluss fassten die Moderatoren noch einmal zusammen:

„Die konkrete Ausprägung der sieben Faktoren von Management 2.0 hängt natürlich davon ab, worin der Kern der Strategie gesehen wird. Das ist in jedem Unternehmen anders, auch weil die Ausgangsbedingungen andere sind. Insofern sind die davon abgeleiteten Aufgaben in jedem Einzelfall spezifisch. Da helfen keine Modelle und Beispiele – denn Strategie setzt auf den Vorteil der Einzigartigkeit, nicht auf die Kopie. Kopieren der Erfahrungen erfolgreicher Beispiele kann ein Mittel sein, um zu lernen, einzigartig zu werden. Am Schluss jedoch ist es die Einzigartigkeit, die uns eine nachhaltige Positionierung am Markt ermöglicht; und wir sollten ein gemeinsames Bild davon haben, worin diese Einzigartigkeit besteht und worauf sie beruht.

Das gemeinsame Bild zu erschaffen und zu verbreiten, ist aber nur der Anfang – der Weg mit Management 2.0 zu einem neuen Unternehmenstypus ist arbeitsreich, fordert viel von allen Beteiligten, er entspricht aber wohl eher als bisherige Managementmodelle der Natur des Menschen.

> Die strategische Umsetzungskompetenz beruht auf der Fähigkeit,
> die handlungsleitende Ordnung[14] eines Unternehmens auf
> die Strategie auszurichten.

Dabei geht es immer um die Konstellation einer Vielzahl von Faktoren. Wir haben sie in diese sieben Gruppen gebündelt, um eine übersichtliche und handhabbare Struktur zu besitzen. Und Sie haben daraus Ihre ganz besonderen Aufgabenstellungen abgeleitet. Man kann das sicher auch anders tun. Wesentlich jedoch ist, das Ganze im Auge zu haben und sich nicht in den Details zu verlieren. Es sind zwar die vielen kleinen Schritte und die tausend kleinen Dinge, in denen Sie besser werden können als ihre Wettbewerber. Zum Schluss aber ist es die Konstellation, das Zusammenspiel der vielen kleinen Dinge, die den Unterschied ausmachen und damit den Erfolg. Dazu bedarf es eines langen Atems, Mut, Kontinuität in der Führung und vor allem Geduld. Das wollten wir Ihnen mit auf den Weg geben und Ihnen Glück wünschen – das Glück des Tüchtigen.“

---

[14] Den Begriff der „handlungsleitenden Ordnung" haben wir von Utz Schäffer, WHU Vallendar, übernommen. Sie ist gekennzeichnet vom Zusammenspiel geschriebener und ungeschriebener Regeln der individuellen Akteure einerseits und der handelnden Gruppen andererseits bei der Ausrichtung und Steuerung von Unternehmen. Kulturelle Faktoren wie Werte, Rituale und andere Verhaltensnormen spielen hier ebenso hinein wie administrative Strukturen, Controllingsysteme und relevante externe Einflussfaktoren (Gesetze, Verordnungen, Meinungstrends oder öffentlicher Druck); vgl. Schäffer/Zyder (2003), S. 106.

Damit ging der Workshop zu Ende. Als die Teilnehmer den Tagungsort verließen, war eine Aufbruchsstimmung deutlich zu spüren. „Anfangs war ich doch sehr skeptisch, als Gerhard den mit Frau Zeuss abgestimmten Orientierungsrahmen vorstellte", sagte Gunther Nieda. „Aber jetzt glaube ich an uns, dass wir es schaffen – und vielleicht sogar noch mehr." Alle stimmten ihm zu, obwohl sie wussten oder besser, ahnten, dass die eigentliche Arbeit noch vor ihnen lag.

Aber diese kommt später – jetzt ging es in die Weihnachtsferien!

Am Freitag, dem 23.12., fuhr Constanze nach Berlin, um gemeinsam mit ihrem Vater und dessen neuer Lebensgefährtin Doris das Weihnachtsfest zu verbringen. Milde und wolkenreiche Luft vermeldete der Wetterbericht, und so war die Autofahrt wetterbedingt nicht schwierig – aber die Autobahn war so voll von heimkehrenden Ostdeutschen und Polen, dass es immer wieder nur im Stop-and-Go voranging. Ihr Vater wohnte in der Lützowstraße in Berlin-Mitte.

Das war schon etwas anderes als das beschauliche Husum oder sogar ihr Dorf Schobüll. Bis spät in die Nacht rauschte der Verkehr und verebbte nur kurz spät am Abend – um umso lauter den 24.12. einzuläuten, den viele, auch Constanze nutzten, um noch letzte Weihnachtseinkäufe zu machen. Hier war Leben pur! Aber als Constanze die Christmette in der großen *St. Elisabeth-Kirche* am Winterfeldplatz besuchte, dachte sie doch mit etwas Wehmut an ihre kleine Schobüller Kirche aus dem 13. Jahrhundert. Wäre es vielleicht besser gewesen, mit Lasse das Weihnachtsfest zu feiern? Nein, er war lieb, er war nett, aber Familienbande waren zu Weihnachten doch wichtiger!

Doris ging es gesundheitlich nicht besonders gut, sie hustete viel, vielleicht eine beginnende Grippe? Ihr Vater bemühte sich rührend um seine Partnerin und versuchte, auch Constanze gerecht zu werden. So wurde es insgesamt ein netter Weihnachtsabend. Schade nur, dass ihre Schwester nicht dabei sein konnte, dann wäre es bestimmt doch etwas lustiger geworden. Aber auch so schmeckte das Fondue.

Am nächsten Vormittag machte Constanze zusammen mit ihrem Vater einen langen Spaziergang im nahen Tiergarten. Sie sprachen in der Erinnerung über die himmlischen Weihnachtserlebnisse der Vergangenheit, als ihre Mutter noch lebte. Diese war vor knapp zwei Jahren an Krebs gestorben, was der Vater nur schwer verwinden konnte. Aber glücklicherweise ist sein

Lebensmut wieder erstarkt, als er Doris kennenlernte und zu ihr nach Berlin zog. Sie waren gerade bei Kindheitserlebnissen in der Marburger Heimat, als Klaus Döring ihnen entgegen kam. „Das gibt es ja nicht", entfuhr es Constanze. Gerade sind wir mit den Gedanken in Marburg, da tauchst Du auf! Mensch, was machst Du hier? Bist Du zu Besuch oder?"

Klaus, Jugendliebe ihrer Schwester Astrid, hatte bis vor kurzem in Marburg gelebt, auch dort studiert – Rechtswissenschaft. Sein Referendariat hatte er in Brandenburg, zumeist in Potsdam absolviert und war nun als Aushilfe in einer größeren Berliner Kanzlei angestellt. „Hier gibt es so viele Juristen, die gern in Berlin, dieser tollen Stadt leben wollen. Ich habe ja noch Glück, viele andere sind arbeitslos oder verdingen sich stundenweise. Aber große Sprünge kann ich mit meinem Gehalt nicht machen. Es reicht – und vielleicht lerne ich ja einen interessanten Kollegen kennen, mit dem man gemeinsam eine Sozietät aufmachen könne." Sie verabredeten sich für den Abend in der Solar Bar. Klaus verabschiedete sich von ihrem Vater, der sich noch gut an die Auf und Abs der Beziehung zu Astrid erinnerte: „Ein netter junger Mann. Schade, dass es damals mit Astrid nichts wurde. Und heute lebt sie allein in Stuttgart und macht Karriere. Die Mutter hatte sich so Enkelkinder gewünscht – und auch ich sehe derzeit keine Aussichten, noch welche zu erleben!" „Ach Papa, es kann ja noch werden. Astrid erzählte mir erst letztens von einem netten Kollegen. Das kann sich doch schnell zu etwas verändern!" „Und bei Dir?", schaute er Constanze nachdenklich an. „Du hast wohl auch nur Deine Karriere im Auge. Aber dass Du mich nicht falsch verstehst: Die Trennung von Konrad akzeptiere ich voll. Ich war damals schon gegen Eure Heirat, wollte und konnte es Dir natürlich nicht sagen – denn Du allein bist Deines Glückes Schmied."

„Na lass mal gut sein. Ich bin ja erst Ende zwanzig und auch mit dreißig sollen Frauen Kinder bekommen können. Gut Ding braucht eben seine Zeit!" Damit war das Thema für sie und bald auch der Spaziergang – nicht unharmonisch – beendet.

Klaus holte sie am Abend ab. Die *Solar Bar*, mit „s o l a r bedeutet verweilen, erleben und entspannen bei dinner und drinks" beworben, befindet sich in der 17. Etage eines Hochhauses nahe dem Potsdamer Platz und erlaubte einen weiten Rund-um-Blick auf das weihnachtliche Berlin. Erst aßen sie eine Kleinigkeit, dann genossen sie die Blicke. Auf die Stadt, die anderen Gäste und immer mehr aufeinander. Später machte ein Diskjockey Musik, die auch sie zum Tanzen einlud. Constanze fühlte sich richtig gut, genoss die

Wärme, aber auch die Berührung mit Klaus. Sie tanzten viel, Rock´n´roll wie Blues, aber die Hitzewellen kamen nicht nur vom Tanzen.

Auf der Heimfahrt erzählte Klaus von einem Mandanten aus Malaysia, der hier in Deutschland ein Technologiezentrum aufbauen wollte. Für diesen ist er mit den Vertragsgestaltungen betraut. Eventuell würde er im März zu Verhandlungen nach Malaysia fliegen. Ob sie da mitkommen wolle?

Es klang verlockend. Klaus war ein guter Freund. Warum nicht? Klaus bot noch an, dass sie den nun schon sehr späten Abend noch in seiner Wohnung in Schmargendorf verlängern könnten, aber – trotz großer Lust – sie verabredeten sich zu einem Treffen im Februar in Hamburg, denn morgen (eigentlich heute) wollte sie schon in aller Frühe zurück nach Husum fahren.

Auf der Fahrt nach Husum hörte sie im Radio die ersten Berichte von der Tsunami-Welle, die in Südost-Asien so viel Leid brachte.

2.3   Entscheidungsworkshop

Am Donnerstag, dem 9. Februar 2006, war es denn soweit: Alle sieben Projektverantwortliche erhielten die Gelegenheit, ihr Konzept vorzustellen. Die jeweiligen Teams hatten sich wirklich angestrengt. Viele neue Ideen, Gedanken und Anregungen brachte die erweiterte Sicht der 14 (sieben Projekte mit jeweils zwei weiteren Mitstreitern) Projektmitarbeiter. Und Anlass für weitere Diskussionen im Führungskreis. Aber dann kam es zum Schwur: Welche Projektvorschläge sollten denn nun unverzüglich umgesetzt werden?

„Es gibt kein Richtig oder Falsch", antworteten die Moderatoren auf die Fragen der Workshopteilnehmer. „Wir können Ihnen nicht sagen, drei oder vier Projekte jetzt umsetzen sei richtig. Nur folgende Erfahrungen haben wir gemacht:

A) Konzentrieren Sie sich, weniger ist mehr. Auch Rom wurde nicht in einem Jahr erbaut – und die Mitarbeiter von Zeuss Husum werden noch viele Jahre hart arbeiten müssen, um das Ziel der Einzigartigkeit in einem interessanten Markt zu erreichen. Wie viel Sie schaffen, müssen Sie selbst beurteilen!

B) Berücksichtigen Sie auch strategische Projekte, die relativ schnell für alle im Unternehmen als Erfolg der strategischen Arbeit vermittelbar sind. Nichts motiviert mehr als Erfolg! Und den langen Atem werden Sie insbesondere bei den komplexen Projekten benötigen!

C) Warum nicht gegebenenfalls ein Projekt auch mal teilen? Manchmal enthält ein Teilprojekt so viele interessante Ansätze, dass es sich lohnt, mit einer Teilmenge zu beginnen.

D) Aber das Wichtigste: Fangen Sie an. Sofort! Und warten Sie nicht bis zur Budgetierungsrunde im Herbst – und dann mit dem Anfangen bis zum Januar des nächsten Jahres. ‚Es gibt nichts Gutes außer man tut es‘ – nun Los!"

Jeder bekam zwei Pinnadeln, mit denen er sein Votum für das eine oder andere strategische Projekt abgeben konnte. Die Nadeln verteilten sich wie folgt:

1.	Projekt:	Kundenbeziehungen	7 Punkte
2.	Projekt	Mitarbeiterentwicklung	6 Punkte
3.	Projekt:	Marketing	3 Punkte
4.	Projekt:	Projektmanagement	4 Punkte
5.	Projekt:	Image	2 Punkte
6.	Projekt:	Zusammenarbeit	4 Punkte
7.	Projekt:	Innovation	4 Punkte

Über die beiden „Sieger" war man sich also einig. Aber nur zwei strategische Projekte? Dr. Junker machte dann einen fast schon salomonischen Vorschlag. „Lasst uns mit folgenden vier Projekten beginnen (s. Abb. 15):

a)	Projekt:	Kundenbeziehungen	7 Punkte
b)	Projekt	Mitarbeiterentwicklung	6 Punkte
c)	Projekt:	Projektmanagement	4 Punkte
d)	Projekt:	Innovation	4 Punkte

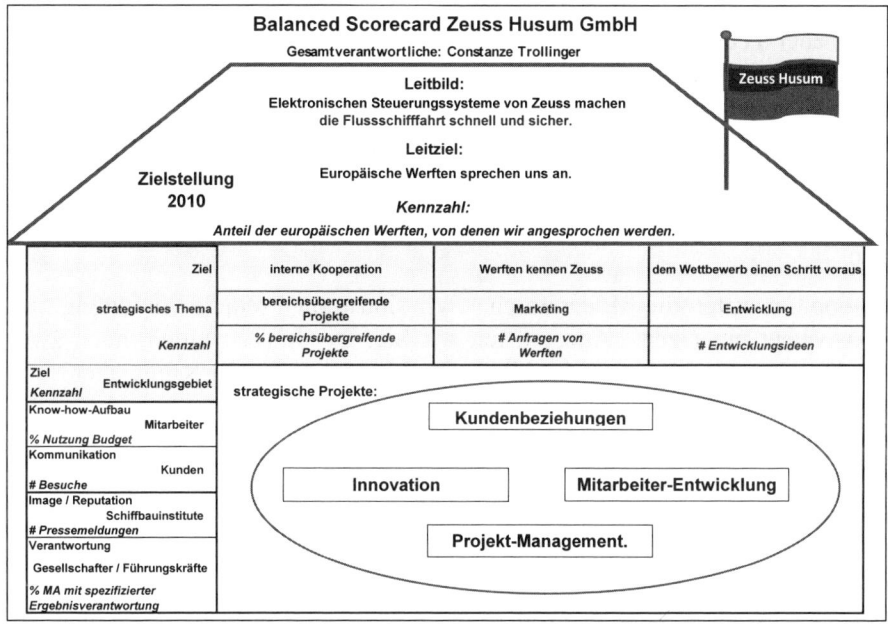

Abb. 15: Ausgewählte strategische Projekte

Die Schulung unserer Mitarbeiter in Projektmanagementtechniken ist a) schnell notwendig und b) als ein Teil des großen Projekts Mitarbeiterentwicklung zu sehen – aber sollte wie angedacht extra laufen, damit wir einen hoffentlich erfolgreichen Projektabschluss zeitnah feiern können.

Die Entwicklung innovativer Produkte zusammen mit ausgewählten Kunden benötigt Vorlaufzeit, und das Notwendige dazu muss sofort begonnen werden.

Übrig bleiben also:

a) Projekt: Zusammenarbeit   4 Punkte

b) Projekt: Marketing   3 Punkte

c) Projekt: Image   2 Punkte

Die Verbesserung der internen Zusammenarbeit liegt mir sehr am Herzen, und ich bekenne, ich habe unter anderem dafür votiert. Aber: nicht zu viel vornehmen! Das nehme ich ernst. Daher sollten wir dieses Thema angehen, wenn wir in vielleicht sechs Monaten mit dem Projektmanagement durch sind.

Das Projekt ‚Image‘ – ich weiß, im Hause nicht sehr beliebt, wir sind alle doch eher Techniker als Verkäufer – werde ich mit einem Externen besprechen. Und dann fallweise Mitarbeiter von Zeuss Husum dazu animieren, die Erfolgsstories auch mit anderen teilen zu wollen.

Im Frühsommer werden wir ein erstes Projektreview durchführen, und vielleicht können wir dann schon etwas zur Umsetzung vom Imageprojekt beschließen. Lasst uns nun also mit diesen vier ausgewählten Projekten beginnen!"

„Stopp", warnten die Moderatoren. „Wir sind zwar Freunde von ‚zügig und konsequent umsetzen‘. Aber dürfen wir Sie, Dr. Junker, bitten, noch zwei Nächte zu schlafen, bevor Sie diese Entscheidung diesem Kreis, aber auch allen anderen Mitarbeitern im Haus Zeuss Husum verkünden.

Noch eines: Nun hat dieses Gremium eine Empfehlung abgegeben, mit welchen strategischen Projekten sie <u>beginnen</u> wollen, was Sie also TUN wollen, um die von Ihnen selbst gesetzten strategischen Zielstellungen zu erreichen. Und wir haben auch festgelegt, wer diese vier ersten strategischen Projekte leiten wird. Haben diesen Projektleitern Ressourcen versprochen und Kompetenzen gegeben. Aber wir sollten uns noch gemeinsam überlegen, wie wir dies allen Mitarbeitern zur Kenntnis geben."

„Richtig", erwiderte Herr Nieda, ich bin zwar viel auf Reisen, habe aber doch im Hause eine gewisse Unruhe verspürt „was tun die da eigentlich?"

„Denn einen Großteil dessen", führten die Moderatoren weiter aus, „was jetzt hier beschlossen wurde, müssen die Mitarbeiter umsetzen. Aber besser noch: Wir sollten versuchen, weitere Mitarbeiter zu animieren, sich selbst für die Zielerreichung zu engagieren. Haben wir nicht bei den 14 Mitstreitern in der Projektvorbereitung festgestellt, dass auch diese gute, übernehmenswerte Ideen beigetragen haben. Dies gilt doch sicher auch für viele andere Kollegen!

Daher sollten wir mit einem Kommunikationskonzept dafür werben, dass das Thema Strategie nicht das Thema dieses Kreises hier bleibt. Wir müssen erreichen, was Kaplan/Norton schon vor vielen Jahren gefordert haben: ‚Strategy as everyones everyday job‘[15]."

---

[15] Vgl. Kaplan, R. S./Norton, D. P. (2001), S. 12.

Dr. Junker, der schon das Ende des Workshops herbeisehnte, lehnte sich zurück: „Gut, es ist schon richtig; wir allein können das Programm nicht stemmen. Aber könnte nicht eine kleine Gruppe aus diesem Kreis bis morgen ein paar Rahmenbedingungen zur Kommunikation der Workshopergebnisse erarbeiten? Ich für meinen Teil muss sagen: Jetzt benötige ich eine Pause."

2.4   Kommunikationskonzept

Vier Personen, darunter natürlich Constanze, aber auch Lasse blieben mit den Moderatoren zusammen und überlegten gemeinsam, wie die Zeuss-Mitarbeiter einerseits informiert, aber auch zum Mittun animiert werden sollten.

Sie waren in der folgenden Diskussion zum Schluss gekommen, dass die Mitarbeiter persönlich informiert werden sollten. Jeweils von ihren Vorgesetzten, die alle an den Strategieworkshops teilgenommen hätten. Viele Mitarbeiter würden ja auch in dem einen oder anderen strategischen Projekt mitarbeiten. Aber man wollte auf keinen verzichten. Da kam die Idee auf, dass Constanze, „dafür bist Du doch BSC-Gesamtprojektleiterin, nicht wahr", feixte Lasse, nicht nur die Vorgesetzten bei der Unterrichtung der Mitarbeiter in den jeweiligen Bereichen begleiten, sondern aus jedem Unternehmensbereich einen Mitarbeiter als „Strategiebegleiter" gewinnen und ausbilden sollte.

Diese Strategiebegleiter würden sich gemeinsam mit ihren Kollegen einmal im Monat zusammensetzen und überlegen, welche Potenziale in ihrem jeweiligen Bereich auf- oder ausgebaut werden können. Constanze sollte bei den Strategietreffen meist dabei sein, um diese Ideen mit den Aktivitäten in den strategischen Projekten abzustimmen, aber auch um den Informationsfluss zur Geschäftsleitung zu gewährleisten.

Zudem sollten zweimonatlich alle Mitarbeiter über die weitere Entwicklung der Strategiearbeit in einem Informationspapier – „Der Antrieb" sollte sein Titel sein – informiert werden.

Und das Wichtigste: Jeder strategische Projektabschluss würde mit einem Fest gefeiert werden. Das schafft Zusammenhalt und gibt Vertrauen für weitere Erfolge!

Was war noch nötig, um strategisches Bewusstsein bei allen Mitarbeitern aufzubauen?

„Ich habe an der Universität gelernt, dass man eine ‚strategy map‘, eine Strategielandkarte braucht, um die BSC in den Köpfen der Mitarbeiter zu verankern", äußerte Lasse. „Brauchen wir dies nicht auch?" „Ja, es kann in manchen Fällen hilfreich sein, eine Strategielandkarte zum Verdeutlichen der strategischen Zusammenhänge zu nutzen. In großen Konzernen wird damit zuweilen gearbeitet. Das sieht dann z. B. so aus (s. Abb. 16):"

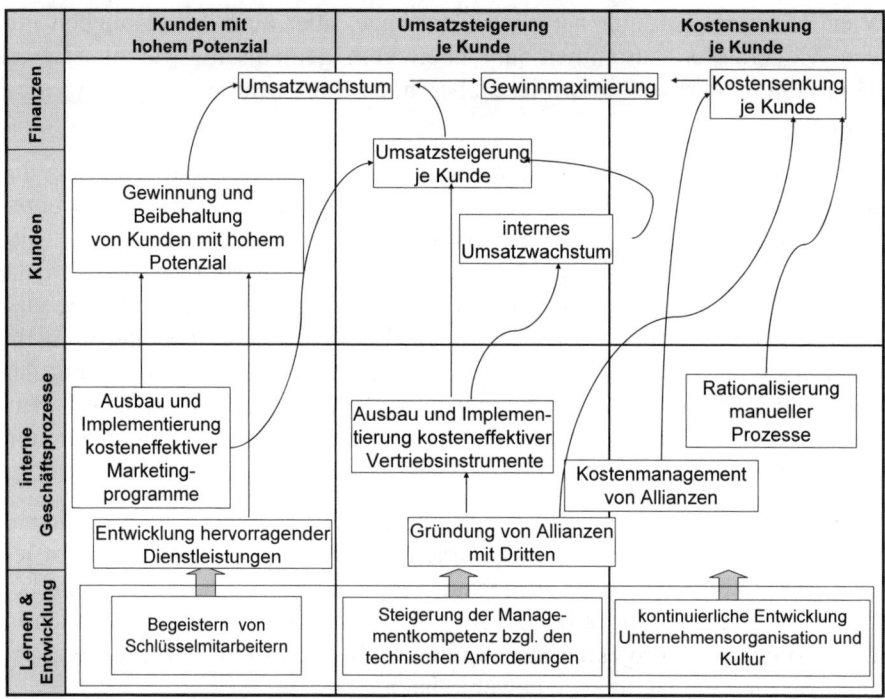

Abb. 16: Strategy map nach Kaplan und Norton

Die Moderatoren erläuterten das gezeigte Beispiel, hinterfragten dann aber die Darstellung: „Wir sind gewohnt, uns Ursache und Wirkung als eine lineare Kette vorzustellen. Das erscheint einfach und logisch. Die Entwicklung verläuft von A über B nach C, weil A die Ursache von B und B wiederum die Ursache von C ist. Oder etwa nicht?

Derartige Ketten setzen einseitige Beziehungen voraus, die wir gerne hätten, weil sie uns eher beherrschbar erscheinen. Außerdem fällt es uns leicht, solche Konstrukte theoretisch nachzuvollziehen. In der Praxis ist das leider nicht mehr als eine weitverbreitete Illusion, simplifizierendes Denken. Denn reale Wirkung ist immer Wechselwirkung. Das können wir gar nicht umgehen – höchstens ignorieren. Die realen Faktoren und Interessengruppen sind auf vielfältige Weise und auf wechselnden Ebenen miteinander verbunden. Zwischen ihnen bestehen Rückkopplungen und Regelkreise. Das betrifft sowohl die Verflechtungen innerhalb einer Unternehmung, als auch zwischen den Marktteilnehmern, und schließt Wechselwirkungen mit der natürlichen und sozialen Umwelt ein. Lineare Beziehungen entspringen ausschließlich der Phantasie unseres (Wunsch-)Denkens.

Und auch: Wenn wir von ‚Balanced' sprechen, sollte dann nicht eine Darstellung auch auf ‚Balanced' hinweisen? Warum ist die Perspektive des Kapitalgebers – immer (!) – oben? Kann Gewinnmaximierung ein strategisches Ziel sein, wenn von ‚Balanced' gesprochen wird? In den Universitäten wird dies auch häufig gelehrt – oder zumindest von den Studenten so verstanden. Aber ist die nachhaltige Unternehmenssicherung zur Umsetzung des gesellschaftlichen Auftrags eines Unternehmens nicht das eigentliche strategische Ziel? Und dazu benötigen wir eine Balance der Interessen aller relevanten Stakeholder."

„Wir haben doch ein strategisches Haus entwickelt", warf Constanze ein. Mir gefällt dieses Bild viel besser. Es erzeugt Wärme und Geborgenheit. Und zeigt auf, dass wir alle in einem Boot sitzen, nein in einem Haus wohnen. Dass wir alle gemeinsam daran arbeiten sollen und wollen, unser Leitziel zu erreichen.

Aber ich habe auch noch eine Frage an die Moderatoren. Benötigen wir nicht für die einzelnen Bereiche unseres Unternehmens Bereichs-Scorecards? Reicht es denn, mit diesen Strategietreffen das strategische TUN ins Unternehmen zu bringen?"

„Das hängt von Ihnen, Constanze, ab", entgegneten die Moderatoren. „In großen Unternehmen, also dazu zählen wir Sie noch nicht, dort kann es sinnvoll sein, mit Bereichs-Scorecards zu arbeiten.

Das Herangehen wird viel komplexer, wenn in größeren Unternehmen der BSC-Prozess in mehreren Geschäftseinheiten sowie ihren Bereichen und Abteilungen verbreitet werden soll. Dann kann schnell die Einfachheit des grundsätzlichen Ansatzes verlorengehen, wenn man sich nicht ausreichend Zeit nimmt für die Architektur des Gesamtprozesses.

Dabei geht es zum einen um die Prüfung der strategischen Relevanz der verschiedenen Struktureinheiten. Der bei Zeuss Husum gegangene Weg von der Erarbeitung eines scharfen Geschäftsmodells über das strategische Haus bis hin zur Organisation strategischer Projekte ist mit Aufwand verbunden und bindet die Aufmerksamkeit einer Vielzahl von Menschen über eine beträchtliche Zeit. Es gilt ja, das systematische Betreiben des strategischen Geschäfts zu erlernen.

Es muss sich lohnen, den BSC-Prozess zu differenzieren. Dann allerdings ist der Prozess prinzipiell in gleicher Weise in allen relevanten Geschäftseinheiten zu realisieren. Wobei darauf zu achten ist, dass die gemeinsame Zielausrichtung des Unternehmens als Ganzes erhalten bleibt.

Zum anderen geht es um die Verknüpfung der verschiedenen Ebenen. Bei vielgliedrigen Unternehmen wachsen der Abstand und das Unverständnis für die praktischen Bedürfnisse des Arbeitsalltags schnell, wenn mehr als zwei Ebenen miteinander verflochten werden. Das liegt an den Unterschieden zwischen den Erfahrungswelten und der damit verbundenen Gefahr, mit denselben Worten aneinander vorbeizureden. Sie sind zu oft mit unterschiedlichen Bedeutungen belegt.

Das gilt auch für Kennzahlen, sobald sie in unterschiedliche Kontexte eingebunden werden. Deshalb muss abgewogen werden, welche Einheitlichkeit der BSC in Struktur und Inhalt über alle Ebenen gewahrt und inwieweit den spezifischen Besonderheiten Raum gegeben werden soll. Dabei hat es sich bewährt, kaskadenförmige Verknüpfungen von jeweils zwei Ebenen zu realisieren – wir nennen es das „Super-Boss-Prinzip" (s. Abb. 17):

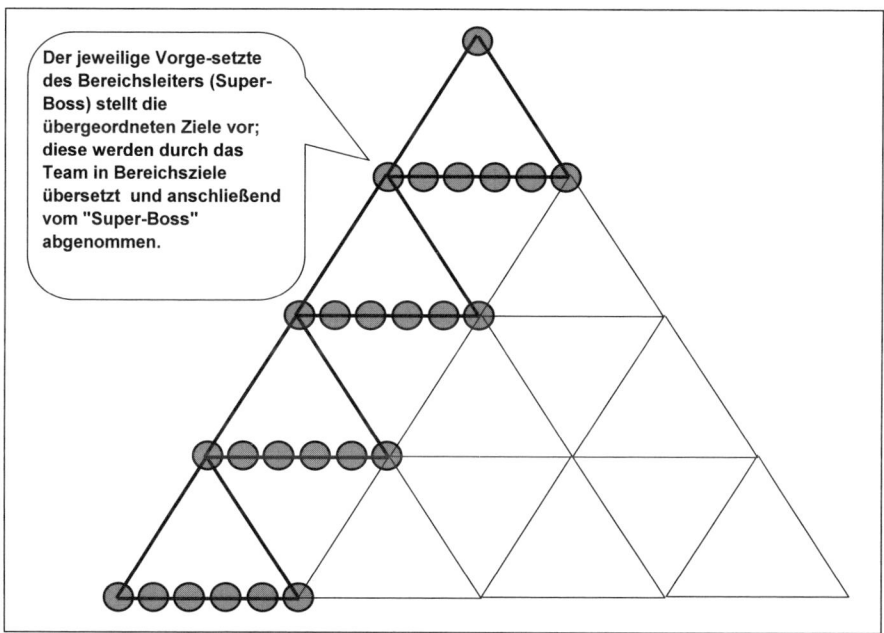

Abb. 17: Kaskadierung nach dem „Super-Boss-Prinzip"[16]

Wie und mit welchen Subzielen die untergeordneten Bereiche zur strategie-
orientierten Zielerreichung des Unternehmens beitragen, kann und sollte im
jeweiligen Bereich festgelegt werden. Das übergeordnete Zielsystem wird zu
Beginn vom jeweiligen Vorgesetzten des Bereichsleiters („Super-Boss")
dem Bereich vorgestellt; und nach Abschluss des Zielerarbeitungsprozesses
wird das Ergebnis von diesem abgenommen. Dieser kaskadenartig verlau-
fende Prozess fördert nicht nur die unternehmensweite Ausrichtung der Be-
reichsziele, sondern auch die Motivation der Beteiligten und unterstützt so
das Gemeinschaftsgefühl im Unternehmen.

Aber, wie gesagt, das Problem haben wir nicht bei Zeuss, wir sollten uns
hier auf das Notwendige beschränken."

„So, jetzt sind wir wohl durch, alle Fragen wurden besprochen, und wir können morgen Dr. Junker unsere Überlegungen zur Kommunikation der Strategieumsetzung darstellen", äußerte Herr Grützmann und begann, seine Unterlagen einzupacken. „Ja und nein", erwiderte ein Moderator. „Für heute ja.

---

[16] In Anlehnung an Drennan, D. (1992), S. 219 ff.

Aber wir müssen noch viel tun. Nicht nur Sie, Herr Grützmann mit Ihrem strategischen CRM-Projekt. Nein, wir werden Sie auf dem Weg der Umsetzung begleiten. Werden sicher in der ersten Zeit den „Wadenbeißer" spielen. Denn TUN wollen und TUN sind leider häufig zwei verschiedene Dinge. Wir werden uns in den nächsten Monaten quartalsweise treffen, um zu sehen, ob die Projekte wie geplant umgesetzt worden sind und ob dies schon erste Auswirkungen auf unser strategisches Zielsystem gehabt hat. Dazu werden wir auch zusammen mit Frau Trollinger eine, wir nennen es ‚Führungs-Scorecard' erarbeiten, die Ihnen hilft, sich ernst zu nehmen, die Ihnen aufzeigen soll, ob Sie die Dinge tun, zu denen Sie sich verpflichtet haben.

Und dann sollte in spätestens einem Jahr der Führungskreis zusammenkommen, um zu überprüfen, ob die Strategie angepasst werden muss. Der letzte Schritt auf diesem Weg ist dann die Einbindung des BSC-Prozesses in den Management- und Planungskalender von Zeuss. Dann können wir die zu erwartenden Ergebnisse aus den strategischen Projekten in der mittelfristigen Planung verankern und so verbindlich festschreiben.

Schließlich werden wir in einem Controllingkonzept die Kennzahlen der BSC in das Reporting des Unternehmens einbinden. Damit erhält der BSC-Prozess endgültig seinen festen Platz in den jährlichen Managementzyklen.

Aber nun wünschen wir Ihnen eine gute Heimreise und sagen noch einmal vielen Dank für Ihr Engagement."

3 Organisation – Vom Kostendenken zur Balance der relevanten Interessengruppen

Auf einen Blick:

❑ Eine auf Kooperation basierende Strategie sollte im Unternehmen vorgelebt werden. Hierfür sind viele existierende Instrumente infrage zu stellen: Unterstützt z. B. die klassische Kostenrechnung, auch wenn diese als Profit-Center-Rechnung organisiert ist, die Kooperation der Menschen im Unternehmen?

❑ Sollte nicht in einem durch Innovation auf nachhaltige Entwicklung ausgerichteten Unternehmen der Beitrag jedes Bereichs zur Innovation in das Zentrum der Aufmerksamkeit gerückt werden?

❑ Kann eine Produktkalkulation, die von der internen Kostensituation ausgeht, alleiniges Instrument zur Marktbearbeitung sein? Wäre es nicht sinnvoller, die Zusammenarbeit mit dem Kunden, dessen Nutzenvorteile ins Zentrum des Verkaufsprozesses zu rücken?

❑ Interne Leistungsvereinbarungen als Instrument kooperativer Zusammenarbeit sind ein Weg, über marktgerechte Preise und dezentrale Verantwortlichkeit alle Unternehmensbereiche in die Unternehmensentwicklung zu integrieren.

❑ Die Kombination von Strategie und ihrer Überführung in strategische Planung, Mittelfristplanung sowie das Budget schaffen einen verbindlichen Rahmen für Entwicklungen, der zugleich genügend Freiheitsgrade lässt.

❑ Dazu muss die Planung aus einem Rechenwerk in ein Dokument der Vereinbarung verlässlicher Kooperation verwandelt werden. Sie darf nicht zu detailliert sein – denn der Markt, intern wie extern, bestimmt das Geschäft.

❑ Zweck einer kooperativen Planung in dieser Kombination ist die wechselseitige Übertragung adressierter Verantwortlichkeit. Der Innovationsbeitrag zeigt jedem einzelnen Unternehmensbereich, ob er zur nachhaltigen Entwicklung des Unternehmens beiträgt. Die Kooperationsfähigkeit im Unternehmen wird unterstützt durch Innovationsbeiträge, Verrechnungspreise und Dienstleistungsvereinbarungen.

❑ Die Marktsegment-Produkt-Matrix verschafft Transparenz zum Leistungsangebot – so macht eine auf die Kunden orientierte Kostenrechnung Sinn.

❑ Mit einer Potenzialanalyse unseres Leistungsangebots vergleichen wir uns mit dem Wettbewerb.

Das Wochenende nahte, an dem sich Constanze mit Klaus, den sie beim Spazierengehen im Berliner Tiergarten getroffen hatte, in Hamburg amüsieren wollte. Das Leben in einer Kleinstadt hat seine schönen Seiten, aber ab und an wollte sie auch noch „Großstadtgefühl" erleben.

Klaus kam aus Berlin angereist. Sie hatten zwei Zimmer im *Königshof* nahe dem Hauptbahnhof gebucht – so wohnten sie beide im Szeneviertel St. Georg. „Huh, ist das kalt", begrüßte er Constanze. „Das ist ja eine richtige Kältewelle hier in Deutschland!" Lass uns schnell irgendwohin gehen, wo wir nicht nur leckeres Essen, sondern auch eine wärmende Atmosphäre haben werden." So verbrachten sie den Abend recht unspektakulär, aber mediterran: Sie saßen gemütlich bei einem stadtbekannten Portugiesen in der **Langen Reihe**. Es war brechend voll und warm, sehr warm: „Toll, so wünsche ich mir immer das Leben", fühlte sich Klaus wohl. „Warm und mit einer exquisiten Fischplatte im Bauch." Sie ließen es sich gut gehen und erzählten von ihren Berufserfahrungen.

Klaus war die Woche vorher in Kuala Lumpur bei einem seiner Mandanten gewesen – daher sein Wärmebedürfnis! – und berichtete von den aufregenden Tagen in der Fremde. Dieses Unternehmen, ein nicht kleiner Konzern, geleitet von einem wohl sehr geschäftstüchtigen jungen Chinesen, wollte in Europa investieren. Da der Unternehmer – wie sein Vater, der Unternehmensgründer – in Hamburg Ingenieurwissenschaften studiert hatte, war Deutschland das bevorzugte Ziel seiner Investitionsbemühungen. Ein größeres Generatorenwerk, primär für Windkraftanlagen, war schon in den Besitz dieses Konzerns gegangen. Nun war er – und dafür benötigte er die Unterstützung der Kanzlei, in der Klaus beschäftigt war – in Kaufverhandlungen mit einem Unternehmen der Meerestechnologie.

„Die haben Geld", schwärmte Klaus. „Du glaubst gar nicht, in was für einem tollen Hotel wir gewohnt haben: Pool, aller Luxus, den man sich vorstellen kann. Du hast doch sicher schon von den *Petronas-Twin-Towers* gehört? Genau gegenüber dieser beiden Zwillingstürme, dort befand sich unser Hotel, mit Blick auf die beiden Skyscraper." „Und hast Du Zeit gehabt, Dich auch etwas umzuschauen?" „Nein, wir waren nur drei Nächte dort. Und die Tage waren gespickt mit Besprechungen. An was die alles denken, wenn es um einen Firmenkauf geht! Ich habe unglaublich viel gelernt, nicht nur Juristisches. Manchmal waren Besprechungen so geheim, dass nur mein Chef dabei sein durfte. Aber leider: Zeit zum rumschwirren hatte ich nie!"

Auch Constanze konnte viel erzählen, nicht ganz so spektakulär, aber auch ihre Husumer Erfahrungen hatten es in sich: In so wenigen Monaten hatte sich schon so viel bewegt in diesem, nun ja, doch recht kleinen Unternehmen. Nach Kuala Lumpur würde sie mit Zeuss bestimmt nicht kommen! Nicht, dass sie diese Erkenntnis in Wein ertränken wollte – der Vinho Verde war einfach so lecker, dass sie sich noch eine zweite Flasche kommen ließen. Und das mediterrane Gewusel im Restaurant gab ihr ein Gefühl von Urlaub. Zum Abschluss, es war schon nach 23 Uhr, brachte der Ober auch noch *Bagaço*, eine grappaähnliche Schnapsspezialität aus Portugal, und sie zogen angeheitert durch die noch immer lebhaften Straßen zurück zu ihrem Hotel, Lust auf einen Diskobesuch hatten sie eigentlich nicht mehr.

In der Trattoria im Hotel genehmigten sie sich noch einen Absacker, oder waren es zwei? Constanze berichtete von ihrer gescheiterten Ehe und den doch ruhigen Abenden in Husum – aber auch Klaus erging es wohl in Berlin nicht besser. Obwohl Constanze nicht mehr so ganz nüchtern war, realisierte sie doch, dass Klaus dem Teilen des Zimmers nicht abgeneigt war. Warum nicht? Sie fühlte sich wohl, die Wärme seines Lachens und die immer offenen Augen faszinierten sie. So mussten sie nur noch entscheiden, ob sie sein oder ihr Zimmer ungenutzt lassen sollten.

Gut, dass sie sich in einem „Ausschlaf-Hotel" befanden, denn das leckere Frühstücksbuffet hatte bis zwölf geöffnet. Eine nur von den Temperaturen her frostige Hafenrundfahrt brachte sie zurück in die Realität: Constanze erklärte Klaus, welche Vorteile es für Schiffe hätte, wenn diese mit der neuen elektronischen Steuerung von Zeuss Husum ausgerüstet wären. Er hörte interessiert zu, stellte viele Fragen, und Constanze war sogar etwas stolz, dass sie als Volkswirtin in so wenigen Monaten so viel technisches Verständnis hat erwerben können – und bald danach hieß es Abschied nehmen auf dem Hauptbahnhof. Sie versprachen, sich bald wiedersehen zu wollen, vielleicht in Berlin.

3.1   Das IST – Profitcenter, Kostenrechnung, Umlagen

Der folgende Montag begann gleich in der Früh' mit einem Treffen von Constanze und Gerhard Junker.

„Wir müssen unsere Kalkulation und die Kostenrechnung für das neue Leistungsangebot durchgehen", fiel Gerhard mit der Tür ins Haus. Er brannte darauf, die neuen Ideen in die Tat umzusetzen. „Es wäre fatal, wenn wir hier Fehler machen. Wir brauchen schnelle Erfolge, damit wir den Elan unserer Workshops erhalten."

Constanze war vor dem Eintreten mit ihren Gedanken einmal bei Lasse auf Sylt, ein anderes Mal bei Klaus in Hamburg gewesen und fühlte sich aus ihrer Stimmung gerissen; deshalb reagierte sie wohl ein wenig schroff: „Wenn wir so anfangen, kommen wir nicht sehr weit. Soweit ich unsere Strategie richtig verstanden habe, sollten wir eher Signale setzen für unsere neue Kooperationskultur als auf schnelle Erfolge zu alten Bedingungen. Ich bin ja auch für motivierende Anfangserfolge. Aber mit unserer Kostenrechnung, so wie sie gegenwärtig betrieben wird, grenzen wir ab und weisen Lasten zu. Sie dient dazu, Abweichungen von den vorgegebenen Budgetzahlen zu dokumentieren und Schuld offenzulegen, wenn Kosten überschritten werden. Wir haben eine Fehlerkultur, und die Kostenrechnung ist ein markanter Teil davon. Und wir haben Angst vor Fehlern."

„Was soll denn das jetzt wieder. Ich habe über eine ganz alltägliche Aufgabe gesprochen und Du hältst mir einen Vortrag über Fehler und Angst", warf Gerhard erbost ein. Er hatte heute eigentlich keine Lust, mit Constanze eine Auseinandersetzung zu führen.

Constanze merkte, dass sie sich im Ton vergriffen hatte. „Entschuldige, vielleicht sagen wir uns erst einmal „Guten Morgen" und trinken eine Tasse Tee miteinander", entspannte sie die Situation. Danach ging es in der Tat viel freundlicher zur Sache.

„Du hast vorhin selbst gesagt", griff Constanze den Faden wieder auf, „dass es fatal wäre, wenn wir jetzt Fehler machen. Was ist so schlimm an Fehlern? Wie können wir denn lernen, ohne Fehler? Sind es nicht eher unsere Schuldzuweisungen und der Rechtfertigungszwang, die aus einem Fehler ein fatales Ereignis werden lassen? Doch im Kern geht es aus meiner Sicht um etwas anderes. Die Art, wie wir unsere Kostenrechnung betreiben, ist nicht mehr zielgerecht. Eigentlich soll sie ein Steuerungsinstrument sein bzw. werden für die Umsetzung von mehr Kooperation. Wir wollen, dass Einkauf, Fertigung, Vertrieb und Rechnungswesen an einem Strang ziehen. Was aber geschieht bei uns? Wir nehmen die GuV-Positionen, schlüsseln die direkt zurechenbaren Kostenarten auf die Bereiche auf und teilen ihnen den Rest mehr oder weniger willkürlich als Umlage zu. Welche zielbezogene Orientierung soll denn davon ausgehen?

Wir haben die Kostenrechnung zu einer mathematischen Übung degeneriert und darüber vergessen, was sie eigentlich ist: ein Instrument um Verantwortung für nachhaltige Wirtschaftlichkeit zu organisieren."

„Aber Erwin Häberl hat doch eine Profitcenter-Rechnung eingeführt. Da sehen alle seit mehr als drei Jahren Monat für Monat wo sie stehen und welchen Beitrag sie für das Unternehmen leisten. Auch für die Strategie von Zeuss Husum!"

„Das ist schon so. Nur, welche Konsequenzen hatte denn diese Rechnung bisher? Die Bereiche sind – ohne Umlage – mal im Plus mal etwas im Minus. Insgesamt leiten die Bereichsleiter daraus keine Probleme für sich ab. Über längere Zeit ist doch immer etwas übrig geblieben. Die Umlage sehen sie ohnehin als eine viel zu teure Zwangsabgabe, die mit ihrer Leistung nichts zu tun hat und für die sie daher nicht zuständig sind.

Das Einzige, was wir mit der Profitcenterrechnung erreichen, besteht darin, die Bereichsleiter in eine Rechtfertigungsposition zu bringen, wenn sie ihre Vorgaben nicht einhalten. Ansonsten kräht kein Hahn danach. Und in den Bereichen wird das Ganze noch auf den Punkt getrieben. Wir buchen den gesamten Umsatz den jeweiligen Vertriebsgruppen zu und den übrigen Abteilungen nur Kosten. Deren einzige abrechenbare Leistung besteht dann darin, ihre vorgegebenen Kosten nicht zu überschreiten. Eine Leistungsorientierung stelle ich mir anders vor, und Kooperation findet in dieser Art Kostenrechnung nicht statt.

Es werden zwar durchaus gegenseitig geleistete Stunden verrechnet, aber nur zu den reinen Kostensätzen. Damit ist kein Beitrag zum (Er)Tragen der Umlage verbunden. Freudig erregt ist daher keiner der Bereichsleiter, wenn seine Mitarbeiter für einen anderen Bereich tätig werden sollen. Da suchen sie sich lieber eigene Aufträge, damit sie sich nicht nach jeder Abrechnungsperiode rechtfertigen müssen. Soll doch der andere Bereich seine Zulieferungen irgendwo einkaufen. Lasse hat so treffend beschrieben, welche Blüten das treibt."

Gerhard blies die Luft durch seine Zähne. „Du hast schon eine Art, einem die Dinge aufs Butterbrot zu schmieren, mannomann. Aber: Wahrscheinlich hast Du ja sogar Recht. Also werden wir die Art unserer Kostenrechnung wohl ändern müssen. Das wird einige Zeit kosten. Dann konzentrieren wir uns erst einmal auf die Kalkulation des neuen Leistungsangebots. Die Kostenrechnung gehen wir später an, Schritt für Schritt."

Constanze war nicht einverstanden. „Kostenrechnung und Kalkulation hängen doch viel zu eng miteinander zusammen – und die eine ist genauso wenig zielgerecht wie die andere. Wie kalkulieren wir denn? Wir erarbeiten Stück- und Arbeitslisten für unsere Leistungsangebote, rechnen nach ziemlich willkürlichen Gesichtspunkten Struktur- oder wie manche noch sagen Gemeinkosten sowie einen Zuschlag für Wagnis und Gewinn hinzu und beauftragen dann den Vertrieb, das Ganze zu diesem Preis abzusetzen. Natürlich gibt es Orientierungen zur Kostensenkung, denn der Vertrieb klagt immer über zu hohe Preise. Aber wo sind die daraus entstehenden ambitionierten Ziele? Wenn wir nicht so gute Spezialisten hätten, wären wir längst weg vom Markt – wobei uns oft genug nur die Beihilfen der Familie Zeuss über Wasser gehalten haben.

Und Kooperation findet bei der hier gepflegten Kalkulation überhaupt nicht statt. Die Angaben der jeweiligen Entwickler werden einfach hochgerechnet; gut, gut – der Vertrieb schaut auch auf die Zahlen. Aber was ist mit dem Einkauf, der Fertigung, der Personalabteilung und dem Marketing? Wo sind die einbezogenen Kunden oder Lieferanten? Bisher habe ich noch von keinem einzigen Fall gehört. Im Gegenteil, und auf diese Weise zementieren wir faktisch unser Kostenniveau. Wollen wir das jetzt so fortsetzen?"

Es entstand ein Moment der Stille. Gerhard war sehr nachdenklich geworden. Ihm fiel der Abschluss des zweiten Workshops wieder ein. Was hatten sie sich als Aufgabe gestellt: vom Kostendenken zur Balance der relevanten Interessengruppen? Aber er hatte sich nicht wirklich vorgestellt, was konkret damit verbunden war. Genau diese Aufgabe kam jetzt auf ihn zu.

„Wir sollten eine kleine Gruppe bilden, die Wege erarbeitet, wie wir Kalkulation und Kostenrechnung besser auf unsere Strategie ausrichten. Wenn nötig, nehmt euch die Moderatoren unserer Workshops hinzu. Sie können vielleicht dabei helfen, die Basisstrukturen zu erarbeiten. Die Details klären wir dann allein."

3.2 Das SOLL – Beitrag zur Innovation

Constanze ging an die Arbeit. Sie bat Marianne Noumos, Gunther Nieda, Dr. Perquiro und Martin Flutzsch, den Fertigungsleiter für elektronische Steuerungen, ihr zu helfen. Später kam auch Lasse Krämer noch dazu. Zum Beginn trafen sie sich für einen Tag mit den Moderatoren und diskutierten die Aufgabenstellung; auf dieser Grundlage erarbeiteten sie dann die Ansatzpunkte für ein verändertes Herangehen. Nach vier Wochen stellten sie Dr. Junker die Ergebnisse vor.

„Was wir hier heute vorschlagen wollen", begann Marianne Noumos als Sprecherin der Gruppe, „ist eine schrittweise Ausrichtung sowohl der Kostenrechnung als auch der Kalkulation auf das kooperative Zusammenwirken der verschiedenen Stakeholder, mit denen wir unsere Leistungsangebote erstellen und vermarkten. Der Kern des Konzepts baut auf folgenden Punkten auf:

1. Wir wollen den Beitrag aller beteiligten Gruppen zur Innovation von Zeuss Husum[17] – also einen Überschuss für ihre eigene Entwicklung und die des Unternehmens insgesamt – zu einem Maßstab entwickeln, an dem sich alle in ihrer spezifischen Arbeit orientieren können – ich gehe noch darauf ein, was wir darunter verstehen.

2. Wir wollen zukünftig keine Umlagen verteilen, sondern die Leistung aller Abteilungen mithilfe von Marktpreisen vergüten, wobei wir von fünf verschiedenen Marktkategorien ausgehen:

   – dem Beschaffungsmarkt,

   – dem Kapitalmarkt,

   – dem Arbeits- und Bildungsmarkt,

   – dem internen Markt und

   – dem Absatzmarkt.

3. Wir wollen einen Lenkungsausschuss einrichten, der mit allen Bereichen und Abteilungen Vereinbarungen abschließt – ‚Service Level Agreements (SLA)', wie man heute auf Neudeutsch sagt.

---

[17] Näheres im Abschnitt 3.2.3 und im Anhang „Controllinginstrumente"; Stichwort: Innovationsbeitrag.

Ich will das mal mit einem Bild erläutern (s. Abb. 18):

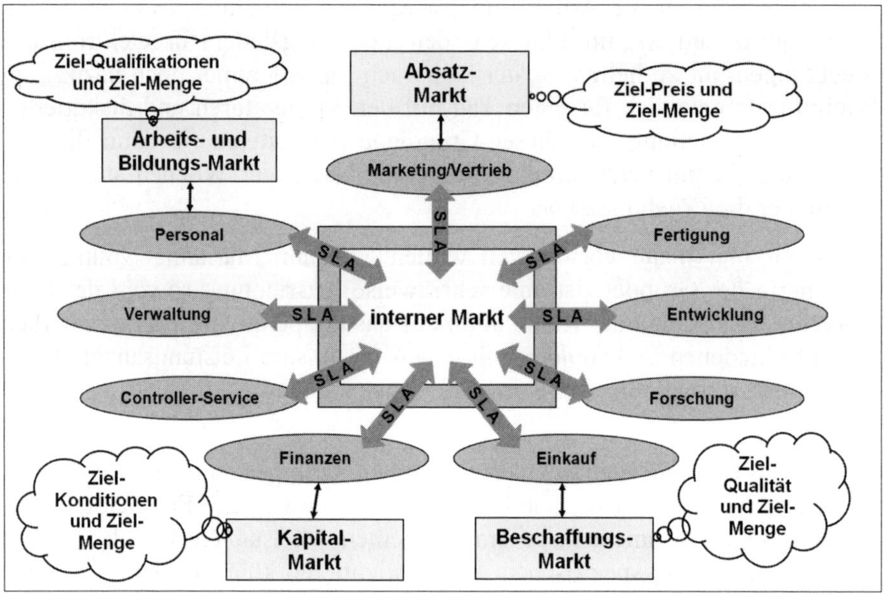

Abb. 18: Leistungs- und Kostenverrechnung

Wir sehen unser Unternehmen als internen Marktplatz, auf dem alle ihre Leistungen verkaufen und sich mit dem versorgen, was sie benötigen.

Auf diese Weise wollen wir die Kostenrechnung aus einer formalen Rechen-übung in ein Instrument kooperativer Zusammenarbeit verwandeln."

3.2.1 Marktbeziehungen

„Ich verstehe nicht wirklich, was Du mir hier erklären willst, Marianne", entfuhr es Gerhard, obwohl er in größeren Runden selten die Ausführungen anderer unterbrach. „Wie soll das praktisch funktionieren und was hat das mit unserer Kalkulation und mit der Kostenrechnung zu tun? Entschuldige bitte, aber ich stehe im Moment ein bisschen auf dem Schlauch."

„Nun, das ging uns am Anfang auch so", fuhr Marianne fort. Sie ließ sich nicht beirren. „Wir haben lange überlegt, wie wir kooperatives Zusammen-wirken und Kostenrechnung/Kalkulation miteinander verbinden können. Bis wir begannen, uns darüber zu verständigen, dass es ja nicht darum geht, irgendwelche Zahlenspielereien und Rechenkunststückchen zu vollführen. Wir wollen Verantwortung adressieren für die von allen Beteiligten zu erbringende Leistung und die dazu korrespondierenden Kosten. Und wir wollen das Ganze so gestalten, dass kooperative Abstimmungen zu einem integrativen Element aller Berechnungen werden. Das scheint uns am ehesten durch differenzierte Marktbeziehungen realisierbar. Lass es mich Schritt für Schritt erläutern.

3.2.1.1 Marketing/Vertrieb

Der Bereich Marketing/Vertrieb verkauft auf dem Absatzmarkt, also bei unseren Kunden das Zeuss'sche Leistungsangebot, das er vorher selbst auf dem internen Markt eingekauft hat. So vollkommen neu ist das für die Vertriebler nicht – heute werden ihnen Standardkosten verrechnet; zukünftig werden interne Verrechnungspreise[18] die Grundlage sein. Formal ändert sich also nicht viel. Aber der Denkansatz ist ein anderer. Sie müssen zugleich Verkäufer und Einkäufer sein. Sie müssen bestrebt sein, im Zusammenspiel mit allen Teilnehmern am internen Markt ein möglichst attraktives Preis-Leistungsverhältnis zu erreichen. Anderenfalls laufen sie Gefahr, ihren eigenen Innovationsbeitrag nicht erwirtschaften zu können.

Eine weitere Neuerung besteht darin, dass wir mit Marketing/Vertrieb eine Vereinbarung (SLA) über Zielpreise und Zielmengen treffen: Also zu welchen Preisen setzen sie in einer Periode wie viel ab. Diese Ziele müssen mit den unternehmenspolitischen Orientierungen übereinstimmen. Wenn die Fertigung nicht genügend Produkte und Leistungen bereitstellen kann, wird der Vertrieb mit dem Einkauf über den Zukauf der fehlenden Mengen sprechen. Anders kann er seine Ziele nicht erreichen.

Zusätzlich erwarten wir vom Vertrieb Serviceleistungen für unser Unternehmen, z. B. Marktinformationen für den Forschungs- und Entwicklungsbereich und Mitarbeit an einer Zielkostenplanung[19] zusammen mit diesen Bereichen. Außerdem sollen zukünftig vom Marketing/Vertrieb systematisch

---

[18] Streng genommen handelt es sich um eine innerbetriebliche Leistungsverrechnung, weil – im Unterschied zu Verrechnungspreisen zwischen rechtlich eigenständigen Konzernbetrieben – z. B. keine Mehrwertsteuer für diese Art interner Verrechnungspreise zu entrichten ist.

[19] S. www.haufe.de/kooperation.

strategische Potenzialanalysen[20] zu unserem Leistungsangebot durchgeführt werden, aus denen wir sowohl die Zielpreisentwicklung als auch Impulse für die Weiterentwicklung unseres Portfolios ableiten können. Darauf gehe ich später noch ein.

3.2.1.2 Einkauf

Der Einkauf muss die von ihm beschafften Produkte und Leistungen am internen Markt verkaufen. Dazu wird er zukünftig von allen anderen Bereichen und Abteilungen Aufträge erhalten. Mangelnde Übersicht über Beschaffungsaktivitäten wie es bisher mitunter der Fall war, sollte dann der Vergangenheit angehören. Aber auch hier geht es um viel mehr.

Der Einkauf wird zukünftig nicht nur alle Bestellungen bündeln und auf der Basis von Zielqualitäten und Zielmengen arbeiten; er wird auch die Kooperationsbeziehungen zu unseren Lieferanten koordinieren und systematisch mit Lieferantenanforderungsprofilen[21] arbeiten, um mit der Zeit Spreu vom Weizen trennen zu können. Vor allem aber soll er strategisch wirksam werden. Gemeinsam mit Forschung, Entwicklung und Fertigung muss geprüft werden, welche Wertschöpfungstiefe wir bei unserem veränderten Leistungsangebot eigentlich anstreben. Davon wird es abhängen, welche Art Partnerschaft wir auf der Zulieferseite benötigen. Wenn wir auf unserem Geschäftsfeld einzigartig sein wollen, müssen auch die dafür relevanten Lieferbeziehungen einzigartig sein. Dazu benötigen wir systematische Potenzialanalysen über die Entwicklung unserer Bezugsqualitäten und Einkaufspreise in Relation zur Entwicklung vergleichbarer Zulieferungen auf dem deutschen bzw. den globalen Märkten. Das alles wird Gegenstand der Vereinbarung mit dem Einkauf sein."

„Dabei muss ich solche Preise für den internen Markt erreichen können", warf Lasse Krämer ein, „dass wir einen ausreichenden Innovationsbeitrag erwirtschaften können. Wir müssen also sehr gezielt auf unsere eigenen Kosten schauen; auf unsere Effektivität – dass wir auch das Richtige für unsere Partner tun; und auf unsere Effizienz – dass wir produktiv arbeiten. Denn auf dem internen Markt gibt es keine übermäßigen Spielräume für üppige Verrechnungspreise. Die Grenzen werden durch die Zielpreise und Zielmengen

---

[20] S. www.haufe.de/kooperation.
[21] Vgl. Anhang.

für den Vertrieb ziemlich eng gesetzt werden; und jeder Bereich wird sich dafür einsetzen, dass er bei uns nicht zu teuer einkauft.

Die anderen Unternehmensbereiche werden sich umtun, ob sich auf dem externen Markt Beispiele dafür finden lassen, dass sie bei uns zu viel bezahlen. Wir müssen uns also warm anziehen; und dennoch – wir werden uns anders als bisher ganz systematisch mit allen Bereichen über die gemeinsame Arbeit von Zeuss Husum abstimmen müssen. Es geht bei diesem System gar nicht anders. Deshalb bin ich so vehement dafür, auch wenn die Umstellung für alle Einkäufer immense Anstrengungen erfordern wird. Im Moment brennen alle darauf, es zu tun."

Lasse musste ob seiner pathetischen Worte unwillkürlich lächeln. So hatte er eigentlich noch nie gesprochen. Aber es war einfach über ihn gekommen; wahrscheinlich spürte er zum ersten Mal die Chance, das umzusetzen, was er schon lange tun wollte. Außerdem verspürte er den Drang, Constanze zu beweisen, was er kann. Denn ein wenig hatte er in den letzten Wochen den Eindruck gewonnen, dass wieder etwas mehr Abstand zwischen ihnen entstanden war; und er konnte nicht sagen warum.

3.2.1.3 Personalwesen

„Auch die Personalabteilung kommt in eine etwas andere Position, wenn sie ihren Service als verkaufsfähige Leistung bündeln und den anderen Bereichen anbieten wird", zog Marianne Noumos den Gesprächsfaden an sich. „Heute verwalten Margit und die Ihren eigentlich nur die Personalakten und wickeln die Zeiterfassung sowie die Lohn- und Gehaltsabrechnung ab.

Zukünftig wird unser Personalbereich Dienstleister für die gesamte Mitarbeiterentwicklung von Zeuss Husum sein. Das erfordert eine wesentlich engere Kooperation mit allen anderen Bereichen und Abteilungen, um die entsprechenden Vereinbarungen abschließen zu können. Denn auch der Personalabteilung werden die anderen nichts schenken. Es wird klare Ziele für die Leistungsfähigkeit von Bildungsangeboten und für die Qualifikationsanforderungen an einzustellende Mitarbeiter geben.

Die Personaler werden z. B. so etwas wie ein ‚Mentorensystem' einführen, denn das Serviceentgelt für die Mitarbeitereinstellung erhalten sie in zwei Raten:

- wenn die Neuen das Probehalbjahr überstehen und

- wenn sie ihr Einarbeitungsprogramm erfolgreich absolvieren.

Sie werden deshalb ein eigenes Interesse daran entwickeln, eine Betreuung der Neuen zu organisieren. Außerdem sollten auch hier – wie beim Einkauf – die Bereiche akquirierte Bildungsangebote nicht einfach so akzeptieren. Sie werden sich umtun, ob auf dem Markt Besseres zu haben ist, weil sie an ihrem Innovationsbeitrag gemessen werden.

3.2.1.4 Rechnungswesen und Finanzen

Für meinen Bereich Rechnungswesen und Finanzen wird sich ebenfalls einiges ändern. Wir werden nicht nur das externe Rechnungswesen organisieren, sondern auch – als zu vereinbarende Serviceleistung – die Rechnungslegung der Bereiche auf dem internen Markt. Das gilt übrigens für alle Bereiche, auch für Dich, Gerhard."

Dr. Junker zuckte kurz zusammen. Seine Gedanken waren abgeschweift. Er versuchte sich vorzustellen, wie das alles praktisch laufen soll. Theoretisch klang ja das Konzept gar nicht schlecht; die Kostenrechnung würde zukünftig auf kooperativen Verhandlungselementen beruhen und dadurch unmittelbar mit allen Beteiligten verbunden sein. Sie wäre nicht mehr etwas Fremdes; nicht mehr ein lebloses, von anderen nach wenig transparenten Methoden berechnetes Zahlenwerk. Aber zwischen dieser Idee und der heutigen Praxis lagen Welten; zumindest für alle ‚marktfernen' Bereiche. Wie sollte der Übergang vor sich gehen?

Marianne Noumos hatte seine Unaufmerksamkeit bemerkt und ahnte wohl auch den Hintergrund. „Ich werde noch darauf eingehen, wie wir unser Konzept umsetzen wollen. Aber zunächst einmal will ich es erläutern, damit Du verstehst, wohin wir zielen. Danach schauen wir mal, in welchen Schritten wir die anvisierten Veränderungen packen können. Unsere Gruppe ist der Überzeugung, dass es über das ‚Ob' gar keinen Zweifel gibt – natürlich hast Du das letzte Wort; so will ich nicht verstanden werden. Nur wenn wir schon die Verbesserung unserer Kooperation als strategisches Hauptproblem von Zeuss Husum ansehen, von dessen Lösung wir uns entscheidende Wettbewerbsvorteile versprechen, dann können Kostenrechnung und Kalkulation nicht außen vor bleiben.

So, dann will ich mal den Faden wieder aufgreifen. Neben der internen Rechnungslegung werden wir eine interne Finanzierung organisieren. Bisher haben nur Du und ich – und teilweise Frau Zeuss, ja, ja und ein bisschen auch Constanze – mit Finanzierungsfragen etwas zu tun gehabt. Deshalb sind diese Dinge für alle anderen faktisch eine ‚terra inkongnita'. Das wird sich ändern.

Fast alle Bereiche werden zumindest zeitweise einen Zwischenfinanzierungsbedarf aufweisen, den sie zukünftig über den internen Markt, also bei mir decken und dafür Zinsen zahlen müssen. Diese interne Finanzierung konfrontiert sie mit den Konditionen des Kapitalmarktes. Das wird ihnen vollkommen neue Erfahrungen vermitteln; z. B. dass es Geld kostet, wenn Unterlagen für die Rechnungslegung erst mit Verspätung bereitgestellt oder Lagerbestände in Anspruch genommen werden. Große Läger sind immer ein Zeichen für mangelnde Zusammenarbeit und Kommunikation; und wir sind uns ja alle einig, dass unser ‚Working Capital', wie es neudeutsch so schön heißt, viel zu groß dimensioniert ist. Aber bisher hatten unsere Bereiche mit den Folgen dieser verschwenderischen Kapitalbindung nichts zu tun. Sie haben das Problem deshalb nicht einmal ignoriert – dazu hätten sie es wenigstens wahrnehmen müssen. Aber warum sollten sie?

3.2.1.5 Forschung und Entwicklung

Die Abteilungen Forschung und Entwicklung sind das Arbeiten mit Servicevereinbarungen im Grunde schon gewöhnt. Sie organisieren ihre Arbeit seit Jahren in Projekten, die zu ihrem Start ein Pflichtenheft erfordern. Insofern wird sich bei ihnen diesbezüglich nicht viel verändern, außer dass nun Verrechnungspreise für die vereinbarten Leistungen Bestandteil der Pflichtenhefte werden.

Völlig ungewohnt ist allerdings, dass sie ihre Ergebnisse zukünftig verkaufen müssen. Beide benötigen also entsprechende Vereinbarungen mit anderen Bereichen – die Forschung mit der Entwicklung, die Entwicklung mit der Fertigung und teilweise dem Vertrieb. Beide können natürlich auch Fördermittel einwerben; entweder aus eigenen Kräften oder unter entgeltlicher Nutzung der Serviceleistungen von Lasse und seiner Crew. Schließlich müssen sie wie alle anderen einen Innovationsbeitrag erwirtschaften. Das erfordert einiges Umdenken und wahrscheinlich auch eine „liebenswürdige Penetranz" im sanften Nachdrücken. Aber Immanuel ist der Meinung, dass die beiden Bereiche damit umgehen können. Es ist ja nicht so schwer; man muss es vor allem wollen, dann kann man es auch lernen."

Dr. Perquiro nickte still und lächelte in sich hinein – „ich hab's doch mit erarbeitet, das Konzept. Bisher sind diese Dinge außerhalb unserer Erfahrungswelt geblieben; es krähte halt kein Hahn danach. Jetzt legen wir es uns auf den Tisch, und dann werden wir es auch packen. ‚Für einen Ingenieur ist nichts zu schwör'; ich weiß gar nicht, warum die Betriebswirte um ihre paar Zahlen so ein Gewese machen. Also nichts für ungut; lass es uns angehen."

3.2.1.6 Fertigung/Beratung

„Danke Immanuel", jetzt lächelte Marianne. „So viele Worte von Dir und auch noch diese – Du siehst: Ich bin entzückt. Kommen wir nun zum vielleicht schwierigsten Bereich – der Fertigung. Hier müssen wir wahrscheinlich mit den größten Umstellungsschwierigkeiten rechnen. Schon allein deswegen, weil es eine gemeinsame Fertigung bisher gar nicht gibt. Martin Flutzsch hat mit seinen Kollegen, den anderen Fertigungsleitern, gesprochen. Sie sind sich noch nicht einig, ob ein gemeinsamer Fertigungsbereich wirklich sinnvoll ist. Das hängt auch davon ab, wie wir überhaupt die Führungsstruktur von Zeuss Husum zukünftig gestalten wollen. Hier geht es allerdings erst einmal um die Struktur der Kostenrechnung; und da ist es dem Grundsatz nach zunächst einmal egal, ob es eine gemeinsame Fertigung gibt, oder mehrere Abteilungen.

Die entscheidende Frage liegt woanders. Bisher haben sich die Fertigungsabteilungen um ihre Kapazitätsauslastung und die Produktivität ihrer Mitarbeiter gekümmert. Ob die Produkte verkaufbar sind, war Sache des Vertriebs. Kurzfristige Anpassungen an Veränderungen der Kundenwünsche oder gar langfristig nicht angekündigte neue Kundenaufträge galten eher als Bedrohung der optimalen Fertigungsregime.

Die Kosten der Entwicklungsleistungen waren eigentlich auch egal. Bei technologischen Veränderungen ging es vor allem darum, die Leistungsfähigkeit der Abteilungen zu verbessern; und bei Produktentwicklungen sollten die Fertigungsabläufe nicht wesentlich gestört werden, damit Kapazitätsauslastung und Produktivität nicht beeinträchtigt wurden – Martin, ich gebe zu, das ist ein wenig überzeichnet, aber ganz so falsch ist es auch wieder nicht." Martin lächelte und schwieg.

„Zukünftig werden die Fertigungsabteilungen mit dem Vertrieb über die Abnahme ihrer Produkte Vereinbarungen treffen müssen. Wenn sie auf Lager produzieren, fallen für die Finanzierung der Bestände Zahlungen an. Wenn sie vereinbarte Termine nicht einhalten, sind Verzugszinsen fällig. Wenn sie etwas brauchen, werden sie es auf dem internen Markt zu kaufen haben. Und unterm Strich sollen sie wie alle anderen einen Innovationsbeitrag erwirtschaften. Ohne sehr enge Kooperation mit den anderen Bereichen werden sie das nicht bewältigen. Wenn ich alles resümiere, wird wohl in der Fertigung ein wirklicher Paradigmenwechsel eintreten müssen."

„Nun mal langsam mit de jungen Pferde", jetzt meldete Martin Flutsch sich doch zu Wort. „Warum das Treiben verrückt machen? Ich habe schon in der Gruppe gesagt, dass wir das angehen können. Nichts wird so heiß gegessen wie gekocht. Über die Details wissen wir ja noch gar nicht Bescheid. Wenn wir jetzt lange über Paradigmen oder solche Dinger theoretisieren, werden wir auch nicht schlauer. Wir Fertigungsleiter sind durch die Bank Pragmatiker. Ich habe mir das Konzept durch den Kopf gehen lassen und mit meinen Kollegen diskutiert. Man kann das sicher so machen. Ob es besser funktioniert als die bisherige Praxis, wird sich zeigen. Wir waren vorher alle der Meinung, dass es so, wie es jetzt läuft, nicht weitergehen kann. Also werden wir nicht abseits stehen, wenn etwas anderes probiert wird. Punkt."

Jetzt war es Marianne, die schwieg. Aber nur kurz, dann hatte sie ihre Sprache wieder. „Analog zur Fertigung wird auch die Beratungsabteilung sich einbringen. Hier ist die Situation allerdings heute schon marktgeprägt. Die Berater und Projektmanager arbeiten direkt bei ihren Kunden. Sie sind es gewohnt zu kooperieren. Bei ihnen steht eigentlich nur die Frage, wie wir sie stärker in das übrige Unternehmen integrieren. Gegenwärtig führen sie ein ziemliches Eigenleben. Aber das ist weniger ein Problem der Kostenrechnung und Kalkulation als der inhaltlichen Ausrichtung.

3.2.1.7 Verwaltung

Lasst uns also zum Schluss kommen. Es bleibt noch die Verwaltung – bisher ein Hort frei von jeglichem Kostenbezug. Und Gerhard, ehe Du jetzt protestierst – ihr habt natürlich auch ein Budget. Aber eine Kostenrechnung, die zur Kooperation animiert, ist das nun wahrlich nicht. Also sollte auch die Verwaltung, Dich eingeschlossen, überlegen, welche Leistungen sie den anderen Bereichen bietet.

Auf dieser Grundlage wird sie künftig Servicevereinbarungen mit Verrechnungspreisen treffen und ihren Bedarf auf dem internen Markt decken. „Schaut auf den ersten Blick vielleicht etwas ungewöhnlich aus ...", „aber auf den zweiten werde ich's schon schlucken", fiel Gerhard ihr ins Wort. Ich denke, das Konzept ist klar. Wenn alle mit Servicevereinbarungen auf unserem internen Markt kooperieren, wird sich die Verwaltung und werde auch ich mich nicht ausschließen.

Ich schlage vor, dass wir jetzt eine kleine Pause einlegen und dann darüber sprechen, wie das Ganze realisiert werden soll. Wer setzt die Regeln für den internen Markt und wie setzen wir sie durch? Wer hält das Unternehmen zusammen und koordiniert die vielfältigen Vereinbarungen? Und für mich der Knackpunkt von allem: Wie bilden wir die Verrechnungspreise?"

Jetzt meldete sich Constanze. „Wir haben den Controller-Service noch nicht behandelt. Aber lasst uns das nach der Pause tun."

3.2.1.8 Controller-Service und Planungskalender

Nach 25 Minuten kamen alle wieder zusammen. „Marianne, das war sehr spannend, was Du da vorgetragen hast", begann Gerhard die zweite Runde. Umso neugieriger bin ich, wie es weitergeht; bitte Constanze."

Zunächst aber begann Marianne noch einmal zu sprechen. „Der Controller-Service, also im Moment ist das ja Constanze als Einzelkämpferin, wird im Auftrag aller Bereiche und Abteilungen den internen Markt organisieren. Ausgehend von unseren strategischen Überlegungen und den angefangenen Projekten werden wir gemeinsam eine mittelfristige Planung bis 2010 aufbauen und abstimmen. Dadurch erhalten wir ein erstes Bild über die Konturen unseres Zusammenwirkens. Dazu gehören auch Absprachen unserer zukünftigen Wertschöpfungstiefe einschließlich der Konsequenzen für das Zusammenwirken mit geeigneten Zulieferern als auch die Einbeziehung ausgewählter Kunden in die Entwicklung unseres Leistungsportfolios.

Aus der mittelfristigen Planung kann jeder ableiten, was er braucht, was er liefert und wie er seinen Innovationsbeitrag erwirtschaften will. Mit der Zeit werden die Jahresscheiben immer präziser. Und für die letzte Jahresscheibe – also die für das jeweils vor uns liegende Jahr – können wir dann die konkreten Servicevereinbarungen schließen. Constanze koordiniert diesen Prozess und sichert die erforderliche Transparenz für alle Beteiligten.

Für den Ablauf haben wir in groben Strukturen folgendes Bild erarbeitet, eine Art Planungskalender (s. Abb. 19)":

A) Präzisierung der Strategie

Strategieklausur
Analyse/Geschäftsmodell/BSC

Produktentwicklung

Absatzpotenzial

Umsatz- und Margenpotenzial

Programme;

Projekte;

Maßnahmen/ Aktionen

B) Mittelfristige Planung (5 Jahre)

vorläufig (aggregierte Details)

Entwicklungsplan/ Zielkosten

Absatzplan

Fertigungsbedarf

Personalbedarf

Engpassprüfung

Rechnung zum Innovationsbeitrag

Empfehlungen Planrunde

Fertigungsplanung

Beschaffungsplanung

Investitionsplanung

Finanzplanung

C) Jahresvereinbarungen

verbindlich (nach Verantwortung differenzierte Details)

Marketing/ Vertrieb

Fertigung

Forschung

Entwicklung

Einkauf

ReWe/Finanzen

Controllerservice

Personal

Verwaltung

Prüfung Innovationsbeiträge / Verabschiedung

Aufwands- und Ertrags-Rechnung (Finanzbuchhaltung)

Planung Steuerbilanz

Investitionsbudget

Finanz-Budget

Beschluss Geschäftsführung

Vorlage an Eigentümer

| 1 | 2 | 3 | 4 | 5 | 6 | 7 | 8 | 9 | 10 | 11 | 12 |

Monat

Abb. 19: Planungskalender als Basis für Servicevereinbarungen

„Aha", murmelte Gerhard für sich, doch so, dass es alle hören konnten. „Das ist jetzt also der angewandte Planungswürfel, den mir Constanze vorgestellt hat." „Da liegst Du völlig richtig; den hat uns Constanze auch erklärt, und wir haben ihn auf eine Zeitschiene gebracht. Der Strategieteil wurde ja schon geübt. Die mittelfristige Planung werden wir in diesem Jahr erstmalig in Angriff nehmen." Gerhard wurde unruhig. „Wer soll denn das tun? Ich habe nur Constanze, und die ist schon mit der normalen Planung und dem Reporten und den vielen Zuarbeiten und was da sonst noch an ‚Kleinigkeiten' kommt völlig ausgelastet." „Sie muss es doch nicht alleine tun", meldete sich Lasse zu Wort. „Wir werden das gemeinsam tragen."

Es entstand eine kleine Pause. Gerhard blieb skeptisch. Allerdings wollte er auch nicht den Elan der Gruppe zerstören; er merkte, dass die Stimmung zu kippen drohte. Außerdem hatte er neulich mit Frau Zeuss gesprochen, die von den bereits spürbaren Veränderungen im Unternehmen angetan war. Sie hatten über dies und das geredet, und ganz nebenbei war von ihr die Anregung gekommen, über die Einstellung eines zweiten Controllers nachzudenken. Das fiel ihm jetzt wieder ein. „Wie siehst Du das, Constanze", begann er in versöhnlichem Ton. „Dein Aufgabengebiet wird sich ja erheblich erweitern. Ich habe vor, Dir einen weiteren Controller zur Seite zu stellen. Werdet ihr das packen?"

Constanze war überrascht. „Das wird meine Situation deutlich entspannen. Aber unabhängig davon – die Einführung einer mittelfristigen Planung halte ich für eine erstrangige Aufgabe. Sie wird unsere ‚von der Hand in den Mund Praxis' verändern und die Erarbeitung der Jahresbudgets vereinfachen – da werden wir auch gegenüber der gegenwärtigen Praxis Zeit einsparen. Außerdem verpuffen viele strategische Anstrengungen in der Unverbindlichkeit schöner Absichtserklärungen, wenn wir sie nicht durch eine mittelfristige Planung begleiten.

Die Wirkungen unserer strategischen Projekte treten halt nur zu einem geringen Teil kurzfristig ein, während wir den Aufwand heute verbuchen. Die Wirtschaftlichkeit erweist sich erst in einem mittelfristigen Zeitraum. Also das ist schon ein Muss in meinen Augen. Bis zu diesem Moment bin ich allerdings davon ausgegangen, dass ich dafür andere Dinge zurückstellen werde. Jetzt ergeben sich neue Möglichkeiten; das wird das Ganze erheblich vereinfachen.

Kurz, wir sollten es tun. Um Dir, Gerhard, ein wenig die Angst zu nehmen: Es geht dabei nicht um eine kontengenaue Durchrechnung aller Aktivitäten von Zeuss Husum. Wir schreiben nur die Eckpunkte fest und rechnen mit sehr groben Dimensionen. Basen sind

- die strategisch anvisierten Umsatz- und Margenpotenziale,
- die Zielstellungen der strategischen Projekte
- sowie die Einschätzung der weiteren Nutzungsmöglichkeiten unserer vorhandenen Potenziale.

Daraus ergeben sich Ansatzpunkte für die Entwicklung des Produkt- und Leistungsportfolios sowie der Möglichkeiten für unseren Absatz. Wir werden davon mithilfe eines Lenkungsausschusses entsprechende Anforderungen an die Bereiche ableiten – nicht sehr genau, es soll ja nur eine Orientierung sein, damit wir wissen, was auf uns zukommt. Aber wir erhalten auf diese Weise für Jahre im Voraus ein Bild, eine ungefähre Vorstellung davon, wohin die Reise gehen soll und was uns noch fehlt.

Es wäre übrigens völlig verfehlt, sehr detailliert zu sein. Eins habe ich aus der Statistik gelernt – wenn der anvisierte Bereich noch unscharf ist, sind weniger detaillierte Berechnungen hilfreich, weil sie mehr Raum lassen für Feinjustierungen und kooperative Abstimmungen.

Also es macht schon Arbeit – aber sie ist in ihrem Umfang gar nicht zu vergleichen mit der Jahresplanung, die wir aber zukünftig auch weniger fein gestalten sollten; und mit der Zeit werden wir genügend Erfahrungen sammeln, um den Prozess von Jahr zu Jahr effizienter zu realisieren. Insgesamt werden wir die Planung eher von zu viel Zahlen und Details befreien. Es geht um kooperative Absprachen des Zusammenwirkens und um die intelligente Interpretation bereits vorhandener Signale[22]. Wir wissen doch viele Dinge schon ziemlich weit im Voraus; nur wir reden zu wenig miteinander und sind nicht verbindlich in unseren Aussagen. Das wollen wir durch die Kombination von mittelfristiger und Jahresplanung verändern.

Das Wichtigste für mich ist jedoch: Jeder kann erkennen, wofür er verantwortlich ist, was er noch zu tun hat und welche Vereinbarungen er konkret vorbereiten muss, wenn die Zeit gekommen ist. Die Kooperation erhält einen sehr weitreichenden Rahmen. Vielleicht wird die Planung bei uns zum Schluss weniger mit ‚Durchrechnen‘ als mit gegenseitigem Vereinbaren verbindlicher Absprachen zu tun haben."

„Genau das hat übrigens meine Kollegen und mich überzeugt, es überhaupt mit diesem Weg zu versuchen", pflichtete Martin ihr bei. „Die Planung ist doch in den letzten Jahren immer mehr zu einer IT-Veranstaltung verkommen. Wir haben vor allem Zahlen ausgetauscht und weniger miteinander geredet. Der Computer verleitet ja gerade dazu, etwas schnell rauszuschicken, was man besser mit anderen noch einmal besprochen hätte, bevor es im System ‚drin‘ ist[23]. Zum Schluss waren das nicht mehr unsere Zahlen und so sind wir dann auch damit umgegangen."

„Na ganz ohne Berechnungen wird die Planung wohl nicht auskommen", fiel ihm Marianne ins Wort. Constanze glättete die aufkommenden Wogen. „Natürlich werden wir auch weiterhin rechnen. Wir werden die vereinbarten Beiträge der Bereiche zu einem Gesamtbild zusammenfügen und die Differenzen zu unseren gemeinsamen Unternehmenszielen darstellen. Wir werden

---

[22] Vgl. Simon, H. (2004), S. 16.

[23] Diese Sicht ist einem elektronischen Briefwechsel der Autoren mit Dr. Albrecht Deyhle entnommen.

Varianten durchspielen, um ein Gefühl für unsere Reaktionsfähigkeit auf Abweichungen zu bekommen. Und wir werden sehen, ob sich entwickelnde Engpässe in den Kooperationsbeziehungen erkennen lassen – die Engpässe in den Bereichen erkennen sie selbst; die frühzeitige Identifikation kooperativer Kapazitätsgrenzen gelingt jedoch nur durch eine Simulation des Zusammenwirkens. Aber das Rechnen dient dann eher der Plausibilitätsprüfung gefundener Vereinbarungen und nicht der Fremdbestimmung unserer Bereiche."

Das hat Gerhard schließlich überzeugt. „OK, bis hier gehe ich mit. Was mir aber immer noch unklar ist – wie soll das mit den internen Verrechnungspreisen laufen? Sie sind doch wohl der Knackpunkt eures ganzen Gebildes."

Damit war das Stichwort für Constanze gefallen. Auf diesen Punkt hatte sie sich gemeinsam mit Marianne vorbereitet.

3.2.2 Verrechnungspreise

„Die Verrechnungspreise sind nur ein Teil des Konzepts, aber – und da stimme ich Dir zu – ein wesentlicher Teil. Wenn wir zukünftig auf Umlagen verzichten und nur noch mit Verrechnungspreisen arbeiten, werden sowohl die Kostenrechnung als auch die Kalkulation auf eine veränderte Basis gestellt.

Es gibt vielfältige Methoden, Verrechnungspreise zu bilden[24]. Wir haben die Varianten besprochen und uns zum Schluss davon leiten lassen, mit welchen Intentionen wir die Veränderungen vorantreiben: Es geht um kooperative Lösungen – da liegt es nahe, das Konzept der ‚verhandelten Verrechnungspreise' zu nutzen[25]. Bei verhandelten Verrechnungspreisen legt nicht die Zentrale die Verrechnungspreise fest, sondern sie stellen das Ergebnis von Absprachen zwischen den Bereichen dar.

Wir setzen zugleich einen orientierenden Rahmen für die Verhandlungen. Diesen Rahmen bildet eine konsequente Zielkostenplanung[26], mit deren Hilfe wir ausgehend von der zu erwartenden Marktpreisentwicklung für das Portfolio unseres Leistungsangebots Grenzwerte der erlaubten Kosten ableiten. Die Informationen erarbeiten sich die Bereiche gemeinsam mit dem Vertrieb und dem Einkauf im Verlauf der mittelfristigen Planung; die

---

[24] www.haufe.de/kooperation; Stichwort: Verrechnungspreise.

[25] Vgl. Ewert, R./Wagenhofer, A. (2005), S. 618 ff.

[26] Vgl. dazu Graßhoff, et. al. (2003) sowie im Anhang den Punkt Zielkostenplanung.

Grenzwerte werden im Lenkungsausschuss verhandelt. Dazu zählt immer auch eine Entscheidung zur Wertschöpfungstiefe – also was konzentrieren wir in unserer Hand, weil wir es als unsere Kernkompetenz ansehen; und wo kooperieren wir mit Zulieferern und Kunden. Das alles muss gut durchdacht und mit allen Beteiligten abgestimmt sein. Denn wir setzen damit Eckpfeiler für wechselseitige Abhängigkeiten.

Wenn unsere eigene Wertschöpfung zu flach wird, hängt unsere Kernkompetenz sehr stark von der strategischen Auswahl und Einbindung geeigneter Partner ab. Die müssen wir erst einmal haben und so an uns binden, dass keine einseitigen Abhängigkeiten entstehen. Wenn wir aber alles selbst machen, verzetteln wir unsere Kräfte. Ein einfaches ‚so oder so' schließt sich da völlig aus. Wir werden deshalb im Rahmen der mittelfristigen Planung das Netzwerk[27] transparent darstellen, in dem wir uns bewegen wollen.

Natürlich können die Orientierungen in periodischen Abständen oder auf Antrag einzelner Bereiche präzisiert werden, damit daraus kein Korsett entsteht.

Auf diese Weise wird jeder Bereich für sich ermessen, welche Veränderungen seiner Beziehungen er herbeiführen muss und damit der entsprechenden Kostenstrukturen. Aber auch seine eigene ‚technische' Kalkulation[28] wird sich verändern. Alle Ressourcen, die er benötigt, beschafft er sich auf dem internen Markt; es wird ihm nichts zugeteilt, die benötigten Mengen und erforderlichen Puffer bzw. Reserven legt er selbst fest. Auch die entsprechenden internen Verrechnungspreise seiner bezogenen Ressourcen verhandelt er selbst, und er ist in die endgültige Absprache im Lenkungsausschuss eingebunden. Schließlich hat er das Recht, Marktvergleiche durchzuführen und dem Lenkungsausschuss vorzulegen, um die Plausibilität der Verrechnungspreise zu überprüfen.

Zum Schluss muss jeder Bereich sein ‚Angebot' in eine ‚preisfähige' Form bringen. Wir haben uns in der Gruppe auf drei Ausprägungen verständigt:

- Pauschalpreise (vergleichbar mit einer Flatrate) für standardisierte Leistungsbündel, die entsprechend zu spezifizieren sind;

- Modulpreise für Sonderleistungen mit bekannter Struktur;

- individuell zu bestimmende Preise für spontane Einzelaufträge.

---

[27] Strategisch wird in diesem Kontext vom „Wertenetz" gesprochen; vgl. dazu Abschnitt 4.1.
[28] Berechnung der Selbstkosten.

Das wird uns am Anfang ziemlich schwer fallen, weil wir nicht gewohnt sind, unsere internen Leistungen sauber abzugrenzen und in eine Angebotsform zu bringen. Dazu haben wir in der Gruppe ein Unterstützungsteam zusammengestellt, das zeitweise auch externe Spezialisten einbeziehen wird. Außerdem hat Lasse vorgeschlagen, Gernot Peters zu einer entsprechenden Weiterbildung zu schicken – der wäre auch daran interessiert."

Constanze holte erst einmal tief Luft. Dann begann eine lebhafte Diskussion, in der alle Eckpunkte des Konzepts abgewogen und bestätigt wurden. Gerhard bat Marianne, zusammen mit der Gruppe eine Empfehlung für die Zusammensetzung des Lenkungsausschusses zu erarbeiten und unter Einbeziehung von Margit Alwys einen Schulungsplan aufzustellen.

Dann gingen sie erst einmal zum Mittagessen und abschließend an die frische Luft, um sich für eine halbe Stunde die Füße zu vertreten und den Kopf wieder etwas frei zu bekommen.

3.2.3   Innovationsbeitrag

Am Nachmittag übernahm Gunther Nieda die Gesprächsführung. „Die Gruppe hat mich gebeten, unsere Überlegungen zum Innovationsbeitrag vorzutragen. Wir müssen ja das Konzept auch intern verkaufen. Wie können wir eine ausreichende Motivation unserer Leute freisetzen, sich dieses Konzept überhaupt anzutun? Und wie finden wir einen Maßstab für die erbrachte Leistung?

Anfangs habe ich gedacht: Warum macht ihr soviel Gewese um Motivation und Maßstäbe? Vorne ist der Markt, dem müssen wir gerecht werden, und unterm Strich muss mehr rauskommen als wir reinstecken, dann ist alles in Butter. Dass jeder Bereich einen Beitrag für seine Erneuerung leisten muss, dass eine ‚schwarze Null' noch kein Erfolg ist – das war mir so überhaupt nicht bewusst. Diese Frage wurde bei Zeuss Husum bisher nicht angesprochen. Warum steht ein Gewinn nicht an sich schon für den Erfolg? Und wenn es schon mehr sein soll – worin besteht der Maßstab für das ‚Mehr'? Dr. Perquiro hat uns dann auf die Spur gesetzt durch einen einfachen Vergleich. Aber komm Immanuel, erzähl das am besten selbst."

„Wir haben nach einer Orientierung für die erforderliche Wirtschaftlichkeit gesucht." Immanuel war ziemlich knurrig; er redete nicht gerne und fühlte sich überrumpelt. Aber was blieb ihm übrig; und so machte er gute Miene zum bösen Spiel. „Also wir suchten nach einer Lösung, die jeder versteht und in seiner praktischen Arbeit handhaben kann. Da habe ich mir gedacht: Keiner arbeitet gerne mit veralteter Ausrüstung. 5 Jahre ist ja für unsere Entwickler schon uralt; und das sagen die nicht nur so scherzhaft daher. Dahinter ist ernsthaftes Wunschdenken verborgen. Aber wenn wir alle 5 Jahre neue Ausrüstungen kaufen wollen, müssen wir vorher das dafür erforderliche Geld erwirtschaften. Der Rest ist Adam Riese – sofern wir für die neuen Geräte soviel Geld ausgeben, wie in den vorhandenen gebunden ist, brauchen wir mindestens einen jährlichen Überschuss von 20 % auf das eingesetzte Kapital. Das ist sozusagen unser Innovationsbeitrag. 5 Jahre und 20 %, das passt zusammen.

In der Diskussion haben wir dieses Bild bereitwillig aufgenommen. Ich war mir sicher, dass meine Entwickler so eine Sprache verstehen würden. Es wurde uns aber auch schnell klar, dass dieser Überschuss – wir haben schließlich den Namen ‚Innovationsbeitrag' gewählt – mehr umfasst, als nur Erneuerung der Ausrüstung. Es muss auch Geld übrig bleiben für andere Ausgaben, die mit der unmittelbaren Leistungserstellung eigentlich nichts zu tun haben:

- Weiterbildung, die wir zukünftig vom Personalbereich einkaufen;

- Marketing, das wir uns leisten wollen, um den Absatzmarkt auf neue Entwicklungen neugierig zu machen und die Fertigung zu bewegen, die Leistungen meines Bereichs anzufordern;

- vielleicht werden wir auch ein wenig Kapitaldienst leisten müssen, weil wir einen Teil unserer Kosten vorfinanzieren;

- schließlich benötigen wir Reserven für eine ausreichende Reaktionsfähigkeit auf mögliche Abweichungen von unseren wunderschönen Plänen – wer Chancen nutzen will, muss die damit verbundenen Risiken tragen können.

Aus all dem lässt sich ein Grenzwert für den Überschuss ableiten, den wir mindestens erwirtschaften müssen, damit wir unsere Ressourcen immer wieder erneuern können. Constanze hat von einem ‚Rentabilitätsanspruch' gesprochen und uns folgendes Bild angemalt (s. Abb. 20):

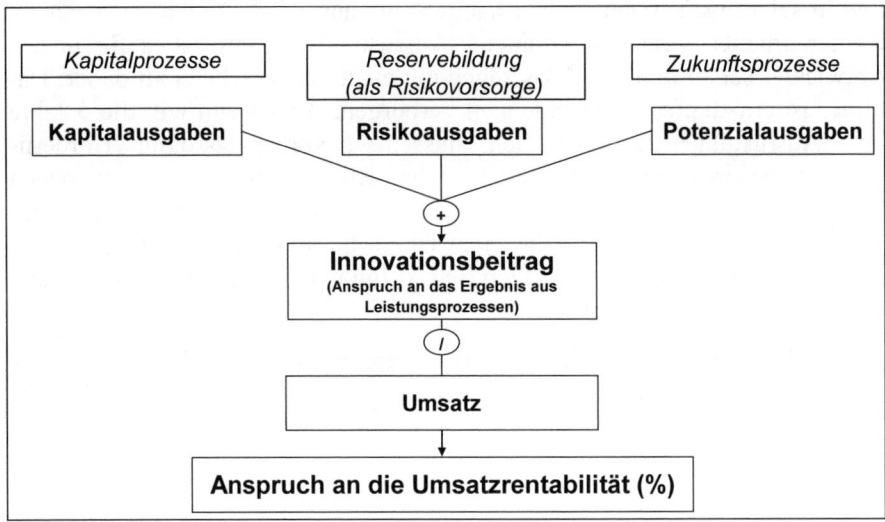

Abb. 20: Rentabilitätsanspruch

Aber liebe Constanze, ohne Dir zu nahe zu treten; für mich heißt das einfach: Ich muss den Innovationsbeitrag erwirtschaften, den ich für meine eigene Entwicklung benötige."

„Lieber Immanuel", fiel ihm Constanze ins Wort. „Das ist wie immer erst einmal vollkommen richtig. Doch ohne Dir zu nahe zu treten – es ist auch für Dich eine hilfreiche Information: So viel Umsatz benötigst Du, um den erforderlichen Innovationsbeitrag zusammenzubekommen. Damit erhältst Du eine Orientierung, welche Leistungspakete Du verkaufen und welche Relation von Verrechnungspreis und internen Kosten Du dabei durchsetzen musst."

„Ist schon gut, ihr zwei Streithähne", übernahm Gunther Nieda wieder die Regie. „Das hatten wir schon besprochen. Viel wichtiger ist doch, dass die Ermittlung der Innovationsbeiträge der einzelnen Bereiche ebenfalls des Zusammenwirkens mit anderen Bereichen bedarf und somit die Kooperation auf seine Weise fördern wird.

Das beginnt bereits damit, die Vermögenswerte vollständig aufzuteilen, um deren Erneuerungsbedarf zu bestimmen. Allein diese Aktion wird den Bereichen Einsichten darüber verschaffen, wie viel Kapital sie eigentlich für ihre Arbeit benötigen. Und sie wird zu Tage bringen, dass so mancher Lagerbestand von keinem beansprucht wird, wenn er dafür Geld bezahlen soll. Ohne gegenseitige Abstimmung und durch tatkräftige Schlichtung von Constanze wird das wohl nicht über die Bühne gehen. Ebenso ist Kooperation erforderlich, um die zu erwirtschaftenden Potenzial-, Reserve- und Kapitalausgaben zu ermitteln. Auch hier benötigen wir die Abstimmung im Rahmen der Strategiepräzisierung und der ihr folgenden mittelfristigen Planung.

Diese erwartete positive Wirkung auf die Kooperationsfähigkeit von Zeuss Husum hat uns bewogen, dem Konzept von Innovationsbeitrag, Verrechnungspreisen und Service Level Agreements schließlich den Vorrang zu geben. Das haben wir getan, obwohl uns zugleich klar ist, dass unser Konzept trotz seiner Vorteile nicht so ohne Weiteres durchgesetzt werden kann. Wir müssen da schrittweise vorgehen, damit die Veränderungen nicht zu übermäßigen Stresssituationen führen. Außerdem werden wir darauf zu achten haben, dass eine verhandlungsbasierte Kalkulation und Kostenrechnung nicht zu übermäßigen Verzerrungen und Spannungen aufgrund machtpolitischer Asymmetrien führt. Deshalb soll Constanze für ausreichende Transparenz und der Lenkungsausschuss für eine ausgleichende Balance der Interessengruppen sorgen."

So wurde es nach nochmaliger Diskussion beschlossen. Mit vielen Gedanken im Kopf und noch mehr Arbeit vor Augen gingen die Teilnehmer in dem Bewusstsein auseinander, einen neuen Meilenstein gesetzt zu haben. Die Stimmung war trotz der zu erwartenden Anstrengungen fast euphorisch. Gerhard schwante natürlich, dass dieser Meilenstein deutliche Auswirkungen auf die Strukturen, die Führungskultur und das gesamte Rechnungs- und Berichtswesen haben würde. Das musste möglichst koordiniert in den kommenden Wochen und Monaten angegangen werden. Aber er hatte – worüber er selbst ein wenig erstaunt war – kein ‚Bauchgrummeln' wie sonst bei ähnlichen Herausforderungen. Er lächelte über so viel eigenen Übermut; aber er war auch froh, den Weg angegangen zu sein.

Constanze hingegen wirkte ein wenig traurig. Sie war mit sich nicht im Reinen: Lasse umwarb sie im Unternehmen, sodass sie schon von Kollegen angesprochen wurde, „der scharwenzelt aber um Dich herum". Und dann war ja auch noch Klaus in Berlin.

Am folgenden Tag besuchte Constanze gemeinsam mit Lasse die ‚New Energy-Messe' in Husum, das Messe-Highlight der Stadt. Sie lernte dort einige Zulieferer kennen, denn auch im Windenergiegeschäft war Zeuss Husum (noch) vertreten. Lasse stellte Constanze vielen vor. Es erzeugte bei ihr das Gefühl von „Gestatten, meine Partnerin." Das ging zu weit! Aber trotzdem war der Tag auf der Messe sehr interessant für sie.

Ein Partnerunternehmen, es war Kunde und Lieferant zugleich, war mit einem großen Stand auf der Messe für die erneuerbare Energiewirtschaft vertreten: Die A. Leiner AG. Dr. Hermann Geiger, der Vertriebsleiter, unterhielt sich fast eine Stunde mit ihnen. Constanze war überrascht, welch guten Ruf Zeuss Husum bei ihm hatte. Die A. Leiner AG mit Sitz in Flensburg produziert Marineausrüstung, ist aber auch in der Windenergie engagiert. Lasse erzählte ihr nach dem Gespräch, dass die Eigentümerfamilie miteinander zerstritten sei und dies die weitere Entwicklung doch hemme. Hätten sie nicht einen so umtriebigen wie zielorientierten Geschäftsführer, würde es der A. Leiner AG nicht so gut gehen…

Eine Woche später, der Frühling nahte, feierte Husum im Schlosspark das berühmte Krokusblütenfest. Rund 4 Millionen wild wachsender Krokusse verwandelten wie jedes Jahr zum Ende des Winters die Rasenflächen rund um das „Schloss vor Husum" in einen lila Blütenteppich. Der lila Blütenteppich im Schlosspark ist das untrügliche Signal, dass der Winter bald vorbei ist und der Frühling in der Nordseestadt Husum einzieht. Zig Tausende flanierten durch den doch recht kleinen Kurpark, staunten über die vielen zartblau-violett blühenden Krokusse und labten sich anschließend in der Altstadt und am Hafen. Auf dem Marktplatz rund um den *Tinebrunnen* war Volksfest angesagt. Es war kein Durchkommen, und irgendwann wurde ihr das Gedränge zu eng, sie wollte weg. Lasse, der sie begleitete, zeigte sich erstaunt, „wirst Du langsam Nordfriese, der sich am liebsten allein in weiter Natur aufhält?" „Nein, aber so viele Touris auf einen Fleck, das nervt gewaltig."

Er schlug zur Beruhigung die *lütten Nordstrander Teestuv* vor, die sie im letzten Herbst schon gemeinsam besucht hatten. Aber auch hier fühlte sie sich trotz der wirklich gut gemeinten Bemühungen von Lasse nicht wohl: Klaus piekte im Herz! Sie versuchte, den Zärtlichkeiten von Lasse so gut es ging, auszuweichen, täuschte Kopfschmerzen vor und ließ sich von Lasse nach Hause bringen.

Zum Abschied zog Lasse ein Buch aus der Tasche. „Du weißt, ich liebe Wellen – obwohl das Auf und Ab ja manchmal auch recht schwierig zu meistern ist. Ich habe dieses Buch kürzlich in der Buchhandlung gesehen und gleich an Dich gedacht. Es ist ein Buch über einen gewissen Kondratieff und seine Theorie der langen Wellen. Vielleicht hast ja auch Du Lust, darin zu lesen. Ich fand es sehr spannend und frage mich, wo wir heute stehen!"

War es Lasses Anspielung auf die persönliche Situation, war es der viele Trubel bei Zeuss, mehr als im Buch zu blättern, schaffte Constanze nicht.

Lasse, der ein feines Gefühl für Menschen hatte, war sichtlich von der Entwicklung der Zweisamkeit enttäuscht, auch in der Firma spürte sie dies. Er stürzte sich in die Arbeit bei Zeuss (und seine sportlichen Aktivitäten) und hoffte, dass die Zeit Constanze vielleicht doch wieder näher bringen würde.

3.3   Transparenz des Leistungsangebots

Der Beschluss für ein verhandlungsbasiertes Kostenrechnungs- und Kalkulationssystem war mit dem Auftrag verbunden, die Transparenz des Zusammenwirkens bei der Erstellung des Leistungsangebots darauf auszurichten. Welche Geschäftsfelder werden mittelfristig bearbeitet? Wie verteilen sich die Produkte und Leistungen auf diese Marktsegmente? Welche Parameter verleihen unseren Produkten und Leistungen auf diesen Feldern ihre Einzigartigkeit?

3.3.1   Marktsegment-Produkt-Matrix[29]

Constanze hatte schon in Halberstadt eine ähnliche Aufgabenstellung bearbeitet. Damals gab ein österreichischer Freund ihres Mannes ein paar helfende Tipps. Die gedachte sie nun auch bei Zeuss Husum anzuwenden.

Der erste Tipp betraf die übersichtliche Zusammenstellung aller gegenwärtigen Marktsegmente mit ihren jeweiligen Geschäftsmodellen sowie den dort gehandelten Produkten und Leistungen und ihren jeweiligen Umsatz- und Margenpotenzialen. Für die aktuelle Situation bei Zeuss Husum ergab sich folgendes Bild (s. Abb. 21):

---

[29] Die Idee der rasterartigen Zusammenstellung von Markt- und Produktbetrachtungen wurde in den 60er Jahren des vorigen Jahrhunderts erstmalig von Ansoff unter dem Namen „Produkt-Markt-Matrix" veröffentlicht. Der Name hat Ähnlichkeit mit der Marktsegment-Produkt-Matrix. Hier geht es allerdings nicht wie bei Ansoff um verschiedene Prinzipien von Wachstumsstrategien, sondern um die Strukturierung des konkreten Leistungsangebots.

Geschäftsmodell Unternehmen		Kundentyp Werften (10-100m-Schiffe)	Kernbedürfnis Wirtschaftlichkeit im Fahrbetrieb	Kernkompetenz exakte Ansteuerung + bedienerloses An- und Ablegen	Einzigartigkeit spezielle Anpassung an den Schiffstyp von der Entwurfsphase an	Bemerkung ist ggw. mehr eine Orientierung für die Zukunft
Marktsegmente						
Geschäftsmodell Marktsegment		Antriebssysteme	elektronische Bau- teile/Steuerungen	maritimer Umweltschutz	spezielle Wartungssysteme	Beratung / Projekt- management
Kundentyp						
Kernbedürfnis		z.Zt. ist Zeuss Husum in einer Übergangssituation. Die bedienten Marktsegmente sind noch				
Kernkompetenz		nicht auf das neue, gemeinsame Geschäftsmodell abgestimmt.				
Einzigartigkeit						
Produkte / Leistungen						
Antriebssyst.		x				
Elektr. Bauteile		x (tw.)	x			
Umweltschutz				x		
Wartungssyst.					x	
Beratung/Projektg.		x (tw.)				x
Umsatzpotenzial	**38,2 Mio €**	28,5 Mio €	2,5 Mio €	3,5 Mio €	2,0 Mio €	1,8 Mio €
Margenpotenzial	**1,4 Mio €**	0,9 Mio €	0,4 Mio €	0,0 Mio €	-0,2 Mio €	0,4 Mio €

Abb. 21: Marktsegment-Produkt-Matrix (Ist)

Gegenüber 2005 hatte sich das Umsatzpotenzial nur um ca. 2 % erhöht. Das Angebot von Zeuss Husum war noch zu wenig aufeinander abgestimmt. Definierte Geschäftsmodelle für die einzelnen Marktsegmente gab es nicht bzw. sie waren nicht expliziert formuliert. Die strategische Neuausrichtung musste erst realisiert werden.

Aber die Matrix bot einen guten Ausgangspunkt, um davon ausgehend die angestrebten Veränderungen in den zu bedienenden Marktstrukturen und die dann entstehende Verteilung der Produkte und Leistungen sowie der Umsatz- und Margenpotenziale darzustellen:

Das neue Geschäftsmodell des Unternehmens war ganz auf den Bereich Antriebssysteme ausgerichtet. Die Marktsegmente „maritimer Umweltschutz" und „spezielle Wartungssysteme" sollten spätestens bis 2010 vollständig aufgelöst und deren Kapazitäten der Neuausrichtung im Bereich Antriebssysteme zugeführt werden (s. Abb. 22).

Geschäftsmodell Unternehmen		Kundentyp	Kernbedürfnis	Kernkompetenz	Einzigartigkeit	Bemerkung
		Werften (10-100m-Schiffe)	Wirtschaftlichkeit im Fahrbetrieb	exakte Ansteuerung + bedienerloses An- und Ablegen	spezielle Anpassung an den Schiffstyp von der Entwurfsphase an	angestrebtes Geschäftsmodell soll bis 2010 realisiert sein
Marktsegmente						
Geschäftsmodell Marktsegment		Antriebssysteme	elektronische Bauteile/ Steuerungen	maritimer Umweltschutz	spezielle Wartungssysteme	Beratung / Projekt-management
Kundentyp		zukünftig wird sich Zeuss auf das gemeinsame Geschäftsmodell konzentrieren. Die Geschäftsfelder Umweltschutz und Wartungssysteme werden eingestellt. Die strategische Ausrichtung der Geschäftsfelder Elektronik und Beratung erfolgt ebenfalls auf diese Werften; sie werden aber eine gewisse Eigenständigkeit behalten.				
Kernbedürfnis						
Kernkompetenz						
Einzigartigkeit						
Produkte / Leistungen						
Antriebssyst.		x				
Elektr. Bauteile		x (verstärken)	x			
Umweltschutz						
Wartungssyst.						
Beratung/Projektg.		x (verstärken)				x
Umsatzpotenzial	**45,0 Mio €**	38,3 Mio €	3,6 Mio €			3,2 Mio €
Margenpotenzial	**5,0 Mio €**	3,8 Mio €	0,5 Mio €			0,6 Mio €

Abb. 22: Marktsegment-Produkt-Matrix (Zielstellung)

Eine gewisse Eigenständigkeit verblieben den Segmenten „elektronische Bauteile/Steuerungen" sowie „Beratung/Projektmanagement." Ihr Schwerpunkt aber lag nun in der Unterstützung des neuen Leistungsangebots; und auch darüber hinaus hatten sie sich geeinigt, denselben Kundentyp anzusprechen, also Werften, die für Handels- wie Personenschifffahrtsreedereien bzw. staatliche Marineinstitutionen Schiffe zwischen 10 und 100 Meter Länge neu- bzw. umbauen oder ausrüsten. Durch diese Konzentration sollte die Kompetenz der drei Bereiche wechselseitig verstärkt werden. Inwiefern es auch geraten schien, unter dem gemeinsamen Dach drei spezielle Geschäftsmodelle auszuarbeiten, waren sich Gerhard, Constanze und die drei Bereichsleiter noch nicht einig. Und so stellten sie diese Aufgabe erst einmal zurück.

Für die neue Matrix hatte Constanze gemeinsam mit dem Leiter des Bereichs Antriebssysteme, Werner Baumann sowie mit Gunther, Serge und Immanuel ein deutlich höheres Umsatzpotenzial von ca. 45 Mio. € identifiziert und daraus eine potenzielle Zielstruktur für die drei verbleibenden Bereiche abgeleitet. Dabei war die Umsatzpotenzialplanung über das Stadium bloßer Schätzungen schon deutlich hinaus. Es gab bereits Gespräche mit einer Reihe von Kunden, in denen mehr als bloßes Interesse an der neuen Lösung bekundet wurde. In einigen Fällen wurden schon konkrete Verhandlungen über nennenswerte Auftragsvolumina geführt.

Und Immanuel trieb in seinem Bereich die notwendigen Entwicklungsarbeiten für maßgeschneiderte elektronische Bauteile weit voran. Die Ingenieure aus den bald ehemaligen Bereichen Umweltschutz und Wartungssysteme waren so in die neue Problematik eingeführt worden, dass deren Kapazitäten für die erforderlichen Leistungserweiterungen bei Auftragserteilung zur Verfügung standen. Außerdem sah Immanuel durch die engere Kooperation mit dem Bereich Antriebssysteme zusätzliche Möglichkeiten für seinen eigenen Bereich. Werner Baumann war ihm dabei durch Vermittlung einer Reihe nützlicher Hinweise und Kontakte in bisher ungewohnter Weise behilflich. Es hatte sich herausgestellt, dass auch sein eigenes Ansehen bei den Kunden gestärkt wurde durch die Vermittlung der Kompetenz von Dr. Perquiro. So hatten beide etwas davon.

Gleichzeitig führte Constanze viele Gespräche mit Rainer Grützmann, dem Leiter des Bereiches Beratung/Projektmanagement, um seine Möglichkeiten in die Potenzialplanung einzubeziehen. Auch bei ihm gab es konkrete Vorstellungen, wie er sich bei den Antriebssystemen durch spezifische Projektleistungen einbringen konnte. Zusätzlich hatte er eigenständige Schulungs- und Beratungspakete in die Angebotsverhandlungen integriert und sah günstige Chancen, dadurch seine Umsatzmöglichkeiten auszudehnen.

Das alles taugte erst einmal als Orientierung für die anstehende mittelfristige Umsatzplanung. Viel schwieriger gestaltete sich die Einigung auf eine Zielstellung für das Margenpotenzial, wobei in der Zeuss Husum GmbH unter dem Begriff „Marge" das verstanden wurde, was für materielle Investitionen und immaterielle Zukunftsausgaben (insbesondere Forschung, Marketing und Weiterbildung) übrig blieb.

Über die Entwicklung der Margenpotenziale hatten sich die Zeussianer früher eigentlich nur sporadisch Gedanken gemacht. Insofern fühlte sich Werner Baumann etwas überrumpelt, als Constanze ihn diesbezüglich ansprach. Sie schlug ihm eine Faktorenbetrachtung vor, um die Aufgabenstellung für den Zeitraum bis 2010 etwas aufzudröseln (s. Abb. 23):

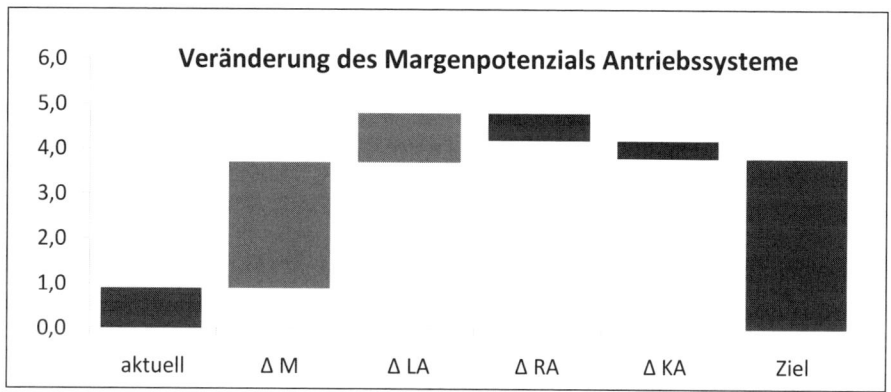

Abb. 23: Faktorenanalyse zum Margenpotenzial[30]

Als erstes betrachteten sie die Auswirkungen der angestrebten Absatz- und Umsatzerweiterung (Δ M). Der Bereich Antriebssysteme hatte in den letzten Jahren immer seine Strukturkosten gedeckt. Insofern würden die Deckungsbeiträge aus einem zusätzlichen Umsatz unmittelbar als Margenzuwachs wirksam werden. Und da die erwarteten Deckungsbeiträge aus dem neuen Leistungsangebot recht gut aussahen, konnte in diesem Punkt ein nennenswerter Zuwachs an Margenpotenzial angesetzt werden. Da ging Werner Baumann mit.

Dann kam Constanze auf die Ausgaben für die unmittelbare Leistungserstellung zu sprechen. „Wenn wir das Umsatzpotenzial bei Dir bis 2010 um mehr als 30 % steigern – das siehst Du ja genauso –, dann werden die Leistungsausgaben allein schon aus der steigenden Lernkurve nicht im selben Maße anwachsen. Das ergibt einen weiteren Margeneffekt (Δ LA)."

Hier protestierte Werner energisch. „Wir sollten uns nicht gesund rechnen und das Fell des Bären zweimal verkaufen." Doch Constanze hatte sich gut vorbereitet. „Die Entwickler und deine Fertiger haben bereits eine ganze Anzahl von Rationalisierungsmöglichkeiten identifiziert, wenn die neue Linie erst einmal ihre Produktion aufgenommen hat." Sie legte ihm eine Liste vor, die im Rahmen der Wirtschaftlichkeitsbetrachtung erstellt worden war. Die Liste war Werner bekannt; schließlich wurde sie von ihm abgezeichnet. Bisher hatte allerdings kein Hahn im Nachhinein nach solchen

---

[30] Δ M = Wirkung aus Mengenänderung; Δ LA = Wirkung aus Änderung der Leistungsausgaben; Δ RA = Wirkung aus Änderung der Risikoausgaben; Δ KA = Wirkung aus Änderung der Kapitalausgaben.

Listen gekräht. Jetzt aber kratzte es an seiner Ehre; und so gab er – widerwillig zwar – Constanze nach. „Ein gewisser Effekt kann hier sicher erwartet werden. Also setz ihn hinein. Ich werde mich strecken.

Dann sollten wir aber auch nicht vergessen, dass die neue Entwicklung mit zusätzlichen Risiken verbunden ist, weil unsere Gewährleistungen steigen und wir dafür in den Verhandlungen Absicherungen vorweisen müssen mit entsprechend steigenden Ausgaben." Das hat nun wiederum Constanze akzeptiert und eine adäquate Minderung des Margenpotenzials (Δ RA) eingebaut.

Schließlich galt es noch, die Finanzierung der Erweiterungsmaßnahmen und daran gebundene zusätzliche Kapitalausgaben (Δ KA) zu berücksichtigen. So ergab sich schließlich im Saldo ein Margenpotenzial von 3,8 Mio. € für den Bereich Antriebstechnik und für das ganze Unternehmen – mit den anderen Bereichsleitern hatte Constanze ähnliche Besprechungen durchgeführt – waren es rund 5 Mio. €; das war etwas mehr als 10 % des Umsatzpotenzials und erfüllte damit die unternehmenspolitische Orientierung von Gerhard Junker und Frau Zeuss. Die Arbeiten an der Marktsegment-Produkt-Matrix hatten die Möglichkeiten, ihr zu entsprechen, deutlich konkretisiert.

3.3.2 Leistungspotenziale

Parallel zu den Bemühungen um die Matrix setzte Constanze einen zweiten Tipp ihres österreichischen Freundes um: Sie stellte neben der Neuentwicklung auch alle anderen relevanten Produktgruppen von Zeuss Husum bezüglich ihrer Wettbewerbsfähigkeit auf den Prüfstand. Dazu erarbeitete sie gemeinsam mit den Entwicklern und dem Vertrieb für die Produktgruppen jeweils eine Liste von Parametern, bestimmte deren Bedeutung für die Kunden und verglich die Leistungen von Zeuss Husum mit denen der Wettbewerber. So kamen sie zu einer aussagefähigen Einschätzung der Wettbewerbsfähigkeit ihres Portfolios – der Österreicher hatte von einer „Strategischen Potenzial-Analyse" gesprochen (s. Abb. 24):

Produkt / Leistung		++	+	=	-	--				
Parameter des eigenen Angebots	Wert für den Kunden	unsere Ist-Position 2006 im Vergleich zu Alternativen für den Kunden					Potenzial-Summe (IST) (Wert* Note)	Potenzial-Summe (Ziel 2010)		Maßnahmen, um das Ziel zu erreichen
		2	1	0	-1	-2		Note	Wert	
Software-Vielseitigkeit	20 %				-1		-20	1	20	
klare Struktur	15 %				-1		-15	0	0	
Kundendienst	5 %		1				5	2	10	
Hilfe bei Hardwareauswahl	10 %					-2	-20	2	20	
Einführungsunterstützung	5 %		1				5	1	5	
Schulung	5 %	2					10	2	10	
Nachbetreuung (after sales service)	15 %	2					30	2	30	
Lieferpräzision	10 %			0			0	1	10	
Zahlungsbedingungen	5 %				-1		-5	0	0	
Preis	10 %			0			0	0	0	
	100 %						-10		105	

Abb. 24: Strategische Potenzialanalyse eines ausgewählten Produkts[31]

Dr. Perquiro war beeindruckt, als er das Ergebnis sah. „So konkret haben wir uns noch nie damit befasst, welche Parameter wettbewerbsfähig sind und welche nicht. Die allgemeine Orientierung auf die Kunden allein reicht offensichtlich nicht aus. Wir müssen uns auf dem Markt auch gegenüber dem Wettbewerb positionieren können. Mit so einer Potenzialanalyse wird sichtbar, wo wir gegenwärtig stehen und wo wir hin wollen. Das muss natürlich durch den Vertrieb weiter verifiziert werden. Aber es ist in meinen Augen schon eine ziemlich realistische Einschätzung. Wir haben sie ja alle im Bauch; nur aufgeschrieben wurde sie noch nie. Und es ist schon etwas anderes, wenn man sein Bauchgefühl so schwarz auf weiß vor sich sieht."

Wieder zeigte sich, dass die Schärfung des Geschäftsmodells von Vorteil ist: Die Kunden wie die Wettbewerber und damit auch die eigene Positionierung auf dem Markt werden überschaubar.

Sie einigten sich darauf, dass geeignete Maßnahmen zu erarbeiten und in die Entwicklungspläne zu übernehmen sind. Damit war ein weiterer Baustein für die mittelfristige Planung erstellt. Sie hatten klarer umrissen, welche Möglichkeiten sie in den nächsten Monaten entwickeln wollten. Jetzt war es wichtig, auch die für deren zielgerechte Nutzung erforderlichen Fähigkeiten konkreter ins Auge zu fassen.

---

[31] Nach einer Anregung von Prof. Smeryczanski, GPM Ges.m.b.H. Wien.

Das alles war ein hartes Stück Arbeit gewesen. So freute sich Constanze auf ein paar freie Tage. Ostern lag in diesem Jahr recht spät, der Frühling war auch schon in Nordfriesland angekommen, nicht nur in Form von blühenden Krokussen. Constanze war nach etwas Ausspannen. Berlin lockte, oder sollte es doch lieber in den warmen Süden gehen? Sie telefonierte mit Klaus und so kam der Gedanke, gemeinsam für eine Woche nach Dalmatien zu fliegen. Vorher wollte sie die eigentlichen Ostertage mit ihrem Vater – und Klaus! – in Berlin verbringen.

Um Staus zu vermeiden, fuhr sie erst am Karfreitag, gleich zu Klaus nach Schmargendorf. Er hatte eine Wohnung, in deren Ambiente sich Constanze sofort wohlfühlte. Zum Abendessen gingen sie ins nahe *Wagenrad*, denn viel Zeit wollten sie nicht verlieren. Den Ostersonnabend verbrachten beide in Potsdam, streiften durch die aufbrechenden Gärten der preußischen Schlösser und abends durch ihre eigenen verwirrenden Labyrinthe.

Constanze war kein Frühaufsteher, aber ihrem Vater zuliebe holte sie ihn und Doris bereits am frühen Morgen von seiner Wohnung ab, um gemeinsam zu einem besonderen Konzert in die Friedrichstadtkirche gleich neben dem Französischen Dom zu gehen: Das Calmus Ensemble aus Leipzig spielte ab 6 Uhr von geistlicher Musik des Mittelalters über die Romantik bis hin zu Popsongs eine Mischung, die Constanze beschwingt in den Morgen gleiten ließ.

Doris hatte ein Osterfrühstück vorbereitet, aber obwohl sie sich viel Mühe gab es zu verbergen, merkte Constanze schnell, dass es Doris nicht gut ging. Sie ging mit ihrem Vater in das gemütliche Wohnzimmer, damit Doris sich zurückziehen konnte. Ihr Vater interessierte sich sehr für Constanzes Arbeit bei Zeuss Husum und ließ sich die neuen Entwicklungen genau erklären. „Weißt Du", erzählte er, „ich habe ja erst nach dem Tod Deiner Mutter aufgehört als Wissenschaftsredakteur zu arbeiten. Es kommen noch immer Anfragen, ob ich nicht noch über dies und das Thema schreiben könne. Ich will aber meine Zeit für und mit Doris nutzen – dennoch faszinieren mich weiterhin technische Themen. Was ist denn das Besondere an den Zeuss Schiffssteuerungen?"

Constanze versuchte, die Zielstellung zu erläutern: „Angestrebt wird für kleinere Schiffseinheiten eine Reduzierung der Hafenliege- und Umschlagzeiten und die Steigerung der Geschwindigkeit um ca. 20 % – das führt zu deutlich kostengünstigeren Schiffen. Der Bedarf ist vorhanden und erfordert Innovationen sowohl hinsichtlich der Schiffsformen mit dem Ziel einer reduzierten Wellenbildung (Schonung der Ufer usw.) – das ist Sache der Werften – als auch der Antriebs- und Steuerungssysteme. Das entwickeln wir. Unser Entwicklungsziel lautete: im Vergleich zum Lkw wirtschaftlich erheblich günstigere Werte des Kraftstoffverbrauchs sowie die Erhöhung der Qualität und Effizienz des Ladungsumschlags durch passgenaues Anlegen und Einsparungen auf der Personalseite."

Nach zwei Stunden Fachsimpelei und Schwelgen in Erinnerungen an vergangene Osterfeste – Mutter war noch dabei gewesen – verließ Constanze ihren Vater und machte mit Klaus einen großen Osterspaziergang im Tiergarten. Am Abend stürzten sich beide ins Berliner Nachtleben. Es wurde ein langer Abend und erst frühmorgens fielen sie ins Bett, wo sie auch die meiste Zeit des Montags verbrachten.

Während die meisten Mitbürger am Dienstag wieder arbeiten mussten, flogen Constanze und Klaus in den Frühsommer: Split in Kroatien war das Ziel. Sie hatten nur wenig Gepäck, nahmen sich einen kleinen Mietwagen und bereisten Mitteldalmatien. Die ersten zwei Tage verbrachten sie in Split, genossen das Treiben rund um den *Diokletians-Palast* aus römischer Zeit, der heute einen großen Teil der Altstadt ausmacht. Stundenlang konnten sie den ankommenden und abfahrenden Fährschiffen zuschauen – und dann setzten sie selbst mit der Fähre nach Brač über.

Eine kleine Pension in Bol, direkt am Meer gelegen, nahm sie auf – ihre Tage verbrachten sie mit Spaziergängen an der abwechslungsreichen Küste, bewunderten die Landzunge *Zlatni Rat*, aalten sich in lauschigen Buchten in der schon warmen Sonne, wagten auch ein Bad in der noch frischen Adria. Am späten Nachmittag ruhten sie sich in den Cafés am Hafen von den „Strapazen" des Tages aus und freuten sich schon auf das Abendessen, ob in den verschiedenen Restaurants am Hafen oder im *Ribarska* nahe dem Mönchskloster. Und dazwischen wussten sie auch etwas mit sich anzufangen.

Den letzten Abend, wieder in Split, verbrachten sie in einem Restaurant am Hafen, dem *Konoba Matejuska*. Es ging laut her, war recht eng und das Essen schmeckte! Dort lernten sie am Nachbartisch einen Deutschen kennen; man kam ins Gespräch, und es stellte sich heraus, dass er aus Flensburg kam und ein Kollege von Dr. Geiger von der A. Leiner AG war. Ivo Berking, Entwicklungsleiter bei A. Leiner, erzählte von seinem Besuch bei einer Werft in Split, mit der er über eine Zusammenarbeit verhandelte. Die Werft gehöre einem asiatischen Unternehmen und hätte großes Interesse, deutsches

Know-how bei der Entwicklung neuer Bootstypen für die Küstenschifffahrt einzusetzen.

Constanze hörte ganz interessiert den Ausführungen zu, erzählte dann auch ein bisschen aus ihrem Unternehmen. Klaus brachte seine Erfahrungen aus Malaysia ein, und so wurde es ein sehr interessanter Abend zu Dritt, der in einer Bar an der Promenade ausklang.

Wie ihr Urlaub, denn am nächsten Vormittag ging das Flugzeug zurück nach Berlin – und am nächsten Tag träumte Constanze nur noch von sonnigen Stunden an kristallklaren Stränden, von zärtlichen Berührungen und erotischen Stunden.

4 Werte – Von Lohn und Preis zur Wertschätzung

Auf einen Blick:

❑ Mit welchen Partnern wollen/werden wir zusammenarbeiten – und können wir gemeinsame Werte als Grundlage einer vertrauensvollen Zusammenarbeit einsetzen?

❑ Wertebasierte Führung: Wie können wir mit Werten und daraus abgeleiteten Führungsgrundsätzen Verantwortungsstrukturen zur (Um-)Gestaltung eines Unternehmens aufbauen? Respekt, Wertschätzung und Humor sind Grundlage guter Führung und beeinflussen maßgeblich unsere Kooperationsfähigkeit.

❑ Im Unternehmen herrschende Werte werden durch Glaubenssätze aufgezeigt. Verhaltens- und Führungsgrundsätze, die Glaubenssätzen entgegenstehen, werden nicht gelebt.

❑ Wer das Wertesystem seines Unternehmens erkannt hat, erwirbt zugleich die Chance, die Wertegemeinschaft zu beeinflussen. Mit vereinbarten Regeln können Führungsgrundsätze präzisiert und durch konsequentes Handeln umgesetzt werden.

❑ Der Kern der Zeuss-Strategie beruht auf der engen Kooperation aller Unternehmensbereiche, die die Wettbewerbsfähigkeit verbessert. Hierzu passt der ‚Wert des Jahres‘: gegenseitige Wertschätzung.

❑ Wenige, aber aussagefähige Kennzahlen sind Ausdruck der Wertschätzung für die Arbeit der Führungskräfte. Frühindikatoren dienen der Steuerung von Prozessen, Spätindikatoren werden zum Berichten über Arbeitsergebnisse genutzt. Und: Der Aufwand für die Erarbeitung einer Kennzahl sollte dem Nutzen der Entscheidung angemessen sein. Messen wir nur das, was maßgeblich ist!

❑ Wer die Bedürfnisse seiner Kunden kennt und diesen in die Produktentwicklung einbezieht, stellt sich primär dem Nutzen- und erst sekundär dem Preiswettbewerb. Denn der Preis ist keine Frage der Verhandlung zwischen Verkäufer und Einkäufer, sondern der täglichen Beziehungen aller Menschen im Unternehmen mit dem Kunden.

❏ Löhne/Gehälter sind Ausdruck, worauf wir Wert legen. In Kombination mit täglich spürbarer Aufmerksamkeit im Kleinen, der Ermöglichung vielfältiger Aufstiegschancen sowie der Umstellung von einer Stigmatisierung der Menschen als Kostenfaktor zu ihrer Bewertung als wertvolles Potenzial gelangen wir zu einer neuen Form nachhaltiger Wertschätzung.

Es schlug wie eine Bombe ein: „Wir sind verkauft." Constanze war vor einer Woche von Gerhard Junker eingeweiht, aber um striktes Stillschweigen gebeten worden. Er selbst sei erst wenige Tage zuvor von Frau Zeus informiert worden, dass ein malaiischer Konzern, dem seit kurzem die A. Leiner AG in Flensburg gehört, ein Kaufangebot vorgelegt hätte, bei dem sie nicht „nein" sagen könne. Frau Zeus läge das Unternehmen, seine Zukunft sehr am Herzen, sie hätte ja auch die Veränderungsprozesse der letzten Zeit nicht nur aufmerksam verfolgt, sondern auch aktiv begleitet; aber sie sehe viel mehr Entwicklungspotenzial für Zeus Husum in einem größeren Verbund.

Auch der Geschäftsführer von A. Leiner, Herr Gerd Paulick, der seit Jahren in der Branche als erfahren und seriös bekannt ist, hätte ihre Vorbehalte gegenüber einem ausländischen Konzern abgemildert, hätte die Vorteile einer technologischen Zusammenarbeit der beiden Unternehmen hervorgehoben und eine attraktive Zukunft für Zeuss Husum als Teil eines weltweit operierenden Technologiekonzerns ausgemalt.

Gerhard Junker war dann in den abschließenden Gesprächen, zu denen er von Frau Zeuss hinzugezogen wurde, überrascht, welch Detailwissen man bei A. Leiner von den technologischen wie kommerziellen Entwicklungen bei Zeuss hatte: „Stell Dir vor", informierte er Constanze, „nicht nur technologische Einzelheiten, viel mehr als wir in den Patentanträgen beschrieben haben, sondern auch Internas unserer neuen Ausrichtung, unserem Veränderungsmanagement, alles war Herrn Paulick anscheinend bestens bekannt. Daher benötige ich von Dir auch nur wenige Zahlen, die mir nicht präsent waren, auf die die neuen Eigentümer noch warten."

Constanze musste einen kurzen Moment schlucken. Sie dachte an die Verhandlungen von Klaus in Kuala Lumpur und an das Gespräch mit Ivo in Split. Aber im selben Augenblick verwarf sie die absurden Fantastereien.

„Ist denn alles schon gelaufen?" fragte sie. „Ja, Du siehst mich selbst überrascht, ich muss davon ausgehen, dass wir ab dem 1. Juli 2007 ein kleines, hoffentlich feines und nicht unwichtiges Rädchen in diesem großen Konzern sind – und Schwesterunternehmen von A. Leiner in Flensburg. Die A. Leiner AG, die bislang unser Kunde und Lieferant war, wird, so schätze ich die Lage ein, das uns führende Unternehmen.

Wir sollten jetzt nicht wie Hühner aufgescheucht hin und her laufen, sondern kühl die Lage analysieren und gemeinsam überlegen, wie wir das Beste daraus für Zeuss Husum und seine Mitarbeiter machen können. Vielleicht sind die Chancen besser, als ich auf den ersten Blick sehe. Herrn Paulick kenne ich lange und schätze ihn als fähigen und fairen Manager – das wird schon gut gehen. Die Ziele und Interessen der zukünftigen malaiischen Eigentümer kenne ich noch nicht – also Abwarten und Tee trinken. Und bitte Constanze, kein Wort zu den anderen Kollegen, lass uns in Ruhe überlegen, wie wir das im Hause kommunizieren!"

Dass es dann doch eine Bombe war, die einschlug, lag nicht an ihnen: Frau Zeuss hatte einer engen Freundin – ganz im Vertrauen – von dem Verkauf erzählt, und damit war es innerhalb weniger Stunden heraus: „Wir sind verkauft." Gerhard berief eine Mitarbeiterversammlung ein, glättete so gut es ging die Wogen und ärgerte sich sichtlich, dass ihm das Heft aus der Hand genommen worden war.

4.1   Das Wertenetz

Nun war guter Rat teuer. Da er inzwischen ein vertrauensvolles Verhältnis zu den Strategiemoderatoren aufgebaut hatte, bat er sie zu sich zusammen mit Constanze Trollinger, Immanuel Perquiro und Gunther Nieda. Wie sollte er sich verhalten? Nachdem er die Situation erläutert hatte, kam er auf den Kern seiner Bauchschmerzen:

„Ich mache mir Sorgen, wie es weitergehen wird. Wie müssen wir die veränderte Lage einschätzen. Es wäre doch gut zu wissen, wer wie mit in unserem Boot sitzt und welche Interessen die verschiedenen Gruppen haben. Dann können wir nach jener Balance Ausschau halten, die zukünftig unserer Wettbewerbsposition möglichst förderlich ist."

„Wir sollten einmal versuchen", begannen die Moderatoren, „wenigstens andeutungsweise das Netzwerk aus verschiedenen Faktoren und Interessengruppen aufzumalen, mit denen unser Unternehmen zu tun hat. Wir sind mit ihnen auf vielfältige Weise wechselseitig verbunden. Das betrifft sowohl die Verflechtungen innerhalb von Zeuss Husum als auch mit den anderen Unternehmen im Konzern als auch zwischen den Marktteilnehmern und schließt Wechselwirkungen mit der natürlichen und sozialen Umwelt ein.

Die Beziehungen sind durch eine Art Wertenetz aus Kunden, Lieferanten, Wettbewerbern und Komplementoren (direkte oder indirekte Partner, die uns helfen, den ‚Kuchen zu vergrößern‘) charakterisiert, das sich um jedes Unternehmen rankt[32]. Die Position jedes einzelnen ‚Spielers‘, seine Macht, sein Einfluss hängt von dem Mehrwert ab, den die anderen im Netz von ihm haben.

Wenn wir z. B. für einen wesentlichen Rohstoff nur einen Zulieferer nutzen, den wir nicht kurzfristig wechseln können, dann hat dieser Zulieferer für uns einen hohen Mehrwert – er erhält auf diese Weise uns gegenüber eine Machtposition. Die muss er nicht notwendigerweise gegen uns nutzen. Vielleicht sind wir ja auch sein mit Abstand größter Abnehmer; dann haben wir für ihn u. U. denselben Mehrwert, wie er für uns. In diesem Fall gleichen sich die Machtpositionen aus. Anderenfalls befinden wir uns in einer latenten Abhängigkeit, aus der unvermittelt strategische Probleme erwachsen können. Zumindest die Möglichkeit ist bereits da; und wir sind gut beraten, sie klein zu halten bzw. – sofern wir dazu in der Lage sind – diese Abhängigkeit durch Erweiterung unserer Lieferantenbeziehungen zu mindern. Damit aus der Möglichkeit nicht bittere Realität erwächst. Dasselbe gilt für alle anderen Positionen im Wertenetz.

Jedes Unternehmen sollte daher die Rolle zu verstehen suchen, die es in seinem Wertenetz spielt. Das beginnt bei der Abgrenzung des Marktes – unseres ‚Spielfelds‘. Wer sind die Mitspieler und in welcher Position stehen sie zu uns und wir zu ihnen? Wer hat Vorteile, wenn wir im Spiel sind und wer hat Vorteile, wenn wir nicht mehr mitspielen? Hat einer der Spieler so viel Mehrwert für die anderen und damit ausreichende Macht, dass er die Regeln und Auffassungen (‚Glaubenssätze‘) des Geschäfts bestimmen kann? Welche Einflussmöglichkeiten haben wir auf die Regeln und Auffassungen? Außerdem ist es hilfreich zu wissen, in welchen weiteren Wertenetzen die anderen eingebunden sind. Vielleicht lassen sich dadurch verschiedene Geschäfte vorteilhaft miteinander verbinden und unsere Marktposition verbessern. Und welche Veränderungen ergeben sich für Zeuss Husum durch die Eingliederung in einen internationalen Konzern?

---

[32] Vgl. Nalebuff, B./Brandenburger, A. (1996), S. 28 ff.

Durch diese Fragen und ihre schrittweise Beantwortung erschließt sich uns wenigstens ein Teil der Konstellationen, in denen wir agieren. Also versuchen wir es einmal aufzumalen (s. Abb. 25):

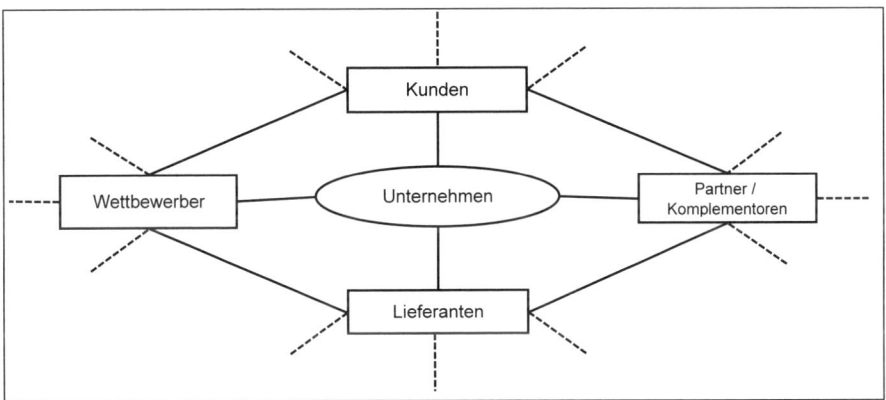

Abb. 25: Wertenetz

Im folgenden Gespräch betrachteten sie zunächst die A. Leiner AG. Sie war seit Jahren ein guter Kunde von Zeuss Husum. Aber aus den auf gegenseitigen Leistungen und Gegenleistungen beruhenden Beziehungen war nie eine auf Vertrauensvorschuss aufbauende Partnerschaft geworden. Die Kundenposition würde A. Leiner auch nach der Übernahme von Zeuss Husum behalten, denn eine Fusion war seitens des malaiischen Mutterkonzerns – zumindest noch – nicht vorgesehen.

Wie aber würden sich die Konzernbeziehungen gestalten? War ein partnerschaftliches Verhältnis möglich oder würde es eher einen Wettbewerb um die Aufmerksamkeit der Konzernmutter geben? Konnte A. Leiner ein Interesse daran haben, die Eigenständigkeit von Zeuss Husum so lange zu untergraben, um schließlich eine Fusion zu erzwingen? Welchen Mehrwert müsste Zeuss Husum einerseits A. Leiner und andererseits der Konzernmutter bieten können, damit seine weitere Eigenständigkeit auf Dauer die bevorzugte Option für beide blieb?

Dieser zweite Teil war wesentlich schwerer zu beantworten; sie konnten auch nur verschiedene Szenarien annäherungsweise skizzieren. Eine Konfrontation mit A. Leiner schlossen sie schnell als kontraproduktiv aus. Dieser Kampf würde sehr viele Kräfte binden und den eingeleiteten Transformationsprozess bei Zeuss stark verlangsamen oder sogar zum Erliegen bringen.

D. h. selbst wenn der Kampf gewonnen würde – im Ergebnis stände Zeuss Husum schwächer da als jetzt. Die Gefahr nicht mehr ausreichender Wettbewerbsfähigkeit war nicht von der Hand zu weisen. Dann wären sie zwar ein „Sieger" aber in der Endkonsequenz weg vom Markt – keine prickelnde Perspektive. Außerdem gab es wenig Anhaltspunkte dafür, dass Zeuss Husum den Kampf gewinnen könnte. Sie waren später in das System gekommen, kannten sich daher nicht so gut aus wie A. Leiner und waren eine nachgeordnete Einheit. Also diese Variante wurde verworfen.

Es gab natürlich auch die Möglichkeit der „freiwilligen Eingliederung" von Zeuss Husum in die Strukturen von A. Leiner. Damit würde jede Konfrontation von vornherein vermieden. Aber wollte A. Leiner überhaupt die Verantwortung tragen für den Markterfolg von Zeuss Husum? Sie hatten schon genug mit sich selbst zu tun und würden die Entscheidungen für konkrete Probleme von Zeuss in den meisten Fällen eher zweitrangig behandeln. Das Verständnis füreinander war ja nicht gegeben; die Beziehungen beruhten auf Leistung und Gegenleistung – nicht auf Partnerschaft. Selbstverständlich ließe sich eine Partnerschaft entwickeln; aber das benötigt Zeit, viel Zeit und war durch formale Unterordnung nicht zu erreichen. Partnerschaft gelingt nur auf Augenhöhe. Es gab viele Gründe, auch dieser Variante nicht den Vorzug zu geben.

Zum Schluss einigten sie sich auf ein Konzept des „kooperativen Wettbewerbs" mit dem Ziel einer sich allmählich entwickelnden Partnerschaft. Zeuss Husum würde sich darauf konzentrieren, den Mehrwert seines Leistungsangebots für A. Leiner auszubauen und gleichzeitig durch einen wachsenden Markterfolg seine Werthaltigkeit für den Mutterkonzern zu erhöhen. Dabei sollte der Markterfolg vor allem auf der Weiterentwicklung der eigenen Kompetenzen beruhen, weil damit die Eigenständigkeit von Zeuss am ehesten gewahrt werden kann. Leistungen kann man kopieren – Kompetenzen nur schwer[33].

Damit die hoch kompetenten Spezialisten loyal zu Zeuss Husum stehen, musste dieser Ansatz durch ein Motivationskonzept begleitet werden. Erst die Kombination von Kompetenz und Motivation würde Zeuss Husum einen Mehrwert verleihen, die einer nachhaltigen Eigenständigkeit zumindest eine höhere Wahrscheinlichkeit verlieh als alle anderen Varianten. Aus dieser Position heraus, würden auch Auseinandersetzungen mit A. Leiner möglich

---

[33] Vgl. Simon, H. (2007), S. 237 f.

sein, die nicht in einen „Krieg" ausarten – denn A. Leiner hätte selbst wachsende Vorteile aus dem Mehrwert des Zeuss'schen Leistungsangebots. Von irrationalen Hahnenkämpfen einmal abgesehen, hätten sie gar kein Interesse an einem Krieg.

Auf diese Weise sprachen sie auch über die wichtigsten anderen Kunden, Lieferanten und Wettbewerber; und über die Chancen, durch die Konzentration des Geschäftsmodells auf einen für Zeuss überschaubaren Markt ausgewählte strategische Partnerschaften mit einzelnen Kunden bzw. Lieferanten zu entwickeln. Das stärker abgegrenzte und damit schärfer konturierte Geschäftsfeld hatte die Anzahl der relevanten Mitspieler auf allen Seiten deutlich reduziert. Somit war es möglich, von den verbliebenen Unternehmen ein wesentlich genaueres Bild zu erlangen und konkrete Vorgehensweisen gegenüber jedem Einzelnen festzulegen. Das war ihnen im Strategieworkshop noch gar nicht so aufgegangen. Nun konnten sie schon etwas mehr verstehen, warum das Entwickeln eines klaren Geschäftsmodells so viele Vorteile mit sich bringt.

Am Ende des Tages waren alle ziemlich müde. Zugleich hatten sie aber ein gemeinsames Gefühl trotzigen Selbstbewusstseins. Sie würden sich die Strategie von Zeuss Husum nicht aus der Hand nehmen lassen.

4.2 Wertegemeinschaften

Der ziemlich unverhofft erfolgte Verkauf von Zeuss Husum hatte natürlich nicht nur Dr. Junker verunsichert. Der aufgeschreckte Hühnerhaufen, den Gerhard vermeiden wollte, war durch die Unachtsamkeit von Frau Zeuss nun doch in Bewegung geraten. Die Mitarbeiter diskutierten immer wieder in verschiedenen Gruppen die Situation. Es war interessant zu beobachten, wer sich da mit wem den Kopf zerbrach, wie es weitergehen sollte und wie verschieden die Stimmung zum Ausdruck kam. Unwillkürlich erinnerte sich Gerhard an ein Seminar zum Thema Führungsfähigkeit, in dessen Verlauf sie auch das Thema „Wertegemeinschaften" besprochen hatten.

„Unternehmen sind Wertegemeinschaften", hatte er dort gelernt, „die oftmals noch untergliedert sind in Wertegemeinschaften verschiedener Gruppen. Ob die Werte dieser Gemeinschaften deklariert sind oder nicht bzw. ob die deklarierten Werte mit den gelebten Werten übereinstimmen oder ob die internen Gruppierungen und ihr Einfluss von Zeit zu Zeit wechseln, ist zunächst unerheblich. Wichtig ist festzuhalten, dass es neben den persönlichen

Werten praktisch in jedem Unternehmen geltende Regeln für konformes Verhalten gibt. Sie sind Teil der etablierten ‚handlungsleitenden Ordnung'. Wer diese Ordnung achtet, gehört ‚zu uns'. Wer sie verletzt, hat im besten Fall Akzeptanzprobleme; im schlechtesten Fall wird er ausgegrenzt und gemobbt.

Die Verhaltensregeln der Wertegemeinschaften können vorteilhaft oder negativ für die Wettbewerbsposition eines Unternehmens sein. Es ist ja von einigem Gewicht, ob bspw. Respekt vor den Leistungen anderer, bewusste Übernahme von Verantwortung und gegenseitige Wertschätzung die Erfahrungen des Alltags prägen oder eher Nichtachtung und eine ausgeprägte Schuldkultur in Verbindung mit organisierter Verantwortungslosigkeit. Deshalb kann es einer Führungskraft nicht gleichgültig sein, wie die Wertegemeinschaft ihres Unternehmens beschaffen ist. Aus der Verantwortung für die Zielerreichung resultiert auch die Verpflichtung, zielkonforme Werte zu identifizieren und zu fördern bzw. zielschädigende Werte zurückzudrängen."

So stand es in den Seminarunterlagen. Gerhard erinnerte sich auch noch gut daran, wie er auf dieses Angebot neugierig geworden und für die praktische Relevanz des Trainierens von Fähigkeiten zum Beobachten und Aufeinandereingehen sensibilisiert worden war. Er hatte die Trainerin Dr. Albanski im Jahr davor während eines langen Fluges nach New York kennengelernt. Sie saß zufällig neben ihm und sprach beim Flug über den großen Teich viel von sozialer Intelligenz[34].

„Die Menschen sind schon eine erstaunliche Spezies", hatte sie ihm erklärt. „Wir verfügen über sogenannte Spiegelneuronen in den verschiedenen Regionen unseres Hirns, mit deren Hilfe wir das Verhalten anderer Lebewesen nachahmen oder spiegeln. ‚Wie man in den Wald hineinruft, so schallt es zurück', sagt dazu der Volksmund. Gute Führung hat also gar nicht so viel damit zu tun, wie man die eine oder andere Situation sachlich meistert. Gute Führung entspringt viel mehr aus dem ehrlichen Interesse an den Menschen, auf deren Kooperation und Unterstützung wir angewiesen sind. Wenn wir sie respektvoll behandeln, ihnen mit Wertschätzung gegenübertreten, werden sie das durch ein ähnliches Verhalten zurückspiegeln.

---

[34] „Soziale Intelligenz beschreibt eine Reihe zwischenmenschlicher Fähigkeiten, die auf bestimmten neuronalen Schaltkreisen – und damit in Verbindung stehenden Hormonsystemen – beruhen und andere Menschen zu effizienter Arbeit inspirieren." Vgl. Goleman, D./Boyatzis, R. (2009), S. 36.

Leider verhalten sich viele Chefs nicht so. Dass daraus Ängste und Ablehnung entstehen, mag denen durchaus bewusst sein. Aber sie glauben, das mit Härte und Druck überspielen zu können. Leider verhärten dadurch auch die Beziehungen. Von solchen Mitarbeitern kann ich nicht mehr viel Engagement erwarten[35]; und sie spiegeln diese Verhärtung auch gegenüber den Kunden[36]."

Gerhard war ganz Ohr, denn das entsprach durchaus seinen eigenen Überzeugungen, auch ohne dass er vorher etwas von den Spiegelneuronen gehört hatte. „Ok, aber dann kann ich meinen Mitarbeitern doch einfach etwas vorgaukeln." Dr. Albanski lächelte, „Sie sollten Ihre Mitarbeiter nicht für dumm verkaufen. Die Menschen hören nicht nur Ihre Botschaft – sie lesen auch Ihre Körpersprache und haben ein feines Gespür dafür, ob Sie authentisch sind oder nicht. Wir kennen das ja aus eigener Erfahrung. Aber inzwischen wurde es auch durch mehrere Studien nachgewiesen: Die mit einer gesprochenen Botschaft einhergehende Körpersprache ist wichtiger als die Botschaft selbst[37]. Das liegt eben an unseren Spiegelneuronen. Wenn wir aus dem Verhalten eines Menschen instinktiv Rückschlüsse auf seine Gefühle ziehen, kopieren diese Neuronen seine Emotionen.

Respekt und Wertschätzung muss Ihren Überzeugungen, Ihren Werten entspringen – es muss Ihnen Wert-voll sein, sich so zu verhalten. Manchen fällt das leicht, weil sie in ihrem Leben selbst ausreichend Respekt und Wertschätzung erfahren haben, um sie als eigene Haltung zu verinnerlichen. Andere können es lernen, wenn sie es wollen. Weil es viele Gründe gibt, solche Haltung als wertvoll zu empfinden[38]: Es kann z. B. eine Frage der Ehre sein, der Anerkennung, des Idealismus, der Gestaltungsmacht oder der Ordnung – eine Basis findet sich immer.

---

[35] Wie stark die Kultur in deutschen Unternehmen eher von innerer Ausgrenzung als von engagierter Einbeziehung geprägt ist, ergab eine repräsentative Umfrage, bei der 52 % (!) auf die Frage, ob sie vermutlich auch im nächsten Jahr noch bei ihrem Unternehmen beschäftigt sein werden, antworteten: „Auf keinen Fall. Sobald ich einen anderen Job finden kann, werde ich das Unternehmen verlassen!" (Financial Times Deutschland, 2.6.2004, S. 2).

[36] Nach einer Gallup-Studie aus dem Jahr 2003 haben Unternehmen mit einer hoch motivierten Belegschaft und einem klaren Kundenfokus ein dreifach höheres Wachstum und einen 50 % höheren Gewinn; vgl. Schmitz, H. (2005), S. 20.

[37] Goleman, D./Boyatzis, R. (2009), S. 37.

[38] Steven Reiss hat 16 Lebensmotive herausgearbeitet, von deren Konstellation abhängt, was wir als wertvoll ansehen; vgl. Fuchs, H./Huber, A. (2002), S. 43 ff.

Es kommt aber noch besser. Unsere Spiegelneuronen wirken mit sogenannten Spindelzellen zusammen, die innerhalb von Sekundenbruchteilen die von anderen Personen gespiegelten Emotionen an eine Vielzahl weiterer Neuronen weiterleiten und sie zu einem schwingenden Netzwerk zusammenschalten. Dadurch können wir Apathie oft körperlich spüren, während wir gegenüber sympathischen Menschen nicht selten ein Gefühl des Gleichklangs, der Resonanz erleben. Dabei spielt Lachen und aus einem gewissen Selbstvertrauen geborene Lockerheit eine nicht zu unterschätzende Rolle. Das wissen wir natürlich, dennoch richten sich viele Vorgesetzte nicht danach und reden sogar ziemlich abschätzig über solch ‚emotionales Gefasel‘.“

Dr. Albanski unterbrach ihren Redefluss für einen kurzen Moment. Doch ehe Gerhard etwas sagen konnte, fuhr sie fort. „Was halten Sie von Untersuchungen, die eindrucksvoll beweisen, dass erfolgreiche Chefs ihre Mitarbeiter im Schnitt dreimal mehr zum Lachen bringen als mittelmäßige Führungskräfte?“

Das war natürlich eine rein rhetorische Frage; sie musste schmunzeln. „Respekt und Wertschätzung gegenüber Ihren Mitarbeitern sollten Sie also durch angemessenen Humor ergänzen. Das ist eine gute Voraussetzung für Erfolg, zumindest für Loyalität. Dann können Sie den Menschen ziemlich hohe Leistungen abverlangen und durchaus Konsequenz zeigen, wenn es die Situation verlangt. Sie werden Ihnen folgen, weil die Mitarbeiter mit Ihnen im Gleichklang sind.“

Gerhard blickte etwas skeptisch drein. „Das klingt mir alles zu sehr nach Harmonie und eitel Sonnenschein. Respekt, Wertschätzung, Humor – dazu stehe ich. Aber Führen heißt auch Entscheiden. Da muss manchmal einfach eine klare Ansage sein ohne lange Diskussion. Dabei wäre ich schlecht beraten, wenn meine Entscheidungen belächelt und nicht unverzüglich und mit Ernsthaftigkeit umgesetzt würden.“

Dr. Albanski entgegnete freundlich, „da haben Sie vollkommen Recht. Eine Führungskraft soll führen, und das schließt Entscheidungen und Vorgaben ein. Aber gerade dann, wenn Ihnen wenig Zeit für erläuternde Diskussionen zur Verfügung steht, kommt es darauf an, dass Sie respektiert werden. Respekt erzeugt Gegenrespekt; denken Sie an die Spiegelneuronen. In solchen Momenten zahlt sich Ihre Wertschätzung aus, weil Ihre Mitarbeiter Ihnen mit Wertschätzung und nicht aus Angst folgen.

Es kommt jedoch noch ein weiterer Aspekt hinzu, durch den eine gute Führungskraft ihr Team zu einem guten Klangkörper verschweißen kann: Die Spiegelneuronen und Spindelzellen wirken mit einer weiteren Gruppe zusammen, die wir als Oszillatoren bezeichnen. Sie zeichnen dafür verantwortlich, wann und wie sich Menschen aufeinander zubewegen und ihr Verhalten koordinieren. Respekt oder Verachtung werden daher nicht nur unterschiedlich gespiegelt und bringen verschiedenartige Netzwerke zum Schwingen. Sie beeinflussen maßgeblich unsere Kooperationsfähigkeit.

Oder mit anderen Worten: Ansage an Untertanen erzeugt untertäniges Verhalten – so wie der Große Kurfürst von Brandenburg einst schrieb: ‚Den Untertanen ist es strengstens verboten, ihr beschränktes Urteilsvermögen an die Erlasse der Obrigkeit anzulegen.' Ansage auf Augenhöhe dagegen kann ein Orchester von vielen herausragenden Einzelpersönlichkeiten zu gemeinsamen Höchstleistungen treiben[39]. Das macht den Unterschied in guten wie in schlechten Zeiten."

Gerhard hatte Dr. Albanskis Worte noch im Ohr. In der jetzigen Situation konnte er das Theoretische gut in der Praxis beobachten. Aber das half ihm noch nicht viel weiter. Sein Problem bestand ja darin, die Mannschaft auf den Weg des „Kooperativen Wettbewerbs" auszurichten. Und ihm ging ständig nur eine Frage durch den Kopf: Wie? Er bat Margit Alwys zu sich; sie hatte damals mit ihm gemeinsam Dr. Albanskis Seminar zum Thema Führungsfähigkeit besucht; mit ihr wollte er nach einem Weg suchen.

4.2.1 Glaubenssätze

Margit kramte in ihren Seminarunterlagen und fand zwei Punkte, die für das praktische Vorgehen vielleicht hilfreich sein konnten: Glaubenssätze und Regeln.

Sie sprachen zunächst über das Thema Glaubenssätze. In den Unterlagen stand dazu Folgendes: „Wertegemeinschaften haben – wie oben angedeutet – eine große Energie; und es wäre sträflich für jede Führungskraft, diese Energie zu ignorieren. Sie könnte dann leicht verpuffen oder – was oft gefährlichere Folgen nach sich zieht – sich gegen die Ziele des Unternehmens wenden. Wir wollen jedoch die Energie der Wertegemeinschaften als unterstützende Kraft für die Entwicklung des Unternehmens nutzen. Also müssen wir

---

[39] Wer das erleben will, sollte sich den Film „Trip to Asia" über die Berliner Philharmoniker ansehen.

erst einmal lernen, die im Unternehmen herrschenden Werte erkennen und bewerten zu können. Damit sind nicht die deklarierten, sondern die gelebten Werte gemeint.

Die Menschen tragen allerdings ihre Werte nicht auf Schildern vor sich her. Sie äußern aber sogenannte Glaubenssätze – das sind nicht mehr hinterfragte Positionen, die aus ihren individuellen Wertvorstellungen entspringen. Teilweise geht es dabei um ganz elementare Überzeugungen, die wir für gewöhnlich unter den Begriff der Kinderstube subsumieren: ‚Wir grüßen, wenn wir den Raum betreten'; ‚Man muss sich anständig benehmen'; ‚Man darf beim Essen nicht schmatzen'; ‚Wir laufen bekleidet herum'.

Manchmal geht es auch um Grundauffassungen zum Miteinander wie ‚Gefühle sind Sentimentalitäten, die wir uns nicht leisten können' oder ‚Jeder soll sich um seinen eigenen Kram kümmern' oder ‚Du musst im zweiten Drittel der Erste sein, dann kommst Du unbeschadet durchs Leben' oder das wahrscheinlich am weitesten verbreitete ‚Bei uns macht man das so'. Es können natürlich auch Sätze sein wie ‚Wer sich engagiert, hat mehr Chancen' oder ‚Ein nettes Wort hat noch keinem geschadet' oder ‚Das Nein hat man, das Ja muss man sich holen'.

Eine Führungskraft, die das Gespräch sucht und bewusst auf entsprechende Formulierungen achtet, wird sehr schnell auf eine Vielzahl dieser Glaubenssätze stoßen. Dann kann sie sich schon ein erstes Bild machen über im Unternehmen herrschende Wertvorstellungen. Aus den Glaubenssätzen wiederum ergeben sich Verhaltens- und Führungsgrundsätze, die im täglichen Handeln sichtbar werden. Im Gegensatz zu den Glaubenssätzen sind die Verhaltens- und Führungsgrundsätze in vielen Unternehmen explizit formuliert und können mit dem praktischen Verhalten verglichen werden. Doch selbst wenn sie nicht explizit formuliert sind, lassen sich diese Grundsätze im aktiven Gespräch heraushören. Es besteht also die Chance, das herrschende Wertesystem eines Unternehmens zu erkennen."

„Stopp mal", unterbrach Gerhard die gemeinsame Lektüre. ‚Solche Dinge begegnen mir faktisch jeden Tag; ich war bisher dafür nur nicht sonderlich sensibilisiert. Z. B. dieses ‚Das haben wir bisher immer so gemacht', ist so ein bei Zeuss immer wieder gebrauchter Glaubenssatz. Mehrfach kam mir auch der Satz zu Ohren: ‚Gehe nie zu deinem Fürscht, wenn de nich gerufen würscht.' Aus welchem Landstrich der kommt, ist mir allerdings nicht klar geworden. Eindeutig dem Kölschen Raum zuzuordnen ist ein weiterer Satz – ‚Et hätt noch immer jot jejange'. Die Mischung erklärt viel. Hinzu kommt das Selbstbewusstsein unserer Experten, wirklich gut zu sein; das reiche doch – und bisher hat sie keiner in ihrer Ruhe gestört. Wobei – jetzt bin ich selbst einem Glaubenssatz aufgesessen; in der Zeit seit dem ersten BSC-Workshop haben wir ihre Ruhe schon recht häufig gestört. Und so manche Mitarbeiter von Zeuss sind aus ihrem Dornröschenschlaf erwacht. Also wir sollten wohl mit der Sensibilität für unbegründete Glaubenssätze bei uns selbst anfangen."

Margit lächelte, weil sich Gerhard anscheinend ertappt fühlte und ein wenig rot geworden war. Das hatte sie bei ihm noch nie erlebt. So las sie schnell weiter.

„Wer das Wertesystem seines Unternehmens erkannt hat, erwirbt zugleich die Chance, die Wertegemeinschaft zu beeinflussen. Allerdings braucht man dafür einen langen Atem und geeignete Verbündete. Denn wir müssen versuchen, zielschädigende Glaubenssätze durch zielkonforme zu ersetzen."

„OK", sagte Gerhard, „ich glaube das reicht jetzt erst einmal. Wir sollten unsere BSC-Truppe für einen Tag oder zwei zusammenholen. In der Zeit davor können alle ihre Ohren aufspannen und so ein paar Zeuss-Glaubenssätze zusammentragen. Dann bekommen wir ein zwar rasterhaftes, aber wahrscheinlich ausreichendes Bild über die gegenwärtige Stimmungslage.

Wenn wir das alles zusammengetragen haben, sollten wir uns verständigen, welche Glaubenssätze der Entwicklung von Zeuss Husum im Wege stehen. Denen müssen wir im täglichen Gespräch konsequent entgegentreten – nicht indem wir sie verbieten, sondern indem wir darauf aufmerksam machen, dass sie nicht begründet sind."

„Dann steht doch aber nur Aussage gegen Aussage", fiel ihm Margit ins Wort. „Wir müssen lernen, auf solche praktischen Erlebnisse zu achten, die konkret aufzeigen, dass die Glaubenssätze nicht stimmen. Damit bringen wir die Mitarbeiter vielleicht zum Nachdenken."

„Da hast Du schon Recht. Das ist in jedem Fall der Königsweg. Aber anfangs werden wir nicht immer über konkrete Beispiele verfügen können, oder sie fallen uns im Moment nicht ein. Dann müssen wir trotzdem reagieren, damit alle merken, dass wir nicht jeden dahergesagten Spruch so ohne Weiteres akzeptieren. Und wie schon gesagt, wir müssen uns selbst an die Nase fassen und auf unsere eigenen Sprüche achten.

Das ist aber nur der erste Teil. Viel wichtiger ist mir, dass wir Glaubenssätze finden und ‚knackig' formulieren, die zielführend sind, unsere Mitarbeiter aufrichten, ihnen Selbstbewusstsein geben – damit wir den angefangenen Transformationsprozess fortsetzen und vielleicht sogar noch beschleunigen können."

Das war für Margit wie ein Stichwort. „Mit fällt da sofort einer ein: ‚Niemand bietet aufstrebenden Führungskräften und Spezialisten mehr Zukunft als Zeuss Husum' – da finde ich sofort genügend Beispiele, die das belegen."

„Für den Anfang nicht schlecht", schmunzelte Gerhard. „Ich kann mitbieten: ‚Weltklasseunternehmen sehen sich als Partner ihrer Kunden'". Das ist zwar etwas kurz formuliert und im Moment auch bei uns noch eine Herausforderung. Aber die erfolgreiche Patentanmeldung und das überraschend positive Echo auf unsere neue Entwicklung bieten genügend Stoff, auf dem wir aufbauen und Skepsis abbauen können. Sicherlich wird das kein leichter Gang. Doch unsere BSC-Truppe ist inzwischen auch zu einer Wertegemeinschaft zusammengewachsen, die mit ihrer Energie bereits einiges verändert hat. Warum sollen wir nicht auch einen Wandel der Glaubenssätze im gesamten Unternehmen bewirken können?"

„Davon bin ich fest überzeugt." Margit kam fast ins Schwärmen. „Ich glaube, da fallen mir ganz viele Sätze ein, die uns helfen können. Was hältst Du von dem? ‚Führungskräfte nehmen sich die Kompetenz, von der sie glauben, dass sie für die Erledigung ihrer Aufgaben erforderlich ist – und sind dafür bereit, sich ab und an eine blutige Nase zu holen.' Oder den ‚Wer Vertrauen schenkt, wird Partnerschaft ernten'. Oder…"

„Lass man gut sein", unterbrach Gerhard ihren Eifer. „Der Gruppe soll noch etwas zu tun übrig bleiben. Wir werden sicherlich viele Ideen zusammenbekommen. Zum Schluss stehen wir allerdings vor der Aufgabe, zwei oder maximal drei Sätze auszuwählen, die wir dann mit der geballten Kraft unserer Wertegemeinschaft zum Tragen bringen. Wie wir es bei der Balanced Scorecard gelernt haben: ‚Weniger ist mehr' – auch so ein Glaubenssatz; aber er hat sich bereits bewährt. So können wir nach und nach zielführende Glaubenssätze bei Zeuss Husum verankern."

4.2.2   Regeln vereinbaren

Beide gingen nun daran, das geplante Treffen zu strukturieren. „Wenn ich mich richtig entsinne, wird es nicht reichen, Glaubenssätze zu formulieren und in die Mannschaft zu tragen." Margit hatte ihre Unterlagen wieder herangezogen. „Wir müssen auch die bei uns geltenden Regeln unseren Zielen anpassen, sonst verpuffen die schönen Worte, weil sie nicht durch praktische Erfahrungen erlebt werden. Das heißt, sich alle Führungsgrundsätze anschauen und wahrscheinlich präzisieren. Und das heißt auch, viele unserer ungeschriebenen Regeln endlich einmal zu fixieren, damit unsere so gern gerühmte Verlässlichkeit nicht immer wieder durch kleine Unachtsamkeiten und unnötige Fehler konterkariert wird.

Nehmen wir z. B. unseren hohen Qualitätsanspruch, den wir zwar deklarieren, aber leider viel zu oft nicht durchhalten. Wir haben Pflichtenhefte, an denen wir uns orientieren und Spezifikationen, die wir mit den Aufträgen vereinbaren. Allerdings hängt es weitgehend von persönlichen Kenntnissen und Fähigkeiten ab, ob die Vorgaben auch eingehalten werden. Wir brauchen Spielregeln, die eine verlässliche Reproduktion gleichbleibend guter Qualität gewährleisten. Wenn wir den Glaubenssatz von ‚guten Produkten und Dienstleistungen, denen der Kunde vertrauen kann', wirklich verbreiten wollen, kommen wir gar nicht darum herum: Wir brauchen Regeln, mit denen wir die deklarierte Wertschätzung der Kunden in der Praxis sicherstellen."

Gerhard erinnerte sich, mit den BSC-Moderatoren schon einmal über dieses Thema unterhalten zu haben. Damals war ihm das alles ein bisschen viel gewesen. Nun wollte er wieder auf sie zugehen. Sie hatten von einem Kollegen erzählt, der ihnen dabei helfen könnte, Regeln zur Qualitätssicherung zu fixieren – und zwar in einer Weise, dass sie den Menschen nicht übergestülpt, sondern von ihnen selbst erarbeitet werden. Er würde sich diesen Spezialisten mal ansehen, noch ein paar weitere Anbieter sprechen und dann entscheiden, mit wem Zeuss Husum die Qualitätsicherung in Angriff nimmt. Das „Ob" sei schon gar nicht mehr die Frage, sondern nur noch das „Mit wem" und das „Wie".

„Die Regeln für verlässlich reproduzierbare Qualität können wir aber nicht im Rahmen dieses Wertetreffens klären. Da geht es um andere Regeln, um unser tägliches Miteinander, intern und extern. Die Qualitätsregeln haben zwar auch etwas mit Werten zu tun – wie wertvoll uns zuverlässige Qualität und damit die Einhaltung unserer Versprechen gegenüber den Kunden in der täglichen Praxis tatsächlich ist – aber sie bilden allein ihres Umfangs wegen einen gesonderten Komplex, den wir unbedingt angehen werden. Dennoch, lass uns das in einem anderen Rahmen realisieren, nicht im Wertetreffen.

Dort werden wir erst einmal darüber sprechen, was zukünftig den täglichen Umgang der Zeussianer miteinander und mit anderen Menschen prägen soll bzw. wovor sie Angst haben und wie wir damit umgehen. Gerade angesichts der so unvermittelt erfolgten Übernahme müssen wir das in den Mittelpunkt stellen. Wir werden über unsere Glaubens- und Führungsgrundsätze sprechen. Inwieweit sie überhaupt bekannt und formuliert sowie noch aktuell und zielführend sind. Und wir sollten einen Grundsatz auswählen, auf den wir uns in diesem Jahr konzentrieren. Dann können wir herausarbeiten, an welchem Verhalten sich im Alltag zeigen wird, dass wir diesen Führungsgrundsatz ernst nehmen und wie wir gemeinsam darauf achten wollen."

„Wie stellst Du Dir das konkret vor?" Margit war etwas skeptisch. Gerhard erläuterte seinen Plan an einem Beispiel. „Einer unserer Grundsätze könnte lauten: ‚Wir arbeiten ziel- und ergebnisorientiert'. Dies bedeutet für mich, dass wir in allem, was wir unternehmen, ständig anstreben, unsere Leistung zu verbessern.

Der Kern unserer Strategie beruht doch auf der engen Kooperation unserer Bereiche. Zielorientiert arbeiten heißt dann also, überall nach Möglichkeiten für Kooperation zu suchen, die unsere Wettbewerbsfähigkeit verbessern. Nehmen wir einmal an, wir wählen diesen Grundsatz aus. Dann müssten die Teilnehmer am Wertetreffen Verhaltensmuster für Kooperation zusammentragen, wo sie schon funktioniert und wo sie bisher noch nicht einmal bedacht wurde:

1. Werden bereits im Rahmen der mittelfristigen Planung die Linien des kooperativen Zusammenwirkens vereinbart?

2. Gibt es einen organisierten Austausch von Mitarbeitern zwischen den Bereichen, damit sie die Arbeitsweise, Fähigkeiten und Probleme der anderen wechselseitig besser verstehen und aufeinander zugehen können?

3. In welchen Stadien der Ideenfindung und Entwicklung können Kunden und Lieferanten mit einbezogen werden?

Und dann können wir Regeln vereinbaren für kooperatives Verhalten; woran wir festmachen wollen, was kooperatives Verhalten ist; vielleicht sogar, woran wir messen können, ob und in welchem Maße wir uns kooperativ verhalten. Das werden wir gemeinsam im Wertetreffen erarbeiten. Ich bitte Dich Margit, das zusammen mit Constanze vorzubereiten."

So wurde es dann auch getan.

4.3   Dem Maß-geblichen ein Maß geben

14 Tage später – sie hatten erstaunlich schnell einen gemeinsamen Termin gefunden – traf sich die BSC-Gruppe für 2 Tage, um über zielführende Werte bei Zeuss Husum zu sprechen und über jene Glaubenssätze, mit denen etwas Ruhe in die Mitarbeiterschaft getragen werden könnte. Nach langer Diskussion einigten sie sich auf folgende fünf Werte: Unabhängigkeit, gegenseitige Wertschätzung, Zuverlässigkeit, Nachhaltigkeit und Kreativität.

Für jeden dieser Werte hatten sie danach auch Glaubenssätze erarbeitet, die sie nun beharrlich ins Unternehmen tragen wollten – eine Auswahl:

- Unabhängigkeit:
  „Zeuss Husum bleibt am Markt, weil wir unabhängig bleiben" und
  „Unabhängigkeit erwächst aus Stärke und Tradition"

- Gegenseitige Wertschätzung:
  „Vertrauen macht uns stark" und
  „Wertschätzung ist die Basis von Vertrauen"

- Zuverlässigkeit:
  „Wir bei Zeuss versprechen nur, was wir einhalten können und halten ein, was wir versprechen"

- Nachhaltigkeit:
  „Wir leben von den erwirtschafteten Zinsen, nicht von der Substanz"

- Kreativität:
  „Respekt und gegenseitige Wertschätzung sind die Basis für Kreativität",
  „Kreativität ist Tradition bei Zeuss" und
  „aus Tradition verändern"

Schließlich wählten sie die gegenseitige Wertschätzung zum Wert des Jahres. Darauf wollten sie anfangs ihre Kraft konzentrieren, um möglichst schnell einen diesbezüglichen Wandel im ganzen Unternehmen herbeizuführen. Sie waren zu dem Schluss gekommen, dass die konsequente Umsetzung gegenseitiger Wertschätzung auch ein Schlüssel sein würde für die Berücksichtigung der anderen Werte im Unternehmensalltag. Ohne gegenseitige

Wertschätzung bleibe Kooperation eine leere Hülse. Wenn Kooperation den Kern der Strategie bilde, sei die Unabhängigkeit von Zeuss und die Ausprägung aller anderen Werte vor allem von der Wertschätzung abhängig.

Deshalb berieten sie über Ausprägung gegenseitiger Wertschätzung. Denn es gehe nicht um bloße Parolen, sondern um ganz konkrete Fragen des eigenen Alltags. Sie kamen u. a. zu folgenden Punkten:

1. Wie gehen wir mit unseren Kunden um?
   Kooperieren wir auf der Basis gegenseitiger Wertschätzung oder feilschen wir um den Preis?

2. Wie gehen wir mit unseren Lieferanten um?
   Knebeln wir sie über den Preis oder achten wir auf die Passfähigkeit ihrer Kernkompetenz zu unseren Zielen?

3. Wie gehen wir mit unseren Mitarbeitern um?
   Betrachten wir sie als Kostenfaktor oder begegnen wir ihnen mit Aufmerksamkeit und Anerkennung für ihre Leistungen?

4. Wie gehen wir mit Kennzahlen um?
   Behandeln wir sie als ein Ergebnis von Rechenwerken oder als Ausdruck des Respekts gegenüber der Arbeit unserer Führungskräfte?

Und insgeheim hofften sie natürlich auch, dass die Zusammenarbeit mit der A. Leiner AG auf der Basis von Vertrauen ihnen weiterhin eine möglichst große Unabhängigkeit lassen würde.

4.3.1 Die Kennzahlen

Um die konkrete Ausprägung weiter voranzutreiben, wandten sie sich zunächst den Kennzahlen zu. „Es soll in manchen Unternehmen Monatsberichte geben von vielen Hundert Seiten und mit mehr als 50.000 Kennzahlen. Zeugt das von Wertschätzung für die Arbeit der Führungskräfte? Wir haben zwar längst nicht so viele Zahlen, aber oftmals wissen wir auch nicht so richtig, was wir mit ihnen anfangen sollen. Auch bei Zeuss belasten uns viele Kennzahlen eher, als dass sie uns helfen. Und unsere Kooperationsfähigkeit fördern sie schon gar nicht." Lasse hatte den Fehdehandschuh hingeworfen. Für einen kurzen Moment war es ganz still, als ob sich keiner aus der Deckung wagen wollte. Ausgerechnet der eher schweigsame Immanuel stand auf und begann zu reden, sehr bedächtig, aber bestimmt.

„Es liegt doch an uns, wie wir mit Kennzahlen umgehen. Wissen wir denn überhaupt, welche Fragen wir beantworten wollen? In der Forschung stellen wir doch auch zuerst eine Frage, ehe wir anfangen zu messen. Was sagt mir denn ein Temperatur-, Druck- oder Spannungswert, wenn ich die Frage nicht kenne und für wichtig ansehe? Denn ich messe die Werte ja nur, um sie interpretieren zu können. Entsprechen sie dem, was ich erwartet habe und liegt die Differenz an der Ungenauigkeit meiner Erwartung oder an der Ungenauigkeit meiner Messung? Dazu muss ich doch wissen, was wir erwarten. Erst dann lässt sich herausfinden, was wir verbessern und erneut probieren können. So wachsen schließlich aus bloßen Ideen neue Produkte und Leistungen, die eine reale Marktchance verkörpern.

Bei betriebswirtschaftlichen Kennzahlen habe ich eher den Eindruck, dass es uns mehr um das Messen als um das Suchen nach zielführenden Verbesserungen geht. Deshalb können wir mit vielen Daten so wenig anfangen. Sie beantworten nicht die Fragen, die uns umtreiben. Vielleicht erscheint das aus der Sicht von Marianne, Gerhard und Constanze ganz anders. Aber den meisten bei Zeuss ist nicht klar, warum ihre Leistung gerade so gemessen wird und nicht anders." Er setzte sich wieder hin.

Immanuel hatte das Eis gebrochen. Es entstand eine lebhafte Diskussion. Sie bildeten kleine Gruppen, um eine Art Katalog zu erarbeiten, wie Kennzahlen zukünftig begründet werden sollten. Constanze fasste die Diskussion zusammen. „Wir wollen Schritt für Schritt unsere Kennzahlen nach einem Raster von Fragen prüfen. In spätestens einem Jahr soll es keine Berichte mehr geben mit Zahlen, die unseren Ansprüchen nicht genügen. Ich zähle die Kriterien noch einmal auf.

- Erkennen wir an der Kennzahl, was zu entscheiden ist?

Wir sind uns einig: Wer nichts zu entscheiden hat, braucht keine Kennzahl. Deshalb sind Berichte auf jene Zahlen zu begrenzen, die für den Empfänger entscheidend sind. Alles andere ist eine Überfütterung mit Daten und führt tendenziell zu Desinformation und Verschwendung. Umgekehrt heißt das allerdings nicht, wer keine Kennzahl zu verantworten hat, hätte nichts zu entscheiden. Wir dürfen die Kennzahlen nicht zum Fetisch erheben. Wie sagte Einstein so treffend: ,Not all that counts you can count, and not all you can count counts'[40].

---

[40] Nicht alles was zählt, können wir zählen; und nicht alles was wir zählen können, zählt.

Gerhard lächelte in sich hinein. Er musste unwillkürlich an das Gespräch mit Dr. Albanski während seines Amerikafluges denken. Schlechte Nachrichten von einem uns sympathischen Menschen mit aufmunterndem Duktus übermittelt, sind leichter zu ertragen als gute Nachrichten, die ein uns unangenehmer Mensch mit herrischer Attitüde verlauten lässt. Die Körpersprache ist wichtiger als die Botschaft. Sie zählt, obwohl wir sie nicht messen.

Aber Gerhard sagte nichts dazu; und sein Lächeln bemerkte keiner in der Runde. Constanze fuhr fort:

„Um entscheidend zu sein, muss der Empfänger die Zahl interpretieren können. D. h. er braucht einen Erwartungswert als Vergleichsmaßstab – ob geplant oder auf andere Weise vereinbart ist hier sekundär. Der Empfänger muss eine Zielerreichungsprognose und dafür zu ergreifende Maßnahmen ableiten können, die zu entscheiden sind. Oder die zu entscheidenden Prognosen und Maßnahmen müssen für ihn erkennbar sein.

In unserer Untergruppe wurde dazu ein Beispiel genannt, das ich hier noch einmal anführen will: Margit hatte vor einiger Zeit ein Weiterbildungskonzept vorgelegt. Demnach wollen wir zukünftig jedem Mitarbeiter ein Monatsgehalt als Fortbildungsbudget zur Verfügung stellen und den Erfolg an der Ausschöpfung des Budgets messen. Das Budget ist also der Erwartungswert, und aus dem Ausschöpfungsgrad können wir ableiten, ob wir unser Ziel erreichen werden bzw. wie viel für seine Erfüllung noch zu tun bleibt. Allerdings hat Margit klugerweise ein paar Bedingungen eingebaut, die an die Budgetausschöpfung geknüpft sind.

1. Jeder Mitarbeiter muss seinem Team vorschlagen, wofür er das Geld einsetzen will.

2. Er muss dazu begründen, welchen Nutzen für Zeuss Husum aus dieser Fortbildung entsteht und mit welchen Aktionen er diesen Nutzen realisieren will – das kann eine Weitergabe der erlernten Fähigkeiten sein, oder die Einbringung in ein konkretes Projekt etc.

3. Die vorgeschlagenen Aktionen werden im jeweiligen Unternehmensbereich erfasst und nachverfolgt. Der Nutzen wird zusammengefasst und gemeinsam mit der Budgetausschöpfung berichtet.

So rankt sich um diese Kennzahl ein Rahmen, der zielführende Entscheidungen ermöglicht.

Die konkrete Ausgestaltung jeder Kennzahl wird davon abhängen, ob es bei der Entscheidung eher um die Akzeptanz von Berichten über Arbeitsergebnisse geht oder um die Steuerung von Prozessen.

Solange die Akzeptanz von Berichten im Vordergrund steht, brauchen wir die Darstellung sogenannter ‚passiver Faktoren' – sie werden vom Prozess beeinflusst und sind in unserem Denkschema tendenziell späte Indikatoren. Umsatz und Gewinn haben zumeist diesen Charakter. Teilweise sind solche Kennzahlen gesetzlich oder durch Statuten vorgeschrieben (bspw. Rechnungslegungsvorschriften). Hier müssen wir vor allem erläutern, wie die Zahlen zustande gekommen sind – und das vielleicht Wichtigste: Wir müssen entscheiden, welche Botschaft wir transportieren wollen.

Wenn es um die Steuerung von Prozessen geht, brauchen wir die Darstellung sogenannter ‚aktiver Faktoren' – sie beeinflussen das Handeln der Akteure des jeweiligen Prozesses und sind in unserem Denkschema tendenziell frühe Indikatoren. Wir verbinden sie mit einer Kette von Annahmen bezüglich der Wirkung des gemessenen Faktors auf das angestrebte Ziel unserer Prozessaktivitäten. Die oben beschriebene Kennzahl ‚Ausschöpfung des Fortbildungsbudgets' trägt so einen Charakter[41]. Sie gibt uns ein frühes Signal über die Bereitschaft der bei Zeuss Husum beschäftigten Menschen, sich für die nachhaltige Positionierung unseres Unternehmens durch persönliches Engagement einzusetzen. Dass sich aus der gezielten Weiterbildung und der Umsetzung ihrer Ergebnisse in konkrete Maßnahmen ein Impuls auf die Zeuss'sche Marktstellung ergibt, ist zwar nur eine Annahme – ein Glaubenssatz, wenn ihr so wollt. Aber die Annahme erscheint uns plausibel; und die Praxis wird es erweisen.

Für die Steuerung von Prozessen sind passive Faktoren kontraproduktiv. Sie berichten, was war und nicht was sein wird. Aus der Vergangenheit heraus einen Prozess zu steuern, ist etwa ebenso sinnvoll wie ein Auto ausschließlich durch den Blick in den Rückspiegel zu lenken.

Für die Berichterstattung an Prozessexterne sind hingegen aktive Faktoren kontraproduktiv. Sie verleiten Menschen dazu, über Zusammenhänge zu entscheiden, die sie nicht kennen bzw. von denen sie nicht betroffen sind."

---

[41] Die hier angeführte Unterscheidung entstammt dem Konzept der sogenannten „Vester-Matrix" – vgl. Vester, F. (2008), S. 229 ff.; im betriebswirtschaftlichen Kontext werden aktive Faktoren auch oft als „weich" bezeichnet und passive Faktoren als „hart".

An dieser Stelle schaltete sich Gerhard ein. „Du bist gerade dabei, das Kind mit dem Bade auszuschütten. So schwarz-weiß laufen die Dinge nicht. Natürlich hast Du zwei wichtige Aspekte genannt. Aber wir dürfen nicht vergessen, dass auch die Prozesssteuerer die von Dir ‚passiv' genannten Informationen benötigen, um aus den Ergebnissen ihrer Arbeit lernen und Verbesserungspotenziale ableiten zu können. Und was Dein Beispiel betrifft: Es hat noch keinem Autofahrer geschadet, ab und an in den Rückspiegel zu schauen.

Umgekehrt benötige ich als Prozessexterner auch Informationen über den Prozessverlauf, damit ich nicht von Ergebnissen überrascht werde, die signifikant von unseren Erwartungen abweichen. Du hast es doch selbst immer wieder betont: Ein Controller ist nicht verantwortlich für die Abweichungen; aber er ist verantwortlich dafür, dass es keine unangekündigten Abweichungen gibt. Denn von Extremfällen abgesehen, lassen sich Entwicklungen frühzeitig genug bemerken, wenn wir über sensible Indikatoren mit plausiblen und möglichst erprobten Annahmeketten verfügen. Dein Weiterbildungsbeispiel sagt doch genau das aus.

Vielleicht sollten wir uns bei geeigneter Gelegenheit mit dem EFQM-Modell für Exzellenz befassen, das ‚aktive' Frühindikatoren (Befähigerkriterien) und ‚passive' Spätindikatoren (Ergebniskriterien) in ausgewogener Weise miteinander verbindet[42]."

Constanze schwieg einen Moment, nickte ihm zu und wandte sich dann der zweiten Anforderungsposition in dem erarbeiteten „Fragekatalog für Kennzahlen" zu.

• „Ist der Aufwand für die Erarbeitung der Kennzahl dem Nutzen der Entscheidung angemessen?

Hier geht es vor allem darum, dass wir nicht ‚mit dem Schinken nach der Wurst werfen'. Wenn ein Bauer seine Kartoffeln vom Feld holt, wird er das Gewicht des beladenen Hängers nicht mit einer Präzisionswaage auf ein Milligramm genau erfassen. Ihm reicht die Angabe in Zentnern. Er käme nicht einmal auf die Idee, dafür eine Präzisionswaage einzusetzen.

---

[42] EFQM = European Foundation for Quality Management; über das EFQM-Modell für Exzellenz und das daran geknüpfte RADAR-System zur Bewertung der systemischen Verknüpfung von Befähigern und Ergebnissen vgl. DGQ (2003).

Bei Kennzahlen sind wir nicht so streng. Das ist bei den meisten Unternehmen so und auch bei Zeuss Husum nicht anders. Wir fragen oftmals nicht einmal danach, was sie kosten.

Kennzahlen können einfach zu erfassen sein wie die ‚Ausschöpfung des Budgets für Fortbildung‘ in Verbindung mit der Nachverfolgung daran geknüpfter Maßnahmen.

Kennzahlen können aber auch sehr komplex sein wie z. B. die allseits so beliebten Indizes für Kunden- oder Mitarbeiterzufriedenheit. Dann müssen wir schauen, was diese Kennzahlen kosten und ob ihr Aufwand durch den Nutzen gerechtfertigt werden kann. Wenn wir für so einen Index umfangreiche Umfragen benötigen, die durch einen neutralen Dienstleister im Abstand von ein bis zwei Jahren durchgeführt wird, dann können wir auf diese Weise keine Prozesse steuern. Dafür wäre das ausgegebene Geld pure Verschwendung. Die Daten können allerdings für unsere Reputation von Gewicht sein. Dann kommt es auf die Botschaft an, die wir daran knüpfen und deren wirksamer Verbreitung. Wenn sie unsere Position im Beziehungsgeflecht der Märkte festigt oder verbessert, mag sie den Aufwand rechtfertigen. Dann ist jedoch der Index nur Mittel zum Zweck der Reputationspflege – und das muss auch so kommuniziert und entschieden werden."

Constanze machte eine kleine Pause. Sie hatte vergessen, die Auswahlkriterien an die Metaplantafel zu pinnen. Das holte sie jetzt nach. Dann kam sie zum dritten Kriterium.

• „Messen wir das, was Maß-geblich ist?

Dem Maß-geblichen ein Maß geben; das sollte immer unsere Intention sein. Und was maßgeblich ist, hängt davon ab, was wir entscheiden wollen. Also wenn ich einen Thermostaten einsetze um einen Heizkörper zu steuern, werde ich nicht den Luftwiderstand im Raum messen, sondern die Temperatur. Das erscheint ganz selbstverständlich. Bei Kennzahlen gilt das scheinbar nicht.

Das liegt oft daran, dass wir einerseits die Geschäftsprozesse zu wenig kennen. Daher wissen wir nicht, welche Parameter für ihre Steuerung wesentlich, also maß-geblich sind. Meist behelfen wir uns mit Finanzkennzahlen, die entweder die tatsächliche Prozessleistung nicht widerspiegeln – bei unseren Entwicklern wären das statt einer finanziellen Größe über die Kapitalverwertung bspw. die ‚Anzahl der Projekte in der Pipeline‘ und ihr ‚Reifegrad nach Entwicklungsstufen‘.

Oder wir kaprizieren uns auf reine Kostengrößen und negieren damit die Leistung völlig bzw. reduzieren sie auf die Einhaltung des Budgets. Das wird sich mit der Veränderung unserer Kostenrechnung zum Besseren wenden. Darüber bin ich sehr froh.

Andererseits wissen wir bei den Kennzahlen selten, was der Empfänger wirklich braucht und welche Botschaft wir ihm übermitteln wollen. Von der Botschaft hängt ab, was maßgeblich ist – oder wie der Volksmund sagt: ‚Der Wurm muss dem Fisch schmecken, nicht dem Angler.' Sonst degeneriert die übermittelte Kennzahl zu einem bloßen Datum, mit dem kein Mensch etwas anfangen kann. Bestenfalls ignorieren wir sie; leider entsteht oft Desinformation. In jedem Fall führt es zur Verschwendung von Ressourcen – sowohl für die Datenerstellung als auch für den Empfänger.

Das diesbezügliche Verbesserungspotenzial bei Zeuss Husum dürfte sehr groß sein. Kommen wir nun zum vierten Kriterium.

• Haben wir eine klare Vorstellung, was wir mithilfe von Kennzahlen entscheiden wollen?

Eigentlich müsste uns klar sein, was wir entscheiden wollen. Wir haben eine Strategie, die im Kern auf Kooperation setzt und der daraus zu gewinnenden Einzigartigkeit im Bereich der Schiffsantriebssysteme. Wir haben das Super-Boss-Prinzip der Verkettung von jeweils nur zwei Ebenen, um die Komplexität für die Führungskräfte in Grenzen zu halten. Aber wir haben keine eindeutig geregelten Verantwortlichkeiten. Daher wissen wir nur sehr unscharf, d. h. mehr aus dem Bauch heraus, wer was zu entscheiden hat. Ich glaube, dass die Überflutung mit Kennzahlen auch damit zu tun hat. Wir können zu wenig abgrenzen, wer für seine Entscheidung welche Information benötigt. Mit dem internen Marktprinzip unserer neuen Kostenrechnung wird sich das verbessern, weil zukünftig die Versorgung mit Kennzahlen auf Vereinbarungen beruht.

Dennoch werden wir uns der eindeutigeren Adressierung von Verantwortung noch widmen müssen. Das haben wir uns ja auch vorgenommen[43].

Neben dem Aspekt der Verantwortungszuordnung ist es auch hilfreich, zwei inhaltlich verschiedene Gruppen zu betrachten:

---

[43] Mehr dazu s. Kapitel 7.

- Was halten wir für erforderlich, weil wir es fördern wollen?

Fördern wollen wir die Kooperationsfähigkeit in den Bereichen und zwischen ihnen. Die vorhin als Beispiel angeführten Weiterbildungsaktivitäten sollten sich also im Kern um diese Aufgabe ranken. Außerdem haben wir die Orientierung unseres strategischen Hauses. Wir wollen tun, was unser Haus festigt und lassen, was nicht hineinpasst oder die Mauern sprengt.

Also brauchen wir Kennzahlen, die als Indikator für diese strategische Passfähigkeit dienen. Mit den Balanced Scorecard-Kennzahlen wurde da schon ein Anfang versucht. Aber wie bei jedem Versuch werden wir zu beobachten haben, ob die Lösung für die Entscheidungsfindung ausreichend ist. Ich bin mir sicher, dass wir in dieser Hinsicht noch über viel Verbesserungspotenzial verfügen. Vor allem nutzen wir sicherlich noch viel zu viele Kennzahlen, die mit unserem Haus eigentlich nichts zu tun haben. Sind die wirklich alle erforderlich? Wie sagten doch unsere BSC-Moderatoren? – ‚Strategie bedeutet immer auch zu entscheiden und durchzusetzen, was wir <u>nicht</u> tun wollen. Diese Entscheidung fällt meistens wesentlich schwerer als die Formulierung der Strategie selbst. ‘

- Welche Kennzahlen sind notwendig?

Schon der Begriff weist darauf hin, dass wir bestimmte Informationen benötigen, weil wir eine ‚Not wenden‘ müssen oder bei zu geringer Achtsamkeit in Not geraten würden. Vieles, was wir so als ‚notwendig‘ bezeichnen, dürfte diesem Anspruch nicht genügen.

Warum z. B. führen wir Kostenstellen mit entsprechenden Kennzahlen, für die es keinen Verantwortlichen gibt, der etwas zu entscheiden hat? Warum untergliedern wir Kostenarten im Verwaltungsbereich so deziert, dass wir Verbrauchskennzahlen von weniger als 1.000 € im Jahr ausweisen; ist das notwendig? Welche Not würde entstehen, wenn wir das nicht mehr tun?

Im Gegensatz dazu führen wir die Materialverbräuche mit einer Ungenauigkeit, die in manchen Positionen 1 Mio. € pro Jahr übersteigt. Wäre es nicht notwendig, hier genauer hinzuschauen? Lassen wir doch das verschwenderische Budgetgehabe um die Kennzahlen bei den vielen Kleinpositionen und nutzen die dadurch frei werdende Energie lieber, um die wirklich großen Verbesserungspotenziale zu heben.“

„Kleinvieh macht auch Mist", warf Marianne Noumos ein. Sie fühlte sich von Constanze angegriffen. „Das ist ja alles richtig", entgegnete Constanze sofort. „Ich kenne die Sprüche doch auch: ‚Wer den Pfennig nicht ehrt, ist den Taler nicht wert'. Aber ehren wir den Pfennig bzw. Cent wirklich, wenn wir für den günstigsten Papiereinkauf im Jahr etwa 800 € sparen, aber die Drucker dadurch stärker verschmutzen und nicht so lange halten? Die Mehrkosten für frühere Ersatzinvestitionen übersteigen die Einsparungen um ein Mehrfaches. Oder lohnt eine Mahnung, die uns etwa 25 € kostet, um einen Fehlbetrag von 10 € einzutreiben?

Oder was kostet uns der Formularkrieg um die Beschaffung geringwertiger Wirtschaftsgüter? Ausfüllen, Bearbeiten und Genehmigen stehlen uns im Jahr um die 3.000 Stunden, also ungefähr 180.000 €. Wer will mir erklären, warum bei einem Gesamtbestand an geringwertigen Wirtschaftsgütern von etwas mehr als 350.000 € ein solcher Aufwand notwendig ist? Und wir bestimmen und verfolgen dafür auch noch Kennzahlen; das habe ich in die Verschwendung bisher gar nicht hinein gerechnet. Also wir sollten so manche eingefahrene ‚Notwendigkeit' schon hinterfragen und schauen, ob deklarierte Sparsamkeit zum Schluss nicht eher Verschwendung bedeutet.

Die Verschwendung ist jedoch nur eine Seite des Problems. Das könnten wir wahrscheinlich schnell lösen. Die größere Herausforderung ist für mich die Orientierung, die von unseren Kennzahlen ausgeht: Lenken wir unsere Kraft auf das Kleinvieh und jammern dann, dass uns für eine effiziente Materialverbrauchssteuerung Zeit und Geld fehlen? Oder konzentrieren wir uns auf die großen Aufwandspositionen und nehmen dafür beim Kleinvieh etwas mehr Unschärfe in Kauf? Natürlich sollten wir beides tun. Aber wenn wir beides zumindest für einen bestimmen Zeitraum nicht gleichzeitig können, müssen wir uns entscheiden. Mit unseren Kennzahlen signalisieren wir, welchen Entscheidungen wir einen höheren Wert beimessen. Weil es uns wert ist, darauf die Aufmerksamkeit der Führungskräfte zu lenken.

Ich fürchte, dieser Aspekt der Wertschätzung ist den meisten bei Zeuss Husum nicht geläufig. Das kostet uns viel Geld oder besser ausgedrückt: Da liegt ein großer Schatz begraben. Es ist an uns, ihn zu heben."

Constanze atmete tief durch und Gerhard regte eine kleine Pause zum Verschnaufen an. Der Fragenkatalog wirkte auf den ersten Blick ziemlich komplex. Das wurde in der Pause auch heftig diskutiert, obwohl ja eigentlich alle verschnaufen wollten. Sie waren sich zwar bewusst, dass sie diesen Katalog gemeinsam erstellt hatten. Aber so kompakt mit den eigenen Ergebnissen konfrontiert, war ihnen doch ein wenig flau im Magen. Deshalb brachte Gerhard im Plenum das eben gehörte noch einmal auf den Punkt:

„Wir müssen das nicht komplizierter machen als es ist; zum Schluss reduziert sich unser Katalog auf drei einfache Punkte:

- Ist dem Empfänger <u>verständlich</u>, was er mit der Kennzahl anfangen, welche Frage er mithilfe der Kennzahl beantworten soll?

- Ist die Kennzahl für den Empfänger <u>handhabbar</u>, weil die Frage maßgeblich und der Aufwand für die Antwort angemessen erscheinen?

- Ist die Kennzahl <u>bedeutsam</u>, weil die Antwort zu einer für den Empfänger notwendigen oder erforderlichen Entscheidung führt?

Verständlich, handhabbar, bedeutsam – das sind die drei Kriterien, die darauf Einfluss haben, ob eine Situation, eine Aufgabenstellung oder eben eine Kennzahl für uns stimmig ist oder nicht (s. Abb. 26):

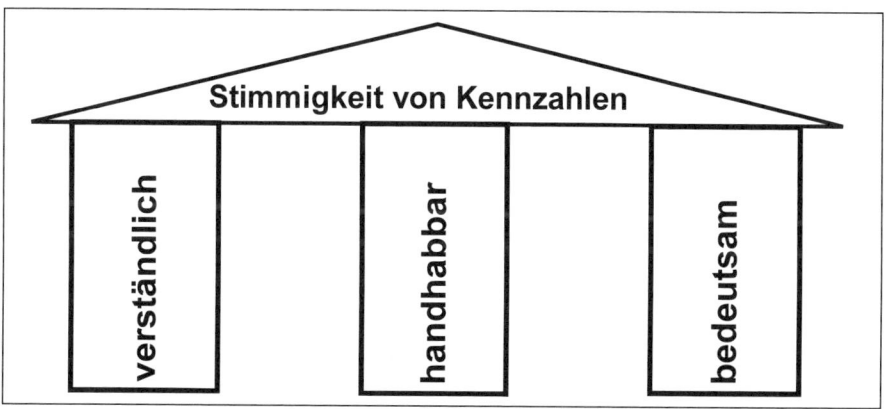

Abb. 26: Das Kohärenz-Modell[44]

Auf die Stimmigkeit – manche sprechen auch von Kohärenz – werden wir zukünftig stärker achten."

Danach wandte sich die Runde der zweiten Ausprägung von Wertschätzung zu – der Wertschätzung des Kunden, durch uns und für uns.

---

[44] Gestaltet nach Antônôvsqî, A./Franke, A. (1997).

4.3.2 Der Preis – die Wertschätzung von Kunden und Lieferanten

„Ich will einmal einen Glaubenssatz formulieren: Der Preis ist ein Maß für die Wertschätzung des Verkäufers durch den Kunden", warf Immanuel trocken ein und verblüffte damit alle erneut. „So kann nur einer reden, der nie selbst Preise verhandelt hat", erboste sich Gunther Nieda. „Wir stehen unter einem enormen Verhandlungsdruck. Die Wettbewerber schlafen nicht, und die Kunden wissen das. Sie spielen uns gegeneinander aus. Wenn wir im Preis nicht mithalten können, sind wir draußen. Da geht es nicht um Wertschätzung, da geht es knallhart zu." Gunther war rot angelaufen. Das ging gegen seine Ehre.

„Nun beruhige Dich mal wieder", besänftigte ihn Immanuel. „Es hat Dich doch niemand angegriffen. Jeder hier weiß, was Dein Bereich leistet und was Zeuss Husum Euch zu verdanken hat. Ich verstehe nur eines nicht. Warum redest Du von unseren Kunden, als wären sie unser Feind, der nur darauf aus ist, uns zu schwächen?"

Für einen Moment entstand eine kleine Pause. Gunther war noch immer erregt und schwieg. Also fuhr Immanuel in seiner bedächtigen Weise fort. „Es geht mir gar nicht vordergründig um den Vertrieb. Der kann doch nur auf dem aufbauen, was wir anderen Zeussianer ihm an Produkten und Leistungen bieten. Mir geht es vor allem um die Haltung, die wir gegenüber dem Kunden einnehmen; und da fange ich zuerst bei meinem eigenen Bereich an.

Wir entwickeln für unsere Kunden immer wieder neue Ideen. Aber unser Wissen um die Bedürfnisse der Kunden, um ihre Werte, um ihre konkreten Nutzenpotenziale ist erschreckend niedrig. Wer von uns hat denn schon einmal für einige Wochen oder wenigstens für ein paar Tage bei unseren wichtigsten Partnern gearbeitet und kennt deren Wertschöpfungsprozesse aus eigener Anschauung? Welche Ingenieure unserer Kunden kennen Mitarbeiter aus meinem Bereich? Wissen wir, welche Komponenten unserer Produkte bei unseren Kunden einen besonderen Nutzen stiften? Wenn wir nur halb so viel Kraft in die Zielkostenplanung stecken würden wie in die traditionelle Kostenrechnung, wären wir schon ein wesentliches Stück weiter. Und wenn ich mir die anderen Bereiche von Zeuss Husum so anschaue – mit Ausnahme des Vertriebs – gilt das ganz genauso. Also alles in allem: Wir schmoren immer noch viel zu sehr im eigenen Saft, haben den kundenbezogenen Nutzen nicht wirklich im Visier, seinen Fokus auf unser Angebot.

Wie sollen wir da eine besondere Wertschätzung beim Kunden gewinnen, die sich gegenüber dem Wettbewerb in einer geringeren Preissensibilität niederschlägt? Es ist also keine Frage des Vertriebs, sondern eine Frage von Zeuss Husum als ganzes Unternehmen, ob der Preis oder der Nutzen für den Kunden im Vordergrund steht. Nur in diesem Sinne habe ich davon gesprochen, dass der Preis ein Maß für die Wertschätzung des Verkäufers durch den Kunden ist."

Inzwischen hatte sich Gunther wieder gefangen und schaltete sich in das Gespräch ein. „So hat das ja schon einen anderen Klang. Darüber sollten wir uns in der Tat eingehender unterhalten. Das Treffen heute kann dafür nur den Auftakt bilden. Wir sollten uns regelmäßig treffen und eine strategische ‚Wertschätzungsgruppe' ins Leben rufen. Zumindest teilweise wäre es sinnvoll, dass wir dazu auch unsere wichtigsten Kunden einladen. Ich könnte mir folgende Punkte vorstellen, die dabei im Mittelpunkt stehen:

- Wie verändern wir die gegenwärtige Kundenorientierung bei uns – weg vom bisherigen Denken, dass der Vertrieb ‚aktiv' zu verkaufen hat, was wir bereitstellen; hin zu einem neuen Ehrgeiz, gutes Geld mit dem zu verdienen, was unseren Kunden einen besonderen Mehrwert bietet? Dazu müsste jeder Mitarbeiter sagen können, was er zu diesem Kundenmehrwert an spezifischer Leistung beitragen kann.

- Wie organisieren wir einen regelmäßigen und wechselseitigen Erfahrungsaustausch mit den Spezialisten unserer wichtigsten Kunden, damit wir wissen, wie deren Wertschöpfungsprozess in allen Bereichen funktioniert und wo tatsächlich ein Mehrwert entstehen kann? Kann das vielleicht auch ggf. mehrwöchige Aufenthalte beim jeweils anderen einschließen?

- Wie binden wir die Kunden möglichst früh in unsere Entwicklungsideen ein und erreichen so im Gegenzug, dass sie uns frühzeitig bei ihren eigenen Innovationen einbeziehen?

- Wie kombinieren wir den verstärkten Einsatz der Zielkostenplanung mit der Bestimmung von Preiskorridoren entlang des gesamten Lebenszyklus' unserer Produkte und Leistungen in Abhängigkeit zur Nutzenkurve bei unseren Kunden?

- Wie qualifizieren wir unsere Verkäufer, dass sie besser über den Nutzen der Kunden informiert sind und einen tiefen Einblick gewinnen können in deren Wertschöpfungsprozesse? Was kann die Entwicklung, die Forschung, die Fertigung, das Rechnungswesen etc. durch eigene Kontakte dazu beitragen?

• Wie stellen wir sicher, dass alle Zeussianer mit Kundenkontakt unser verändertes Systemangebot so verstehen, dass sie den daraus entstehenden Anwender-Nutzen mit Begeisterung erklären können? Wie verändern wir unsere interne Kommunikation so, dass wenigstens die Mitarbeiter bei uns wissen, was für tolle Produkte und Leistungen wir bieten? Dass sie stolz sein und das auch zeigen können? Wie sollen wir Kunden begeistern, wenn wir selbst nicht begeistert sind? Und: welche unserer Mitarbeiter haben eigentlich keinen Kundenkontakt?"

Die Runde war beeindruckt. So konstruktiv über den Tellerrand schauen – das hatten sie zwar angestrebt seit den BSC-Workshops. Doch nun hatte Gunther ihnen praktisch demonstriert, in welche Richtungen man dabei denken muss. Er hatte aufgezeigt, dass strategische Preispolitik keine isolierte Frage von Marketing oder Vertrieb darstellt, sondern alle Bereiche des Unternehmens einschließt – der Vertrieb und seine Verkaufsverhandlungen sind nur ein Aspekt, der zwar wichtig aber allein nicht entscheidend ist. Wer die Wertschätzung seiner Kunden will, muss das ganze Unternehmen darauf einstellen. Erst wenn das gelingt, wird auch bei den Kunden der Nutzen wie selbstverständlich im Vordergrund stehen können und nicht der Preis. Die vielleicht wichtigste Botschaft von Gunther lag wahrscheinlich genau darin:

Der Preis ist keine Frage der Verhandlung zwischen Verkäufer und Einkäufer. Er ist eine Frage der täglichen Beziehungen aller Menschen im Unternehmen mit dem Kunden.

Gerhard griff den Faden auf. „Bei Zeuss Husum ist das offensichtlich nicht so klar. Meist reduzieren sich die Beziehungen zu unseren Kunden auf die Kontakte ein paar weniger Verkäufer von uns mit den Einkäufern der anderen Seite. Die Menschen der übrigen Bereiche und Abteilungen bleiben außen vor. Dabei wird verkannt, dass die Entwicklung wechselseitiger Wertschätzung möglichst vielfältige Beziehungen erfordert. Das werden wir ändern."

„Hinzu kommt die Achtsamkeit für Konditionen und Bindungen." Gunther meldete sich wieder zu Wort. Allmählich war er in Fahrt gekommen und fühlte sich ernst genommen, wie schon lange nicht mehr. „Wenn wir hier zu vorschnell automatisieren – z. B. durch Verlagerung aller formalen Prozesse ins Internet –, dann werden wir beliebig oder erringen nur kurzfristig einen

Vorteil. Kundenbindung erfordert persönliche Beziehungen. Niemand baut ein herzliches Verhältnis zu seinem Computer auf. Das schließt die Absprache von Konditionen ein. Dabei sollten wir nicht vergessen, dass Konditionen einen wesentlichen Teil der Preispolitik ausmachen – oftmals sogar den gewichtigeren.

Die persönlichen Beziehungen können durch elektronische Hilfsmittel gefördert werden. Das funktioniert aber nur dann, wenn von Anfang an klar ist, dass die Elektronik nicht an die Stelle der Person tritt. Wer hier Personalkosten spart, setzt schnell seine Einzigartigkeit aufs Spiel. Ist die persönliche Kundenbindung erst einmal unterbrochen, kann sie schnell ganz zerbrechen. Wenn wir dann noch berücksichtigen, dass wir bei Zeuss in den letzten Jahren für die nachhaltige, also über mehrere Bestellzyklen haltbare Erschließung eines neuen Kunden im Schnitt ca. 70 T€ ausgegeben haben, dann beträgt der Schaden ein Mehrfaches der unbedachten Personalkosteneinsparung. Wir sollten uns daher zur Regel machen: Ohne Not geben wir bei Zeuss Husum eine persönliche Kundenbindung nicht auf. Und die Not müsste schon existenzbedrohend sein, ehe wir den Ast absägen, auf dem wir sitzen."

„Wir sollten auch hier nicht zu einseitig argumentieren", Gerhard wollte Gunthers Aussage nicht so stehen lassen. „Es gibt schon heute Angebote im Internet, die sehr individuell auf die Eigenheiten und Wünsche der individuellen Nutzer eingehen – jeder kennt Amazon. Da ist die Entwicklung ziemlich weit vorangeschritten. Natürlich ist das eine andere Art persönlicher Beziehungen; und man braucht dafür entsprechende Systeme und eine Menge Erfahrung. Das Wichtigste aber: Es ist ein anderes Geschäftsmodell. Wir dürfen also nicht von vornherein webbasierte Entwicklungen ausschließen oder sie für unmöglich erklären. Wir sollten allerdings alle Ideen auf ihre Passfähigkeit zu unserem Geschäftsmodell prüfen. Aus dieser Sicht heraus gebe ich Dir Recht. Unser Modell setzt auf die unmittelbaren Beziehungen. Das ist unsere Aufgabe und – wie die Diskussion zeigt – eine riesige Herausforderung."

„Im Übrigen geht es bei unseren Lieferanten um sehr ähnliche Fragen", warf Lasse ein. Er hatte schon mehrfach angesetzt, war aber bisher nicht zu Wort gekommen. „Hier sind zwar auf den ersten Blick die Seiten vertauscht, doch nur scheinbar. Wie Constanze schon mehrfach erwähnt hat, verkauft der Vertrieb ja nicht nur unsere Produkte und Leistungen. Er kauft zugleich unsere Kaufkraft ein. Und der Einkauf beschafft nicht nur Ressourcen. Er verkauft unsere Kaufkraft. Wir müssen daher auf beiden Seiten entscheiden, ob für uns der Nutzen oder der Preis im Vordergrund stehen soll bzw. wie wir eine sinnvolle Balance erreichen. Davon geht das Signal aus, worauf wir Wert legen, worauf wir unsere Wertschätzung fokussieren. So wie wir bei unseren wichtigsten Kunden der bevorzugte Lieferant (preferred supplier) sein wollen, sollten wir für unsere strategisch relevanten Zulieferer der bevorzugte Kunde (preferred customer) sein. Weil unsere Kernkompetenz davon beeinflusst wird. Auch das ist eine Frage der Wertschätzung."

Marianne pflichtete ihm bei. „Wir beginnen doch gerade sowieso alle zu lernen, uns im wechselseitigen Einkauf und Verkauf zu bewegen. Mit dem Übergang auf verhandlungsbasierte Verrechnungspreise unseres internen Marktes schaffen wir eine gute pragmatische Grundlage für eine Preispolitik, die auf dem Anwendernutzen und daraus entspringender Wertschätzung des Kunden für den Verkäufer beruht. Letztlich geht es ja um wechselseitige Wertschätzung über die gesamte Wertschöpfungskette. In diesem Sinne sollte unsere Preisbildungspolitik den Zusammenhang von Einkauf, interner Verrechnung und Verkauf gestalten und eng mit dem Lieferkettenmanagement (Supply Chain Management) verbunden werden."

So wurde es beschlossen: Die Preispolitik würde zukünftig die Verflechtung der Wertschöpfungspotenziale der strategischen Zulieferer, der internen Zeuss-Bereiche und der wichtigsten Kunden als Aufgabenstellung betrachten. Dazu sollte die von Gunther Nieda vorgeschlagene Arbeitsgruppe als eine Art Beratungsgremium der Geschäftsführung gebildet und von Lasse Krämer koordiniert werden.

Inzwischen war es später Nachmittag geworden. Ein Aspekt der von ihnen herausgearbeiteten Ausprägungen von Wertschätzung war noch offen: Wie gehen wir mit unseren Mitarbeitern um? Gerhard wollte diesen Punkt eigentlich erst am kommenden Tag behandeln. Doch Margit Alwys bat darum, das von ihr entwickelte neue Entgeltmodell vorstellen zu dürfen. Das würde genau zum Thema passen, und es wäre doch gut, mit der Diskussion ihrer diesbezüglichen Vorstellungen nicht mehr zu lange zu warten. Damit das neue Entgeltmodell möglichst noch in diesem Jahr beschlossen werden könnte. Alle waren einverstanden. Nach einer kleinen Pause ging es weiter.

4.3.3   Der Lohn

Lasse hatte heute Lust auf Sticheleien. Seit einiger Zeit war er das erste Mal wieder einen ganzen Tag mit Constanze zusammen. Er hatte ihre Beziehung noch längst nicht ad acta gelegt. Und so mischte sich innere Anspannung mit etwas Zynismus und dem instinktiven Drang, auf sich aufmerksam zu machen. Deshalb ergriff er gleich nach der Pause das Wort, um Margit ein wenig zu provozieren:

„Wenn man von Wertschätzung der Mitarbeiter spricht, kommt die Diskussion ja immer sehr schnell zur Gleichsetzung des Wertvollen mit dem Geld, das jeder für seine Arbeit erhält. Demgemäß muss Engagement nur ausreichend bezahlt werden. Aber inwieweit Geld mich interessiert, hängt ja nicht nur davon ab, wie viel ich bekomme, sondern auch, wie viel ich wofür ausgebe.

Wenn ich großen äußeren Finanzierungsdruck habe, brauche ich Geld – aber nicht wegen der Arbeit, die ich verrichte, die ist mir dann ziemlich egal, Hauptsache sie bringt Kohle. Ist das Engagement?

Wenn ich keinen äußeren Finanzierungsdruck verspüre und mein Einkommen für ein Leben, wie ich es mir vorstelle, ausreicht, ist ein Mehr an Geld nicht mehr so prickelnd. Warum soll ich meine Kraft und meine Zeit investieren für etwas, was ich gemessen an meinen Bedürfnissen ausreichend habe. Wird Freizeit für mich dann nicht wesentlich wertvoller als bezahlte Arbeit?

Und schließlich – wenn das Geld der einzige Wert bleibt, der die Arbeit attraktiv erscheinen lässt, wird es schnell zum Preis für den Frust, den ich ansonsten ertragen muss. Frust aber ist nicht der Boden, auf dem Engagement gedeiht. Warum also gehört Dein Entgeltmodell zum Thema Wertschätzung für die Mitarbeiter?"

Margit stutzte einen Moment, ließ sich aber nicht aus dem Konzept bringen. „Schau Dir mein Modell doch erst einmal an, dann kannst Du immer noch meckern." Sie heftete ein Bild an die Pinwand und fing an (s. Abb. 27):

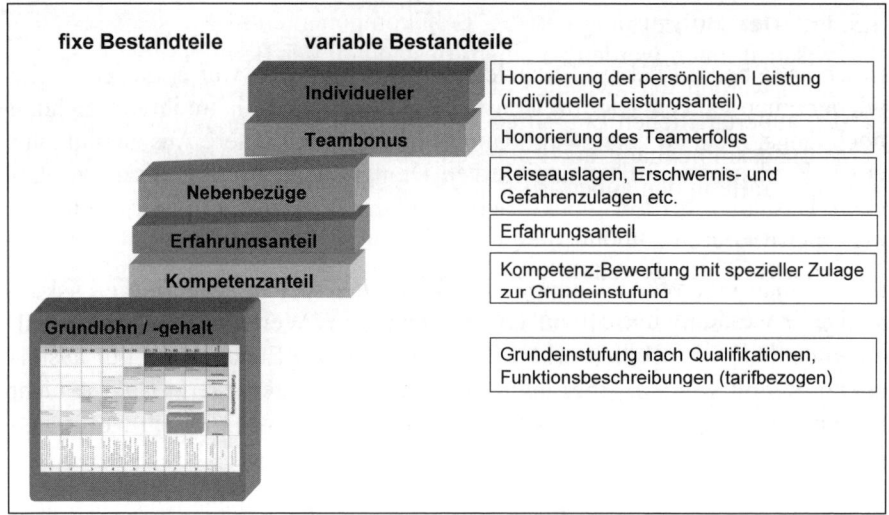

Abb. 27: Das neue Entgeltmodell[45]

„Lohn und Gehalt mögen ja primär der Finanzierung des Lebens außerhalb von Zeuss Husum dienen. Aber die Menschen haben schon ein feines Gefühl dafür, ob sie sich angemessen bezahlt fühlen für das, was sie tun. Insofern reicht ein Entgeltmodell alleine nie aus, um zielgerichtetes Engagement zu erreichen – schon weil es keine Ziele setzt, sondern bestenfalls Ziele unterstützt. Doch es ist ein Instrument – und nicht das Unwichtigste, um die Menschen auf Ziele auszurichten. Vor allem aber sagt die Art der Entlohnung viel darüber aus, was uns wertvoll erscheint und was nicht. Neben der Bezahlung hat die Entlohnung daher immer auch eine Signalwirkung. Es liegt an uns, für welche Signale wir das Instrument nutzen.

Deshalb hat mein Bereich ein Modell entwickelt, das neben einem fixen Grundlohn, semi- bzw. voll-variable Komponenten enthält, mit denen wir die individuellen Besonderheiten, Entwicklungsmöglichkeiten und Leistungsbeiträge berücksichtigen können. Wir haben dabei Constanzes Beziehungen zu einem Wiener Kollegen genutzt, der uns wertvolle Hinweise zur Strukturierung des Modells gegeben hat.

Das Modell soll als mehrjähriges Stufensystem nach folgendem Schema gestaltet werden[46]:

---

[45] Gestaltet nach Prof. Smeryczanski, GPM Wien (Praxisbeispiel).

- Die konkrete Ausprägung der Lohnkomponenten sowie der Gewichte zwischen ihnen werden zu einem Bestandteil der Betriebsvereinbarung[47]. Dabei werden wir zwischen dem tarifvertraglich geregelten Bereich und den außertariflichen Entgeltregelungen differenzieren. Wir wollen in diesem Zusammenhang auch anregen, einen größeren Anteil unserer Führungskräfte in den außertariflichen Status zu übernehmen.

- Der variable Teambonus und die individuelle Leistungskomponente werden mehrjährig gestaltet (nach unserem jetzigen Ansatz über 3 Jahre).

- Dafür werden wir einen entsprechenden Pool für teambezogene und individuelle Bonuszahlungen bilden.

- Die Einzahlungen in den Pool erfolgt auf der Grundlage individueller Zielvereinbarungen (z. B. in Abhängigkeit vom erwirtschafteten Innovationsbeitrag).

- Die Veränderung der Bezugsgrößen (Zuwachs oder Rückgang) haben eine stärkere Wirkung auf die Einzahlung in den Pool als die absoluten Beträge. Damit soll nachhaltigen Verbesserungen der Vorrang gegenüber kurzfristigen Strohfeuern gegeben werden.

- Negative Veränderungen der Bezugsgrößen können den Poolbestand verringern.

- Jährlich wird jeweils ein Drittel des Pool-Bestands ausgezahlt. Wer von sich aus kündigt, verliert seinen teambezogenen Pool-Anteil.

Natürlich müssen wir den Ansatz noch einmal rechtlich abprüfen. Jetzt soll erst einmal der Gedankenansatz zur Diskussion gestellt werden.

Außerdem haben wir in vorausschauendem Gehorsam die Anregungen von Lasse bereits aufgegriffen." Margit musste schmunzeln, ob ihrer kleinen Replik; auch die anderen in der Runde konnten sich ein Lächeln nicht verkneifen. Dann setzte sie fort.

---

[46] Die folgenden Punkte greifen Ideen der NRI GmbH, Buxtehude auf, die im Rahmen der 4. CIB Controlling Innovation Berlin des Internationalen Controller Vereins am 4.9.2004 vorgestellt wurden; vgl. Jockel, S. (2004).

[47] Der Grundaufbau entspricht dem 2003 erstmalig in Baden-Württemberg vereinbarten Entgelt-Rahmentarifvertrag (ERA-TV) mit seinen Bausteinen Grundentgelt, Belastungszulage, Leistungsentgelt; vgl. Schlack, M. (2008), S. 331 ff.

„Lohn und Gehalt sind eine wichtige, aber nicht die einzige Form der Anerkennung von Leistung. Deshalb wollen wir unser Modell einbetten in ein systematisches Fördersystem:

- Kanon der kleinen Aufmerksamkeiten

Wir müssen unsere Fähigkeiten entwickeln, achtsam zu sein für die täglichen Leistungen. Ein kurzes Schulterklopfen, eine anerkennende Geste wie bspw. ein erhobener Daumen, ein aufmunterndes „gut gemacht" und vor allem ein freundliches Lächeln oder ein entspannendes Lachen – es gibt viele Möglichkeiten, Anerkennung zu zeigen. Und nichts befördert gegenseitige Wertschätzung mehr, als authentische Achtsamkeit für die Anderen im Alltag. Manchmal ist es auch nur das Vorbeischauen und Guten-Tag-Sagen des Chefs, wenn er in der Nähe ist.

Unser Entgeltmodell sollte daher durch ein systematisches Verhaltenstraining ergänzt werden. Achtsamkeit kann erlernen, wer es nicht ohnehin im Blut hat. Aber daran geknüpfte Anerkennung ist eine Frage unserer Einstellung. Manche von uns sind durchaus achtsam – reagieren jedoch nur auf die kleinen Fehler und strafen sie ab oder spielen den Lehrmeister. Die Kunst besteht darin, das Selbstbewusstsein der Menschen so zu entwickeln, dass sie mit ihren Schwächen besser umgehen können, weil sie ihre Stärken ausspielen dürfen. Dabei spielt die unaufgesetzte und täglich im Kleinen spürbare Anerkennung eine große Rolle. Daran müssen wir arbeiten und uns immer wieder gegenseitig ermahnen, bis uns die Anerkennung im Kleinen selbstverständlich geworden ist.

- Erweiterung der Karrieremöglichkeiten

Wir haben bisher zu wenig Aufstiegsmöglichkeiten; und da wir schlanke Hierarchien anstreben, wird sich das auch bei fortgesetztem Wachstum nicht signifikant verändern – allerdings so ganz nebenbei bemerkt: Das sollte für unsere Führungskräfte bzw. den aufstrebenden Nachwuchs ein nicht zu unterschätzendes Argument für systematisches organisches Wachstum sein. Denn ab einem bestimmten Punkt entstehen bei aller Schlankheit dadurch doch immer auch neue Führungspositionen.

Dennoch reichen die zu vergebenden Positionen nicht aus, um jenes Potenzial an Führungsfähigkeiten zu entwickeln und praktisch zu nutzen, das wir für den Ausbau unserer Kooperationsfähigkeit benötigen. Dabei dürfen wir nicht vergessen, dass gerade für Menschen mit Führungsambitionen der erreichbare Status ein wichtiges Motiv ist. Nun mag man über das Statusmotiv und seine Berechtigung stundenlag streiten; das ist vergebliche akademische Liebesmüh. Wem dieses Motiv eigen ist, der hat es[48]. Wir können es nutzen, um Talente stärker an uns zu binden. Wir können es natürlich auch ignorieren oder sogar stigmatisieren. Dann erzeugen wir Frust mit all seinen negativen Begleiterscheinungen.

Ich bin dafür, es zu nutzen und schlage vor, neben der Führungskarriere noch zwei weitere Wege zu etablieren: eine Fachkarriere[49] und eine Projektkarriere[50]. Für beide Wege sollten wir einen Pool an Entwicklungskandidaten bilden mit entsprechenden Kompetenzanforderungsprofilen und Befähigungsprogrammen. Außerdem müssen wir dem Titel auch äußere Statusattribute verleihen wie höheres Entgelt oder besondere Arbeitsbedingungen.

• Bewertung des Mitarbeiterpotenzials

Ich will noch einen dritten Punkt anführen. Dann bin ich gleich fertig, und ihr könnt meine Konzeption zerreißen." Margit holte etwas Luft. Denn nun kam ein Teil, vor dem ihr noch etwas bange war bezüglich der Reaktion ihrer Kollegen. Dann setzte sie fort.

„Eines unserer größten Probleme bezüglich der Wertschätzung von Menschen im Unternehmen ist ihre Stigmatisierung als Kostenfaktor. Allen Sonntagsreden zum Trotz signalisieren wir mit unserer Bewertung des ‚Personalfaktors', dass sie das ausgewiesene Ergebnis des Unternehmens belasten. Deshalb wird es an der Zeit, dass wir einen einfachen Weg finden, ihr Potenzial für das Unternehmen zu bewerten und offen auszuweisen. Dann können wir deutlich machen, was uns an jedem einzelnen vom Unternehmen beschäftigten Menschen wertvoll ist.

Es gibt bereits viele Bewertungsansätze[51]. Zwei große Hindernisse stehen einer allgemeinen Konvention bisher im Wege: das Streben nach Objektivität und die Qualifizierung des zu bewertenden Mitarbeiters als Vermögenswert. Beides ist nicht zielführend.

---

[48] Vgl. Fuchs, H./Huber, A. (2002), S. 46 ff.

[49] Zum Konzept der Fachlaufbahn vgl. Geier, M./Rausch, A. (2008), S. 255 ff.

[50] Google bspw. hat ein großes Reservoire an ausgebildeten Projektleitern geschaffen, die sich für konkrete Vorhaben bewerben können. Ab einer bestimmten Größenordnung werden entsprechende interne Ausschreibungen durchgeführt, vgl. http://mediawiki.fhtw-berlin.de/wiki/Erfolgsstory_Google (und Verzweigungen).

[51] Eine Übersicht über 43 der „prominentesten betriebswirtschaftlichen Ansätze" zur Bewertung des „Human Capital" geben Scholz, C./Stein, V./Bechtel, R. (2004), S. 52 ff.

Zum einen lässt sich der Wert eines Menschen für ein Unternehmen nicht auf objektive Maßstäbe reduzieren. Es geht immer um seinen subjektiven Beitrag zum Unternehmenserfolg. Wir brauchen zwar <u>vergleichbare</u> Maßstäbe, aber die sind bestenfalls eine Konvention, zu der sich alle Anwender mit Augenmaß und Verantwortung bekennen müssen. Nun will ich hier keinen philosophischen Streit führen, ob eine allgemein anerkannte Konvention objektiv ist oder nicht. Wenn allerdings mit dem Begriff der ‚Objektivität‘ eine Entbindung des Bewertenden von seiner Verantwortung gemeint ist, dann wird es kontraproduktiv. Und solange die Spezialisten die Vorschläge der jeweils anderen mit dem Argument ‚mangelnder Objektivität‘ ablehnen, kommen wir auch zu keiner allgemein anerkannten Konvention.

Zum Zweiten ist ein Mensch kein Vermögenswert, den wir einkaufen und mit einem Preis versehen wie eine Ware. Selbst im Profifußball wird nicht der Spieler als Mensch eingekauft, sondern seine Fähigkeit, zum Erfolg einer Mannschaft beizutragen. Es geht um das <u>Potenzial</u> der Menschen, einem bestimmten Zweck zu dienen. Das macht seinen Wert z. B. für Zeuss Husum aus.

Ich möchte also einen ganz pragmatischen Vorschlag unterbreiten. Die Leistungsfähigkeit der Menschen in unserem Unternehmen lässt sich an vier Kriterien festmachen:

a) ihrer Grundqualifikation, dem Grad der Verantwortung und dem Leistungseinsatz – das bewerten wir durch unser Entgeltmodell;

b) dem Mehrwert für das Unternehmen, mit dem wir aufgrund ihrer Leistung rechnen;

c) ihrer individuellen Kompetenzentwicklung in Bezug auf das arbeitsplatzbezogene Anforderungsprofil – das können wir mithilfe eines Kompetenzerreichungsgrades prozentual erfassen; allerdings setzt das voraus, dass wir für alle Arbeitsplätze ein Anforderungsprofil erarbeiten und wenigstens jährlich im Rahmen der Mitarbeitergespräche erfassen, inwieweit die Mitarbeiter diesem Profil gerecht werden – bei den Führungskräften sind wir mit dieser Aufgabe bereits durch, aber insgesamt bleibt noch einiges zu tun;

d) ihren akkumulierten Erfahrungen – die sollten mit der Dauer der Betriebszugehörigkeit wachsen.

Zugegebenermaßen sind die Kriterien nicht umfassend. Das Entgelt mag nicht völlig adäquat Grundqualifikation, Verantwortung und Leistungseinsatz widerspiegeln; Ähnliches gilt für Kompetenzerreichungsgrad und Betriebszugehörigkeit. Aber die Kriterien haben den Vorteil, dass sie verständlich, einfach zu handhaben und für jeden im Unternehmen auf individuelle Weise bedeutsam sind. Sie genügen also dem Anspruch an Stimmigkeit. Das überwiegt in meinen Augen die Ungenauigkeiten, zumal mit der Dauer ihrer Anwendung auch die Übung und mit ihr die Schärfe der Einschätzung wächst.

Zusammenfassend schlage ich folgende Bewertungsformel vor:

$$Mp = E * Mw * K * B$$

Mitarbeiterpotenzial =
Entgelt * Mehrwert * Kompetenzerreichungsgrad * Betriebszugehörigkeit

Wir zeigen damit, was wir als wertvoll ansehen: Qualifikation, Übernahme von Verantwortung, zielbezogene Leistung (die einen Mehrwert für das Unternehmen bringt), arbeitsplatzbezogene Kompetenz und Bindung an unser Unternehmen. Ob die dabei entstehende Zahl ‚richtig' ist, vermag ich nicht zu sagen – ich bin sogar so vermessen, dass es mir gar nicht darauf ankommt, Recht zu haben. Viel wichtiger sind mir die Signalwirkung, die Stimmigkeit und die Vergleichbarkeit der Formel. Und dass sie uns dazu zwingt, auf die vier Kriterien mehr Aufmerksamkeit zu lenken. Wir werden an einer aggregierten Zahl für jeden Bereich und für Zeuss Husum insgesamt sehen können, ob wir das Potenzial unserer Mitarbeiter mehren oder nicht. Das wird für die Wertschätzung mehr Wirkung bringen als alle Lobhudeleien der letzten 40 Jahre zusammengenommen.

So Lasse, nun kannst Du mein Modell zerreißen."

Es war still, ganz ruhig. Lasse sagte kein Wort. Dann erhob sich Gerhard und schüttelte Margit die Hand. „Das hat mich beeindruckt. Die Einzelheiten muss ich mir noch anschauen und wir sollten den Ansatz breit diskutieren. Doch die Herangehensweise unterstütze ich voll. Das wird Zeuss Husum voranbringen. Es war gut, dass wir Dir die Zeit eingeräumt haben.

Für heute allerdings sollten wir nun wirklich Schluss machen. Wir wollen den tollen Eindruck nicht zerreden. Morgen früh können wir eine kleine

Fragestunde einlegen, ehe wir uns noch einem weiteren Aspekt der Wertschätzung zuwenden – der Achtsamkeit für unsere Chancen."

4.4   Auch chancenbezogene Achtsamkeit ist Wertschätzung

Am nächsten Morgen kamen sie wieder zusammen, diskutierten aber nur wenig über Margits Vortrag. Es ging um einige Detailfragen. Im Grundsatz stimmten sie mit dem Ansatz von Margit überein. Sie bekam den Auftrag, die Umsetzung ihres Modells in Angriff zu nehmen. Bis zum Ende des Jahres sollte es stehen.

Dann ergriff Gerhard das Wort, um zum nächsten Thema überzuleiten. „Lasst uns zum Thema ‚Achtsamkeit' kommen. Der Wert eines Unternehmens wird in hohem Maße dadurch bestimmt, wie flexibel wir mit Chancen und Gefährdungen umgehen können. Wie achtsam wir sind gegenüber den Menschen, ihren Beziehungen und den Dingen, die wir geschaffen bzw. erworben haben. Als Maß dafür wird häufig die Reaktionsfähigkeit gegenüber erkennbaren bzw. zu erwartenden Veränderungen gewählt – manche sprechen auch von Chancennutzung und Risikotragfähigkeit oder von Risikomanagement.

Das ist alles verständlich, dennoch würde ich ein anderes begriffliches Schwergewicht setzen: Chancen sind das, wonach wir suchen. Jeder will seine Chance haben. Risiken dagegen sind die Kehrseite jeder Chance. Sie werden negativ assoziiert und daher gerne aus dem Bewusstsein verdrängt. In manchen Worten liegt eben eine besondere Orientierung. Und Risikomanagement orientiert auf das Negative, die Gefahr, den Schaden etc. Wir müssen uns wappnen und verteidigen, um eine Bedrohung abzuwehren. All das hat dazu geführt, dass in der Praxis das Umgehen mit Chancen und das Management von Risiken oftmals organisatorisch, vor allem aber gedanklich getrennt voneinander ablaufen.

Deshalb präferiere ich einen anderen Begriff: ‚chancenbezogene Achtsamkeit'. Achtsamkeit ist eher positiv besetzt und gilt dennoch für beide Seiten. Er schließt die ‚Risikotragfähigkeit' in sich ein und weist zugleich darauf hin, dass wir erst dann verantwortungsbewusst mit unseren Chancen umgehen, wenn wir achtsam sind und eine den einschätzbaren Veränderungspotenzialen adäquate Reaktionsfähigkeit entwickeln.

4.4.1 Reaktionsfähigkeit durch Stärkung des Selbstwertgefühls

Chancenbezogene Achtsamkeit setzt zwei Dinge voraus:

- Das Wissen um die Chancen, für die wir uns entschieden haben und auf denen unsere Wettbewerbsposition beruht, und

- die kulturelle Größe, mit ‚negativem Wissen' – also der Erfahrung aus Fehlern und Gefahren – umgehen zu können.

Über unsere Chancen haben wir in den letzten zwei Jahren schon viel gesprochen; über unseren kulturellen Umgang mit ‚negativem Wissen' kaum. Ich spreche hier bewusst von ‚negativem Wissen'. Kognitiv ist uns allen klar, dass jeder Erfolg aus Fehlern geboren wird, wenn wir bereit sind zu lernen und das daran gebundene Lehrgeld zu bezahlen. Es ist wie bei einem Kind, das Laufen lernt. Man muss nur einmal mehr aufstehen, als man hinfällt.

Wir aber wollen das Lehrgeld sparen, stigmatisieren Fehler, verorten Schuld und verlangen Rechenschaft. So erhält das daran geknüpfte Wissen einen negativen Stempel. Wir hüten uns davor, Fehlschläge offenzulegen, weil wir uns nicht dem öffentlichen Hohn oder einem irrationalen Sühneverlangen oder zynischer Schadenfreude aussetzen wollen. ‚Wer den Schaden hat, spottet jeder Beschreibung', sagt der Volksmund. Aber uns kostet es richtig viel Geld. Denn wir entziehen uns eine wichtige Quelle unserer Erfolge. Der Volksmund hat nämlich noch einen anderen Spruch parat: ‚Aus Schaden wird man klug'; allerdings nur, wenn man ihn nicht leugnet, sondern fähig ist, aus ihm zu lernen.

Die wichtigste Voraussetzung, aus ‚negativem Wissen' einen positiven Impuls zu gewinnen, ist das Vertrauen in die involvierten Menschen: dass sie ‚negatives Wissen' niemals gegen uns verwenden werden[52]. Vertrauen wiederum beruht auf gegenseitiger Wertschätzung und entwickelt zugleich das erforderliche Selbstwertgefühl, um auf Abweichungen von den Erwartungswerten angemessen reagieren zu können. ‚In der Ruhe liegt die Kraft' – ich habe es heute mit dem Volksmund. Aber das hat doch einen tiefen Kern.

Um unsere chancenbezogene Achtsamkeit zu verbessern, müssen wir uns also primär dem Selbstwertgefühl jener Menschen zuwenden, die für Zeuss Husum und unsere Kooperationsstrategie relevant sind. Damit sie sich das

---

[52] Vgl. Simon, H. (2004), S. 101.

Wahrnehmen der präferierten Chancen zutrauen und ihr negatives Wissen nicht in Angst, sondern in Achtsamkeit transferieren.

Die Entwicklung von Selbstwertgefühl erfordert keine Investition in Systeme. Sie erfordert Investitionen in unser Verhalten und unser Umgehen miteinander. Wenn wir bereit sind, einander mit Wertschätzung zu begegnen, ist das bereits ein wesentlicher Schritt. Denn damit signalisieren wir unseren Gesprächspartnern, dass wir sie achten und ihnen mit Respekt entgegentreten. Das hebt das Selbstwertgefühl und damit die Chancen auf Erfolg (s. Abb. 28):

Selbstwertgefühl und die Chance für Erfolg

Ich sende aus

Selbstwertgefühlerhöhung   Selbstwertgefühlbedrohung

Reaktion auf der Beziehungsebene

Gesprächspartner fühlt sich wohl   Gesprächspartner fühlt sich angegriffen
Er achtet mich als Mensch   Er achtet mich nicht als Mensch
Baut eher Freundbild auf   Baut eher Feindbild auf
Positiver Filter   Negativer Filter

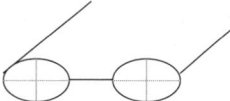 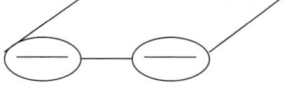

Übertragung auf die Sachebene

Gesprächspartner ist geneigt,   Gesprächspartner ist geneigt,
positive Aspekte zur Sache   negative Aspekte zur Sache
aufzunehmen, d. h. Chance zur   aufzunehmen bzw. zu übertragen,
Zusammenarbeit erhöht sich.   d. h. Chance zur Zusammenarbeit
                                          verringert sich.

Abb. 28: Selbstwertgefühl[53]

---

[53] Gestaltet nach Prof. Smeryczanski, GPM Ges.m.b.H. Wien (Praxisbeispiel).

4.4.2 Reaktionsfähigkeit durch Vorsorge

Doch es geht mir um mehr. Die Erhöhung des Selbstwertgefühls und daraus resultierendes konstruktives Umgehen mit ‚negativem Wissen' muss professionell gestaltet werden. Dabei gilt wie bei allen strategischen Fragen der Grundsatz: Es ist nicht so wesentlich, was ich tue, sondern dass ich in dem was ich tue, besser bin als meine Wettbewerber. Das ist unser Maßstab und zugleich die beste Voraussetzung für unsere nachhaltige Existenz. Dabei geht es um viele ‚Kleinigkeiten' des Alltags, die für sich genommen vielleicht gar nicht so ins Gewicht fallen. In der Summe aber bringen sie den Unterschied. Das ist der Kern chancenbezogener Achtsamkeit.

In der Literatur wird in diesem Zusammenhang vor allem über die Basisfragen des Risikomanagements geschrieben. Die in jüngster Zeit dazu dargestellten integrierten Chancen- und Risikomanagementsysteme gehen in ihrem Grundansatz von in den Plänen festgeschriebenen Erwartungswerten aus. Sie schlagen Wege und Mittel vor, Abweichungsmöglichkeiten vom Plan zu identifizieren, zu klassifizieren und zu quantifizieren. Darauf aufbauend werden differenzierte Gestaltungsvarianten für eine adäquate Vorsorge dargelegt[54].

Ich will darauf gar nicht näher eingehen, weil wir diesbezüglich schon eine ausgebaute Vorsorgepolitik betreiben – Zeuss Husum hat, glaube ich, seine Hausaufgaben bereits erledigt. Wir können da sicher noch viel verbessern; und wir schwatzen auch noch viel zu viel von Gefahren und Risiken, als ob wir uns Angst machen müssten. Anstatt von Achtsamkeit zu reden – einer Tugend, die uns besser zu Gesicht steht als Angst. Aber darüber habe ich bereits gesprochen, und das lässt sich auch relativ leicht überwinden.

Doch die eigentliche Herausforderung besteht nicht darin, Vorsorge zu treffen für den Fall, dass wir unsere Pläne nicht einhalten. Diese Prozesse sind notwendig, und es wäre fahrlässig, sie nicht zu installieren. Deshalb haben wir es ja auch getan.

Der mir wesentliche Punkt ist ein anderer. Wie behutsam und verantwortungsvoll gehen wir mit unseren strategischen Chancen um? In diesem Bereich verfügen wir noch gar nicht über konkrete Pläne bzw. nur der bereits festgelegte Teil unserer Strategie schlägt sich in den mittelfristigen Plänen nieder. Achtsamkeit für strategische Chancen muss die Schärfung unserer

---

[54] Eine breite Übersicht über den gegenwärtigen Entwicklungsstand findet sich in Kalwait, R. et. al. (2008).

Sensibilität für Veränderungen einschließen, die weit außerhalb planbarer Festlegungen liegen und für die Existenz von Zeuss Husum mindestens ebenso wichtig sind wie die Systeme operativer Vorsorge.

Welche Veränderungen wir dabei besonders im Auge haben müssen, hängt vom Kern der Strategie und unserem Geschäftsmodell ab. Für Zeuss Husum sehe ich vor allem folgende Punkte:

- Veränderung von Entwicklungstrends

Die erste Frage lautet dabei oft: Haben wir Instrumente, die für uns eher Änderungen von Trends signalisieren als für die Wettbewerber? Da spielen Frühindikatoren eine große Rolle. Wir haben in den BSC-Workshops ja mehrfach darüber gesprochen und sind dabei, unser Instrumentarium zu schärfen.

Entscheidend sind jedoch nicht die Instrumente, auch wenn wir sie unbedingt benötigen. Entscheidend sind Menschen, die Signale der Frühindikatoren deuten und in Konsequenzen umsetzen können. Sie müssen erkennen können, ob der Kern unserer Strategie dadurch gestärkt oder geschwächt wird. Sie müssen ableiten können, inwieweit unser Geschäftsmodell davon betroffen ist und wie schnell wir es anpassen müssen. Daraus ergeben sich dann Konsequenzen für unser strategisches Haus und die entsprechenden Projekte zur Entwicklung von Potenzialen. Wenn wir im Ergebnis die konkrete Arbeit wirksamer als unsere Wettbewerber auf Trendveränderungen einstellen, wird aus dem potenziellen Risiko eine Chance.

Wir müssen dafür konkrete Verantwortlichkeiten und entsprechende Kompetenzprofile festlegen, so wie es Margit vorgeschlagen hat. Dazu sollten auch regelmäßige Trainingseinheiten vor allem für das Verständnis und Empfinden systemischer Zusammenhänge gehören – Sensibilität will geübt sein. Und wir sollten Regeln und Prozessabläufe festlegen, wie wir auf verschiedene Veränderungsintensitäten reagieren wollen; nicht zu detailliert, damit sie uns nicht knebeln, sondern eher prinzipiell, damit jeder weiß, was er zu tun hat.

- Veränderungen der Kernkompetenz

Wir reagieren mitunter auf Trendänderungen mit vorschnellen ‚Strategien‘, ohne der Wirkung auf die unternehmerische Kernkompetenz genügend Aufmerksamkeit zuzuwenden.

Nehmen wir z. B. das immer wieder bemühte ‚Outsourcing' – die Auslagerung von Fertigungs- oder Leistungsstufen. Sie werden schnell mit dem Label ‚strategisch' versehen, obwohl sie fast ausschließlich aus kurz- oder mittelfristigen Kostenvorteilen abgeleitet sind. Selbst dabei wird oftmals nicht konsequent zu Ende gedacht. Doch der strategisch wesentlich gravierendere Aspekt der Einzigartigkeit findet kaum Beachtung.

Unsere verkauften Zeuss-Produkte z. B. sind relativ leicht zu kopieren, unser Service und das dahinter stehende Know-how schon weniger. Aber noch schwieriger wird es für die Wettbewerber, wenn wir auch jene wesentlichen, meist integrierten Vorprodukte in einzigartiger Weise selbst fertigen, die keiner am Markt kaufen kann. Dann können andere zwar analysieren, was wir anbieten. Sie erfahren jedoch nicht oder nur marginal, wie wir zu unseren Produkten und Leistungen kommen.

Ein gutes Beispiel für solche integrierten Vorprodukte sind unsere elektronischen Steuerungen. Wir haben mehr aus Unachtsamkeit als aus strategischem Kalkül deren Fertigung an Zulieferer ausgelagert und sind nun viel zu sehr von ihnen abhängig. Dabei haben wir schon des Öfteren die Erfahrung machen müssen, dass sie nicht unbedingt loyal zu uns stehen. Für die sind wir ein Abnehmer unter vielen und ihr Know-how steht uns nicht exklusiv zur Verfügung. Das ist eine starke Eingrenzung unserer Wettbewerbschancen.

Entweder wir werden für ein oder zwei dieser Lieferanten der bevorzugte strategische Partner (preferred costumer), oder wir fertigen diese Steuerungselemente zukünftig ausschließlich allein und speziell auf unsere Bedürfnisse zugeschnitten. Das müssen wir dann allerdings betriebswirtschaftlich als Investition in unsere Einzigartigkeit realisieren, mit einem entsprechenden Rentabilitätsanspruch an das investierte Kapital. Eine rein kurzfristige Kostenbetrachtung führt hier in die Irre.

In dieser Hinsicht sollten wir auch über eine engere Kooperation mit A. Leiner nachdenken. Zusammen hätten wir eine strategisch wettbewerbsfähige Fertigungstiefe und ein sich wechselseitig ergänzendes Entwicklerteam, das großes Potenzial in sich birgt.

Je mehr wir allerdings unsere Kernkompetenz auf die Mitarbeiter und ihr Know-how verlagern, umso wichtiger wird deren Motivation und Loyalität, sich für Zeuss Husum einzusetzen und bei uns zu bleiben. Da passt sich Margits gestern vorgestelltes Entgeltmodell in wunderbarer Weise ein.

Für uns heißt also chancenbezogene Achtsamkeit, neben den Basisfragen der technischen und gewerblichen Sicherheit vor allem die Vorstufen unserer Know-how-Entwicklung und die Motivation und Loyalität der Menschen im Auge zu behalten. Darauf müssen wir unsere Instrumente ausrichten und unsere Fähigkeit, aus den Signalen wettbewerbsrelevante Konsequenzen zu ziehen. Das ist ein immanenter Teil unserer Kernkompetenz.

• Veränderungen im Wertenetz

Auch Beziehungen zu Lieferanten und Kunden und ebenso interne Beziehungen sind wertvolle Chancen, mit denen wir achtsam umgehen müssen. Die Beziehungen sind von den Veränderungen der Mehrwerte abhängig, die alle beteiligten Interessengruppen in das Wertenetz einbringen. Das Wertenetz bindet diese Beziehungsgruppen ein. Dabei gilt es, alle Komponenten unseres Geschäftsmodells zu beachten:

– neue Gewichtungen im Kernbedürfnis unserer Kunden

– Nutzenverschiebungen bei unseren strategischen Lieferanten

– Veränderung von Partnerschaften oder von komplementären Wirkungen anderer Marktteilnehmer

– relevante Signale von Wettbewerbern

Ein wichtiger Aspekt in den Beziehungen bildet unsere Reputation. Der wirksame Mehrwert von Zeuss Husum im Verhältnis zu allen anderen Marktteilnehmern wird maßgeblich davon beeinflusst, wie die anderen über uns urteilen. Deshalb ist es so wichtig, dass alle Menschen bei uns leistungsbasierte Wertschätzung sowohl nach innen als auch nach außen tragen. Wer anderen greifbaren Nutzen bringt und gleichzeitig auf möglichst vielen Kanälen signalisiert, dass ihm die daran geknüpfte Beziehung wertvoll ist, gewinnt Reputation. Das stärkt den von ihm ausgehenden Mehrwert und damit seine Position im Wertenetz. Wir reden also nicht nur aus Nächstenliebe so ausführlich über dieses Thema. Es bringt uns einen handfesten Wettbewerbsvorteil, wenn wir hier besser sind als Andere.

Das Wertenetz wird darüber hinaus von vielen weiteren Aspekten beeinflusst – politische Veränderungen oder gesetzliche Vorschriften können zu strategischen Vorteilen führen, wenn wir früher als unsere Wettbewerber davon wissen und uns entsprechend darauf einstellen; strategische Projekte können scheitern oder Projekte unserer Wettbewerber besser sein als unsere (das sollten wir rechtzeitig einschätzen können); langfristig aufgebaute Marken anderer Anbieter werden durch Veränderungen emotionaler Grundstimmungen erodiert (vielleicht eine Chance für uns?) etc. Hier gilt dasselbe wie bei der Achtsamkeit für Veränderungen von Entwicklungstrends. Wir brauchen konkrete Verantwortlichkeiten, Regeln und Prozessabläufe sowie ein systematisches Training der Sensibilität.

Denn Veränderungen im Wertenetz bleiben nicht ohne Wirkung auf unsere strategischen Chancen. Wenn wir hier zu wenig Achtsamkeit zeigen, konterkarieren wir u. U. alle Bemühungen um die Stärkung unserer Kernkompetenz. Das betrifft Zeuss Husum nach dem Verkauf an die A. Leiner und ihre malaiische Mutter in besonderem Maße. In so einer Konstellation ist das Wertenetz ziemlich instabil. Wir können schnell von Entwicklungen überrascht werden und sollten uns dementsprechend wappnen. Das wird nicht einfach, aber ich halte es für unumgänglich."

Sie besprachen noch, wie sie strategische Achtsamkeit konkret verankern und wer dafür verantwortlich sein soll. Die Lösung lag eigentlich auf der Hand: Immanuel Perquiro hatte ja im Zusammenhang mit den Diskussionen zur Herausbildung des „internen Marktes" bei Zeuss vorgeschlagen, ein Innovationsteam zu bilden. Alle waren sich schnell einig, dass diese Gruppe am besten dafür prädestiniert war, auch die Fragen der strategischen Achtsamkeit zu bearbeiten.

Die Ausrichtung der innovativen Aktivitäten erfordere zugleich, den Blick für Trendänderungen und die Gewährleistung einzigartiger Kernkompetenzen zu schärfen. Auch die Probleme der eigenen Verarbeitungstiefe bzw. entsprechender Kooperationen mit Zulieferern wären ohnehin ein Kerngegenstand der Gruppe. Immanuel knurrte erst ein wenig, wie immer. Dann nahm er die Aufgabe an. Er würde von Zeit zu Zeit externe Hilfe in Anspruch nehmen und ein zielgerichtetes Fortbildungsprogramm für die Teammitglieder entwickeln. Aber das war für ihn ohnehin selbstverständlich.

Dann gingen sie auseinander. Keiner von ihnen war sich bewusst, dass sie in dieser Runde nicht wieder zusammenkommen würden. Es bahnte sich eine weitere, schwerwiegende Zäsur für Zeuss Husum an.

5 Strukturen – von Schnittstellen zu wertebasierten Nahtstellen

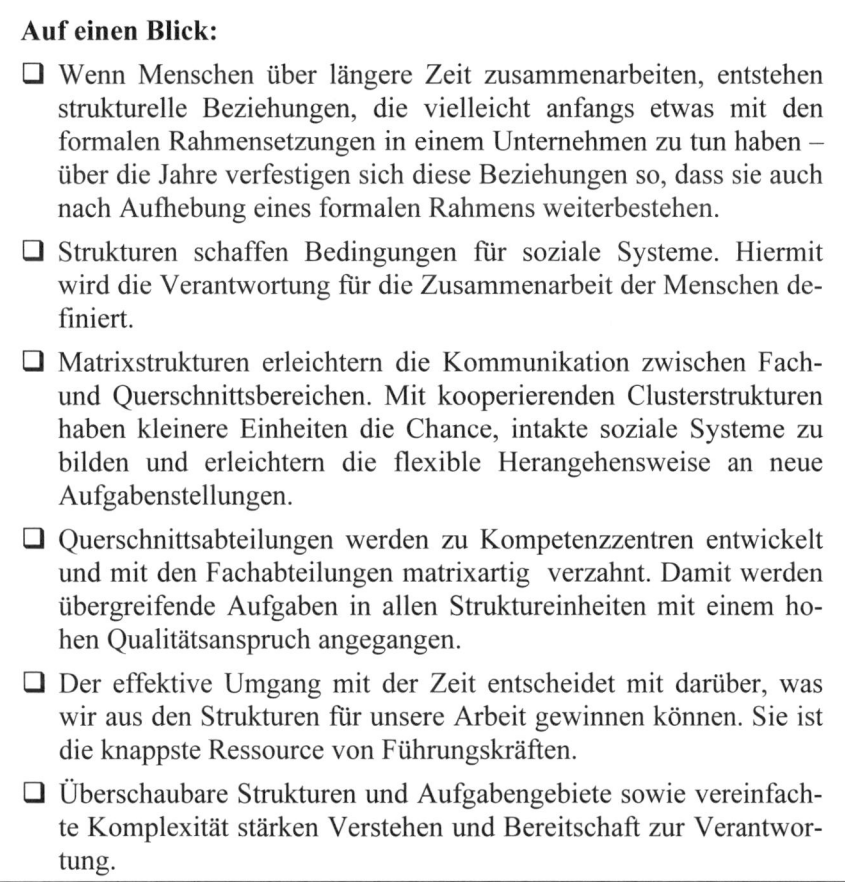

Auf einen Blick:

❑ Wenn Menschen über längere Zeit zusammenarbeiten, entstehen strukturelle Beziehungen, die vielleicht anfangs etwas mit den formalen Rahmensetzungen in einem Unternehmen zu tun haben – über die Jahre verfestigen sich diese Beziehungen so, dass sie auch nach Aufhebung eines formalen Rahmens weiterbestehen.

❑ Strukturen schaffen Bedingungen für soziale Systeme. Hiermit wird die Verantwortung für die Zusammenarbeit der Menschen definiert.

❑ Matrixstrukturen erleichtern die Kommunikation zwischen Fach- und Querschnittsbereichen. Mit kooperierenden Clusterstrukturen haben kleinere Einheiten die Chance, intakte soziale Systeme zu bilden und erleichtern die flexible Herangehensweise an neue Aufgabenstellungen.

❑ Querschnittsabteilungen werden zu Kompetenzzentren entwickelt und mit den Fachabteilungen matrixartig verzahnt. Damit werden übergreifende Aufgaben in allen Struktureinheiten mit einem hohen Qualitätsanspruch angegangen.

❑ Der effektive Umgang mit der Zeit entscheidet mit darüber, was wir aus den Strukturen für unsere Arbeit gewinnen können. Sie ist die knappste Ressource von Führungskräften.

❑ Überschaubare Strukturen und Aufgabengebiete sowie vereinfachte Komplexität stärken Verstehen und Bereitschaft zur Verantwortung.

Mit der Ausformung des Wertschätzungsmanagements hatte Gerhard ein wichtiges persönliches Ziel erreicht. Für ihn war Zeuss Husum nun gut gerüstet und der angeschobene Transformationsprozess auf den Weg gebracht. Alles Weitere wollte er Jüngeren überlassen. Außerdem entsprach die Einbindung in einen großen Konzern nicht so ganz seinen Vorstellungen von unternehmerischer Führung. Er hatte unter anderen Vorzeichen begonnen. Also zog er die Konsequenz.

Nicht jeder im Unternehmen hatte Verständnis für seine Entscheidung:

„Dr. Gerhard Junker verlässt zum 31.12.2007 die Zeuss Husum GmbH."

Per Aushang wurden die Mitarbeiter Anfang November 2007 darüber informiert. Gerd Paulick übernahm kommissarisch die Geschäftsleitung. Er wür-
digte auf einem eilig anberaumten Führungskräftetreffen die Arbeit von Dr.
Junker und bat alle um Unterstützung. „Dr. Junker zu ersetzen wird schwierig sein – und ich habe auch nicht so viel freie Zeit, die Geschäfte in Flensburg fordern mich voll. Auch unser Eigentümer in Malaysia erwartet, dass
die eigentliche Führungsarbeit bei Zeuss hier in Husum geleistet wird. Ein
Verschmelzen mit der A. Leiner AG ist – nach wie vor – nicht geplant.

Ich möchte vorschlagen, dass ein dreiköpfiges Leitungsteam, bestehend aus
Dr. Immanuel Perquiro, verantwortlich für technische Belange, Gunther
Nieda, zuständig für Marketing und Vertrieb sowie Constanze Trollinger für
kaufmännische Fragen und Controlling, die eigentliche Unternehmensführung bewerkstelligen. Ich habe vor, wenn alles gut läuft, mich hier nur einmal im Quartal blicken zu lassen. Das neue Führungsteam wie auch alle
Führungskräfte bei Zeuss haben mein volles Vertrauen!

Und ich möchte vorschlagen, dass die drei aus dem Leitungsteam ganz eng
mit ihren entsprechenden Partnern bei A. Leiner zusammenarbeiten. Sie
treffen sich monatlich mit Ivo Berking, unserem Entwicklungschef in Flensburg, mit dem Vertriebsleiter Dr. Hermann Geiger und mit Peter Jost, der in
Flensburg die kaufmännische Seite verantwortet – mal hier in Husum, mal in
Flensburg. Und zu den Quartalstreffen stoße ich hinzu – oder wenn Sie mich
brauchen. Ich erwarte, dass Sie effektiv zusammenarbeiten und ich mich auf
gute Ergebnisse verlassen kann."

Constanze schluckte. Einerseits war es natürlich toll, so eine Aufgabe zu
bekommen. Andererseits, ist es nicht eine Nummer zu groß für sie? Und
konnte sie auf Unterstützung durch die anderen Mitarbeiter insbesondere im
kaufmännischen Bereich rechnen? Gab es da nicht Bedenken, dass gerade
sie, die so jung und erst knapp 2 Jahre im Unternehmen war, diese Leitungs-
funktion übernahm? An den etwas verkniffenen Blicken von Marianne
Noumos, die als Leiterin des Rechnungswesens schon 15 Jahre bei Zeuss
Husum arbeitete, sah sie, dass dies die umlaufenden Gedanken waren. Sie
würde also gut beraten sein, die Führungskräfte und Mitarbeiter mit den
„älteren Rechten" entsprechend in ihre Arbeit einzubeziehen und deren Leistung angemessen und sichtbar zu würdigen.

Nur Lasse kam strahlend auf sie zu und gratulierte von ganzem Herzen.

Peter Jost kannte Constanze schon; sie könnte sicher auch gut mit ihm zusammenarbeiten. Er war ein humorvoller Norddeutscher, im Unternehmen „Schnibbel" genannt. Keiner wusste warum, es war halt so.

Es zeigte sich sehr schnell, dass Peters Annahme zutraf. Schon beim ersten Treffen der beiden „Dreierbanden" merkte Constanze, dass sie gut miteinander harmonierten und Peter Jost sie nicht als kleines Mädchen, sondern als kompetente Partnerin behandelte.

Aber das Verhältnis von Ivo Berking, ihn hatte sie ja schon im Frühjahr per Zufall in Split kennen gelernt, und Dr. Perquiro versprach schwierig zu werden. Zu unterschiedlich waren die Charaktere: Ivo aufgeschlossen, locker, und in technischen Fragen mit einem Gespür für praktische Lösungen. Hingegen Dr. Perquiro eher brummbeißig, zurückhaltend und ein detailversessener Ingenieur. Schon bei der ersten Sitzung kam es zu einem, na ja, Eklat wäre zu viel, aber doch zu einem kleinen Krach: Dr. Perquiro stellte eine Lösung vor, die technisch toll, aber auch recht kostspielig war. Beide Vertriebsleute fragten vorsichtig, wer von den potenziellen Kunden bereit sei, dies zu bezahlen. Daraufhin schlug Ivo eine verblüffend einfache, aber eben technisch nicht so brillante Veränderung vor. „Kann doch gar nicht funktionieren", ereiferte sich Immanuel. „Da kann ich nicht dahinterstehen." Ivo Berking erläuterte noch einmal seinen Ansatz „Probieren Sie es doch einmal – ich bin mir sicher, es funktioniert. Natürlich ist Ihre Lösung aus technischer Sicht herausragend, aber wir können es uns nicht leisten, mit ‚goldenen Schrauben' zu operieren."

Der neue Geschäftsführer, eigentlich ja erst ab dem 1.1.2008, ordnete den Versuch mit Ivos Idee an. War damit das eigentliche Problem gelöst? Constanze und Gunther schauten sich an. „Musste das jetzt schon entschieden werden?", fragte Gunther sie danach. „Es ist doch noch gar nicht so weit. Wir hätten genügend Zeit, beide Varianten zu prüfen. Da Immanuels Lösung bereits im Modell vorliegt, würde es auch nicht sehr viel kosten. Ich wollte nicht gleich in der ersten Runde massiven Streit vom Zaun brechen. Aber noch einmal dürfen wir so ein Verhalten nicht widerspruchslos hinnehmen." Constanze pflichtete ihm bei, fühlte sich ein wenig verlegen, weil sie nicht selbst darauf gekommen war und erinnerte sich an das letzte Treffen mit Gerhard – man muss achtsam sein auf seine Chancen; das betrifft auch oder gerade das Gespür für den richtigen Zeitpunkt und die angemessene Art der Entscheidung. Bei passender Gelegenheit wollte sie das zur Sprache bringen.

Ein paar Tage später rief Schnibbel Constanze an – sie hatten sich gleich das „Du" angeboten: „Das Management in Kuala Lumpur möchte Dich kennenlernen. Und ich fliege am Anfang des neuen Jahres dorthin. Kannst Du mitkommen?" Eigentlich wollte sie mit Klaus Ski laufen, hatte auch schon ein Hotel in Südtirol gebucht. Aber Malaysia – es gab eigentlich keine Frage, nur eine Antwort: „Na klar, wann soll es losgehen?"

Vorher hatten sie allerdings eine andere knifflige Aufgabe zu lösen. Der malaiische Eigentümer forderte von Zeuss und A. Leiner ein abgestimmtes Konzept über ihre zukünftigen Strukturen; und das noch bis zum Ende des Jahres.

5.1 Wir und Ihr – Strukturen grenzen ab

Da kamen sie also schon wenige Tage später wieder zusammen. Gerhard Junker war nicht mehr dabei; und Gerd Paulick hielt sich wie angekündigt zurück. Er hatte Constanze und Peter gebeten, bis Ende November einen Vorschlag zu erarbeiten, den sie dann im Sechserteam zusammen mit ihm erörtern könnten. „Zumindest eine Orientierung möchte ich Euch mit auf den Weg geben. Strukturen schaffen Abgrenzung; sie formen Gruppen mit deren jeweils spezifischem ‚Wir' und ‚Ihr' – Verständnis. Seid also kreativ. Ich hoffe auf Lösungen, die unsere beiden Unternehmen einander näherbringen. Kehrt die Abgrenzung um, macht aus Schnittstellen Nahtstellen. Auch wenn eine Fusion nicht vorgesehen ist – wir werden auf Dauer in diesem Konzern nur bestehen, wenn wir unsere Kompetenzen so miteinander verbinden, dass wir zusammen eine stärkere Marktposition erreichen als jeder für sich allein.

Vielleicht noch das: Im Moment ist unsere ‚Mutter' in Malaysia ziemlich stark mit sich selbst beschäftigt. Das verschafft uns Spielraum für eigene Entscheidungen, sofern wir den Malaysiern keine Probleme bereiten. Wie lange dieses strategische Fenster geöffnet bleibt, weiß ich nicht. Deshalb sollten wir uns sputen und noch in diesem Jahr eine Lösung anstreben. Also dann bis Ende November." Damit hatte er sie verabschiedet.

5.1.1 Struktur ist immer

Peter versuchte es mit einem Scherz. „Jagen wir die Vögel doch alle in die Luft und lösen die Strukturen einfach auf. Mal sehen, wo sich unsere Spezies wieder niedersetzen. Ewig können sie ja nicht oben bleiben." Aber Constanze war nicht ganz so locker. Sie spürte eine gewisse innere Spannung. Irgendwie gefiel ihr Peter; ein bisschen fühlte sie sich sogar zu ihm hingezogen, und die Einladung nach Malaysia hatte eine eigenartige Stimmung bei ihr hinterlassen. Aber erst Lasse, dann Klaus und nun „Schnibbel", der ihr Vater sein könnte? Sie fegte die Gedanken weg und begann sich zu konzentrieren.

„Ich glaube, Strukturen kann man nicht einfach auflösen." Sie nahm seinen Scherz einfach ernst, um nicht einmal den Anschein einer Plänkelei aufkommen zu lassen. Selbst auf die Gefahr, im Moment etwas altklug zu wirken. „Wenn Menschen über längere Zeit zusammenarbeiten, entstehen strukturelle Beziehungen, die vielleicht anfangs etwas mit den formalen Rahmensetzungen in einem Unternehmen zu tun haben. Aber über die Jahre verfestigen sich diese Beziehungen, sodass sie auch nach Aufhebung des formalen Rahmens weiterbestehen. Und unsere beiden Firmen bestehen schon viel zu lange, als dass sich die Strukturen nicht längst verankert hätten."

Dann blitzte es in ihren Augen doch ein wenig. „Das ist wie mit einer Herde von Schafen, die jahrelang in einem eingezäunten Gebiet geweidet haben. Wenn Du das Gatter öffnest und der Leithammel am Platz bleibt, verharren die übrigen Schafe auch alle in den gewohnten Strukturen. Wir haben zwar unseren obersten Leithammel gerade verloren, aber eurer ist noch da. Außerdem sind sechs provisorische Leithammel neu hinzugekommen. Also wenn wir uns nicht bewegen, bewegen sich die anderen auch nicht. Ganz nebenbei sollten wir auch noch wissen, wohin wir uns bewegen wollen."

Sie machte eine kleine Pause, um zu prüfen, ob er ihr noch zuhörte. Aber Peter blieb aufmerksam. Und so führte Constanze fort.

„Ein Freund meines Vaters – Bernhard Credere, er leitete viele Jahre ein großes Unternehmen – erzählte mir dafür ein schönes Beispiel. Seine Firma war vor über 30 Jahren in Bayern gegründet worden und hatte einige Zeit später eine Berliner Fabrik dazugekauft. Sie haben viel dafür getan, die Führungskräfte und Mitarbeiter aneinander zu gewöhnen. Dazu gehörten wechselseitige längere Einsätze am jeweils anderen Standort. Das Unternehmen war zusammen sehr erfolgreich, und es gab ein ausgebautes System der Erfolgsbeteiligung. Bei keinem bestand also ein Grund, auf den anderen neidisch zu sein oder sich sonst irgendwie abzugrenzen. Ende der 90er Jahre verkaufte Bernhard sein Unternehmen. Vor wenigen Wochen traf er einen Bekannten, der zufällig dort als Berater arbeitete und nicht wusste, wer Bernhard ist. Eine der ersten Dinge, die der Berater ihm erzählte, war ein für ihn erstaunliches Erlebnis: Noch heute legen die Menschen großen Wert darauf, ob sie aus dem Bayerischen oder Berliner Teil des Unternehmens stammen. Selbst die Jüngeren, die diese Zeit gar nicht selbst miterlebten, sind davon infiziert – ein Indiz dafür, wie langlebig Strukturen sein können und wie sie sich unabhängig von allen formalen Rahmensetzungen reproduzieren, solange ein sozialer Nährboden besteht."

Dann wurde sie wieder ernst. „Die Frage stellt sich für mich anders. Strukturen schaffen Bedingungen für soziale Systeme – deshalb gibt es in einem Unternehmen immer Strukturen, denn es ist per se ein soziales System. Das ist eine Frage des Denkens, Fühlens und Verhaltens; eine Frage der Einordnung jedes Menschen in sein Umfeld einschließlich der Über- und Unterordnung in den gegenseitigen Wechselbeziehungen. Solange solch ein System zu den strategischen Herausforderungen des Unternehmens passt, gibt es nur wenige Spannungen. Die Menschen richten sich ein.

Schwierig wird es erst, wenn die Rahmenbedingungen neue Herausforderungen nach sich ziehen. Damit sind wir gerade konfrontiert. Zeuss Husum hat darauf mit einer Strategie der Kooperation geantwortet; wir haben euch die Details ja schon erläutert. Noch ehe wir sie wirklich umgesetzt haben, wurde die Firma verkauft; das hat uns mit euch zusammengebracht. Da ihr auch für Kooperation plädiert, besteht die Chance, dass wir unsere Strategien zusammenführen. Jetzt müssen wir schauen, ob die sozialen Systeme von Zeuss und A. Leiner sowie die sie formal abgrenzenden Strukturen noch zeitgerecht sind oder nicht, ob wir sie sinnvoll zusammenführen können und wie das gehen soll."

Peter pflichtete ihr bei, nun auch ganz ernst bei der Sache. Er war etwas erstaunt über Constanzes Wortwahl, hatte ihr aber interessiert zugehört. „Wir sollten zunächst einmal die bestehenden Strukturen beider Unternehmen durchgehen. Dann können wir sehen, was machbar ist und was wir anstreben wollen – immer unter der Voraussetzung: keine Fusion. Bitte fang Du an." Constanze war einverstanden.

5.1.2 Wenn Grenzen zu Schnittstellen werden

„Wie war es bisher bei Zeuss Husum? Ich male Dir unsere formale Struktur schnell mal auf (s. Abb. 29):

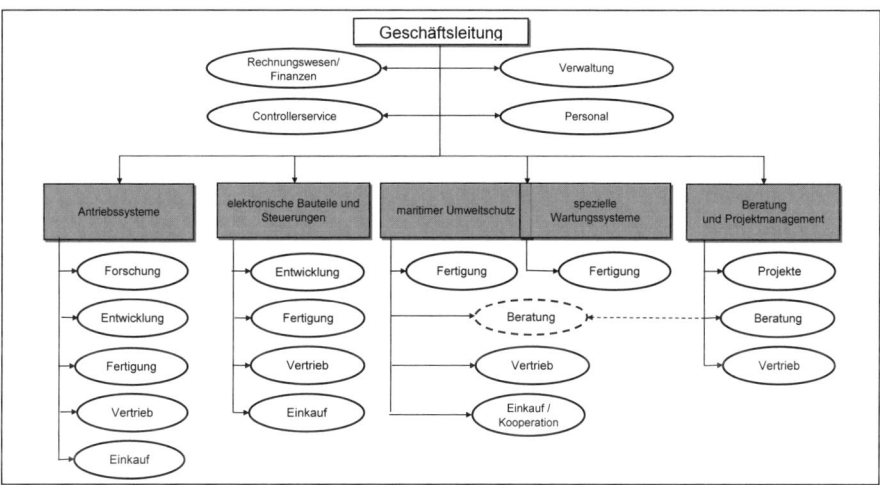

Abb. 29: Die alte Struktur der Zeuss Husum GmbH

Wir sind gerade dabei, die Bereiche maritimer Umweltschutz und spezielle Wartungssysteme aufzulösen und die Spezialisten in anderen Aufgaben einzusetzen. Der Übergang funktioniert erstaunlich gut und ist schon fast abgeschlossen, weil die Bereitschaft hierzu da ist.

Dennoch – die prinzipiellen Strukturen wurden nicht angefasst. Obwohl sie uns erhebliche Probleme des ‚Nebeneinanderher-Wirtschaftens‘ eingebracht haben. Jeder Bereich wurschtelte für sich. Die Kooperationsbereitschaft war gering, die gegenseitige Abgrenzung dagegen hoch. Der Begriff ‚Schnittstellen‘ hatte für uns einen trennenden Klang im ursprünglichen Wortsinn: Die Bereichsgrenzen zerschnitten in der Tat die Unternehmensbande. Vor allem, nachdem der Gründer Harald Zeuss als die alle verbindende Kraft nicht mehr da war. Nicht dass alle gegeneinander gearbeitet hätten. Sie haben nicht kommuniziert über ihre Arbeit; sie wussten fast gar nicht, was der andere kann; sie haben sich nicht einmal ignoriert.

Inzwischen ist das anders geworden. Wir haben verschiedene Dialogforen eingerichtet, eine ganze Reihe von Workshops, Seminaren und Treffen durchgeführt, und es laufen mehrere bereichsübergreifende Projekte, wodurch die Barrieren untereinander deutlich abgebaut wurden. Einige Gruppen sind schon fest ‚etabliert‘ und zu einer Art Beratungsgremium herangewachsen bzw. beginnen sich als solche zu mausern.

Wir haben z. B. eine gemeinsame Fertigungsgruppe, die die Kapazitäten der Bereiche Antriebssysteme und elektronische Steuerungen sowie die Beratungsleistungen koordiniert. Wir haben ein Innovationsteam, in dem Einkauf, Marketing, Vertrieb und Fertigung gemeinsam mit der Forschung und den beiden Entwicklungsabteilungen unsere Innovationsideen für das künftige Leistungsangebot besprechen. Hier werden auch die Eckpunkte der Zielkostenplanung abgesprochen, sobald die Ideen einen entsprechenden Reifegrad erreicht haben; außerdem kümmern wir uns um Fragen der strategischen Achtsamkeit bzw. des Risikomanagements, wie es bei euch heißt – in diese Arbeiten bin ich selbst stark eingebunden. Wir haben einen Ausschuss für Preisbildung und Lieferkettenmanagement gebildet, der die Politik bei Einkaufs-, Verkaufs- und internen Verrechnungspreisen koordiniert und in ein logistisches Gesamtkonzept einbindet.

Inzwischen arbeiten die Abteilungen für Fertigung, Entwicklung und Vertrieb der Bereiche so eng zusammen, dass sie fast schon wie gemeinsame Struktureinheiten wirken. All das ist infolge unserer Strategieumsetzung entstanden; allerdings nicht systematisch genug. Es wird Zeit, die formalen Strukturen dieser Entwicklung anzupassen. Anderenfalls wird es immer schwieriger für alle Beteiligten, ihre Verantwortung eindeutig zuzuordnen. Da sich das soziale Netzwerk bei Zeuss Husum verändert hat, müssen wir auch die Zuständigkeiten anpassen. Das ist ja der eigentliche Zweck von Strukturen – Verantwortung für die Zusammenarbeit der Menschen zu definieren. Diese Zuordnung ist natürlich immer eine Abgrenzung; aber es gibt auch verbindende Grenzen.

Zugleich muss beachtet werden, was aus den jetzigen Führungskräften wird, wenn wir z. B. Abteilungen zusammenlegen oder eben zwei Bereiche auflösen. Letztlich werden wir aus diesem Dilemma divergierender Interessen und Wirkungen nie ganz herauskommen. Aber wie gesagt, wir können die strukturellen Grenzen so setzen, dass sie einerseits genügend Raum für Kooperation schaffen sowie den engagierten und ambitionierten Menschen eine sie ausfüllende Rolle zuweisen, andererseits aber auch eindeutige Verantwortung ermöglichen. Wir haben dazu bei Zeuss schon erste Ideen entwickelt; darüber später mehr."

Nun war „Schnibbel" an der Reihe. Er erläuterte den etwas anderen strukturellen Aufbau bei A. Leiner. „Wir sind fast vier Mal so groß wie ihr. Unsere Strukturen konnten über wesentlich mehr Jahrzehnte wachsen, immer wieder durch eine wechselvolle Geschichte getrieben – aber das muss ich Dir bei anderer Gelegenheit mal erzählen. Seit etwa 15 Jahren arbeiten wir mit einer Matrixstruktur. Dabei haben wir auf größtmögliche Einfachheit Wert gelegt (s. Abb. 30):

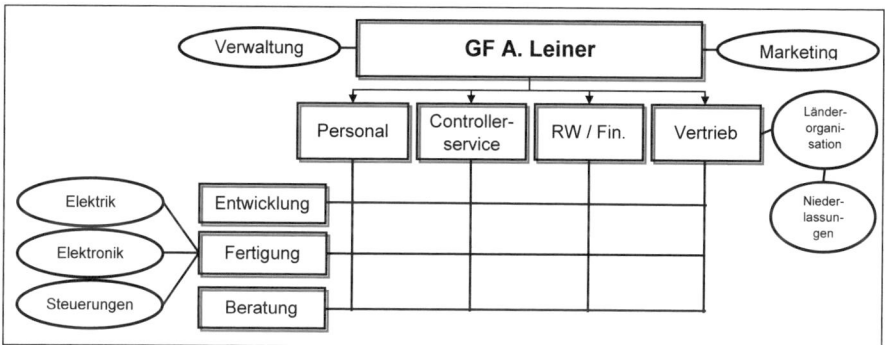

Abb. 30: Die Matrixstruktur von A. Leiner

Das hat sich für die fachliche Anleitung unserer drei Bereiche Entwicklung, Fertigung und Beratung ganz gut bewährt. Wir haben allerdings ähnliche Probleme wie ihr, was die eher abgrenzenden Schnittstellen betrifft. Trotz aller Vernetzung im Rahmen der Matrix arbeiten die Bereiche und Abteilungen zu wenig zusammen. Es ist nicht ganz so extrem, wie es in Deiner Schilderung über Zeuss Husum vor fast 2 Jahren erscheint. In vielen Fragen hat man sich schon ausgetauscht. Aber das betraf fast ausschließlich die Kommunikation zwischen den Fach- und Querschnittsbereichen. Die Fachbereiche Entwicklung, Fertigung und Beratung selbst haben sich zu wenig miteinander abgestimmt.

Euer Herangehen zur Schaffung eines ‚internen Marktes' gefällt uns daher ganz gut. Ich würde sogar sagen – es hat Schule gemacht. Vor einigen Wochen hatten wir eine Klausurtagung. Da haben wir beschlossen, uns ebenfalls in diese Richtung zu bewegen. Deshalb wäre ich ohnehin auf Dich zugegangen. Während unseres Fluges nach Kuala Lumpur wollte ich mit Dir darüber sprechen. Nun sitzen wir jetzt schon zusammen; das passt für mich hervorragend. Ich denke, wir sind konzeptionell ziemlich dicht beieinander und werden schon eine Lösung finden, die eine engere Kooperation sowohl innerhalb unserer Gesellschaften als auch zwischen ihnen fördert. Auf eure konkreten Ideen bin ich gespannt." Sie stimmten noch ein paar Eckpunkte ab und gingen dann jeder für sich an die Arbeit. Jedes Unternehmen sollte seine Ideen erst einmal für sich klären. Dann wollten sie ein gemeinsames Konzept abstimmen.

5.2 Dem TUN einen Rahmen geben

Ende November gaben sie ihren ersten Entwurf in die Abstimmungsrunde. Nach ein paar Zwischengesprächen in Husum und Flensburg stellten sie kurz vor Weihnachten Gerd Paulick ihre Ergebnisse vor. Er hatte die „Sechserbande" eingeladen und auf Empfehlung von Gerhard Junker die BSC-Moderatoren hinzugebeten.

5.2.1 Den strategischen Prozessen folgen – Cluster als Basisstruktur

„Wir haben den heutigen Tag gründlich vorbereitet", begann Peter Jost seine Ausführungen. „Die Zusammenarbeit war kooperativ; wir haben uns gut verstanden. Dabei war es von Vorteil für die Erarbeitung miteinander abgestimmter Strukturen, dass wir ähnliche Strategien verfolgen. Dadurch konnten wir einen konzeptionellen Ansatz abstimmen, der einen gemeinsamen Rahmen bilden soll für unser tägliches Handeln. Ein weiterer Vorteil ist die Passfähigkeit unserer Leistungsportfolien. Die Voraussetzungen für eine kooperative Strategie sehen also gut aus.

Das zur Vorrede. Davon ausgehend haben wir nach einer Lösung gesucht, die unsere verbindenden Elemente stärkt, ohne zu einer Fusion zu führen. Wir müssen bisher davon ausgehen, dass unsere Muttergesellschaft eine Fusion nicht will – aus welchen Gründen auch immer. Außerdem hat die relative Selbständigkeit beider Unternehmen bei gleichzeitig enger Kooperation auch seine Vorzüge. Kleinere Einheiten haben eher die Chance, intakte soziale Systeme zu bilden, in denen die Kommunikation ‚über den Hof' und eine wertebasierte Selbstregulierung noch funktioniert. Und man kann auch mal in einer Firma etwas ausprobieren, ehe wir alle ins kalte Wasser springen.

Wir schlagen deshalb eine zweigeteilte Entwicklung vor. Die Matrixstruktur bei A. Leiner werden wir vorerst so belassen. Sie hat sich bewährt. Bei Zeuss Husum dagegen würden wir einen neuen Strukturansatz wagen, der durchaus gewisse experimentelle Züge trägt, aber durch die strategisch angestoßenen Veränderungen schon reale Fundamente besitzt. Wenn sich das ‚Experiment' bewährt, wollen wir – so unser Vorschlag – ähnliche Strukturen auch bei A. Leiner umsetzen. Denn die Richtung entspricht auch dem, was wir denken.

Unabhängig davon werden wir die schon begonnenen informellen Verbindungen zwischen Zeuss und A. Leiner ausbauen und verstärken.

Nun also zu unserem „Experiment"; dazu möchte ich Constanze das Wort geben." Constanze war ziemlich aufgeregt. Schließlich würden sie einen gravierenden Wandel herbeiführen, der zwar im Grunde längst begonnen hatte, bisher jedoch nicht in formal sichtbare Konsequenzen eingemündet war. Menschen sind ja durchaus bereit, sich zeitweise in neue Beziehungsgefüge zu begeben – vor allem, wenn sie dabei gute Erfahrungen sammeln. Aber es ist etwas völlig anderes, wenn das Neue formalisiert wird. Dann erhält es etwas „Endgültiges" und davor schrecken die meisten zurück.

Diese Gedanken schossen ihr durch den Kopf. Aber sie hatten sich entschieden; und derzeit war die Bereitschaft für Neues da. Es wäre also sträflich, diese Energie nicht zu nutzen. Sie wollten das Experiment wagen und hatten auch das Selbstvertrauen, es erfolgreich umzusetzen.

Alle schauten Constanze gespannt an; sie merkte, dass eine Pause entstanden war. Sie begann deshalb sehr schnell zu erzählen, wurde aber mit jedem Wort ruhiger:

„Der Strukturwandel bei Zeuss Husum wird Veränderungen in drei Richtungen bewirken:

- kooperierende Clusterstrukturen für die Entscheidungsprozesse,

- eine Matrixstruktur für die fachliche Abstimmung und

- Linienstrukturen für die Gestaltung der Informationsströme.

Die Rahmensetzung für die Entscheidungsprozesse haben wir als den Kern der neuen Strukturen betrachtet. Damit wollen wir Raum geben für eine unseren strategischen Zielsetzungen angemessene kooperative Führung und Verantwortung. Die bei Zeuss Husum entwickelte Idee eines ‚internen Marktes' hat ja bereits den Boden bereitet (s. Abb. 31):

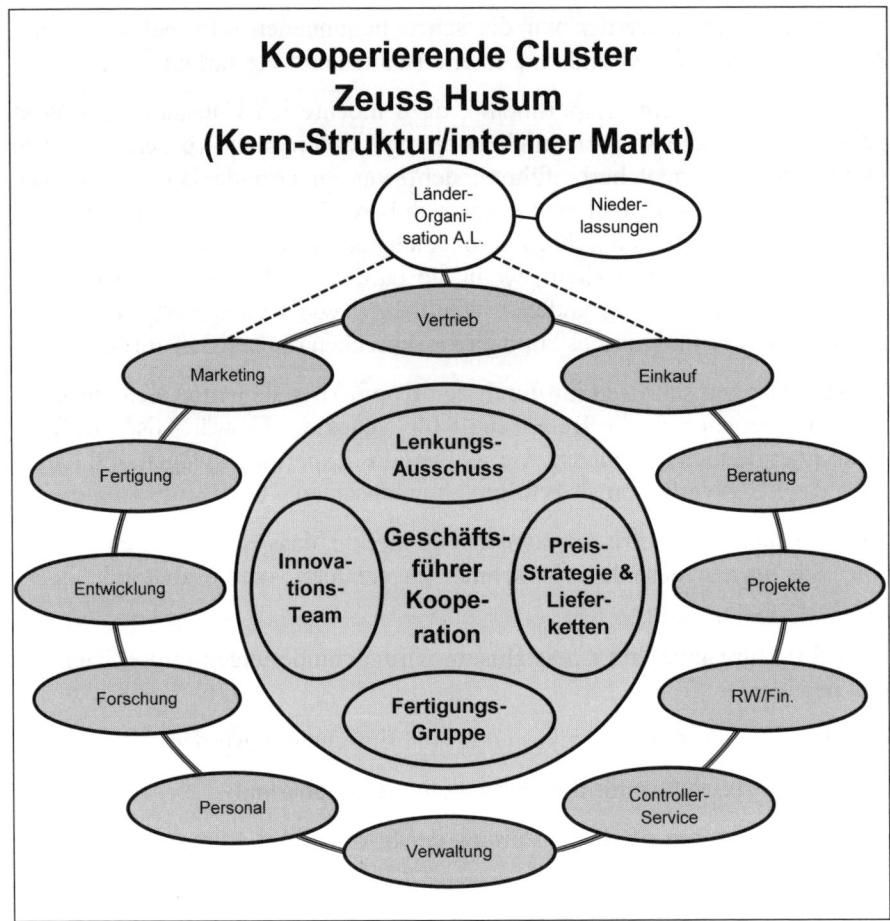

Abb. 31: Clusterstruktur als Basis

Wir werden die gleichartigen Abteilungen der bisherigen Bereiche zusammenführen und alle Abteilungen zu eigenständigen Struktureinheiten entwickeln Die einzelnen Einheiten treffen alle für ihre Entwicklung wesentlichen
Entscheidungen selbstständig und stimmen ihre wechselseitigen Beziehungen auf der Basis von Leistungsvereinbarungen (Service Level Agreements)
miteinander ab. Einkauf, Marketing und Vertrieb erhalten darüber hinaus die
Gelegenheit, die Länderorganisation von A. Leiner und deren Niederlassun-
gen für ihre Aktivitäten zu nutzen.

Die verbindende Klammer aller Struktureinheiten bilden unsere gemeinsame Strategie und einheitliche Grundwerte, Führungsgrundsätze und Verhaltensregeln. Um darüber hinaus eine gemeinsame Politik auch in den Details zu gewährleisten, werden vier koordinierende Gruppen gebildet:

1. ein Lenkungsausschuss, dessen wichtigste Aufgabe in der Vereinbarung aufeinander abgestimmter Verrechnungspreise besteht;

2. ein Ausschuss für Preisstrategie & Lieferketten (Supply Chain); ihm obliegt die Erarbeitung von Zielpreisen für die Produkt- und Leistungsportfolien sowohl im Vertrieb als auch im Einkauf sowie die Gestaltung einer durchgängigen, auf Kooperation basierenden Lieferkette;

3. eine Fertigungsgruppe, die die flexible Abstimmung der Kapazitäten in den verschiedenen Fertigungsbereichen koordiniert;

   Die Fertigungsgruppe in Husum arbeitet faktisch schon unabhängig von der formalen Strukturfestlegung. Das hat die Veränderung der Strategie ganz unkompliziert bewirkt; auch die Abstimmung zwischen Zeuss und A. Leiner nimmt zu. In die Fertigungsgruppe sind übrigens auch die Leiter der Beratungs- und Projektbereiche eingebunden. Das hat die Auslastung der Ingenieure bei Zeuss Husum kontinuierlicher gesteigert, weil sie sich wechselseitig unterstützen können und die Auftragslage in den einzelnen Bereichen über das Jahr gesehen ziemlich schwankt. Mit dem Vorschlag zur Bildung dieser Fertigungsgruppe vollziehen wir faktisch nur nach, was sich in der Praxis bereits ergeben und bewährt hat.

4. ein Innovationsteam, in dem Ideen für das künftige Leistungsangebot besprochen werden.

   Das Team bespricht auch die Eckpunkte der Zielkostenplanung, sobald die Ideen einen entsprechenden Reifegrad erreicht haben; außerdem kümmern sie sich um Fragen der Risikotragfähigkeit – bei Zeuss sprechen wir von ‚strategischer Achtsamkeit‘." „Ein Begriff, den ich für A. Leiner glatt übernehmen würde", warf Peter Jost ein.

„Die vier Gruppen sollen von einem ‚Geschäftsführer Kooperation‘ koordiniert werden, der eng mit Dir, Gerd, zusammenarbeitet. Nach unseren Vorstellungen könnte zu diesem Zweck ein informeller ‚Koordinierungsrat der Geschäftsleitung‘ beider Unternehmen gebildet werden. Diese Struktur wird es nach unserer Überzeugung erlauben, eine enge Kooperation aller Beteiligten mit vielseitiger Flexibilität ‚auf Augenhöhe‘ zu verbinden."

„Ein interessanter Ansatz", nutzte Gerd Paulick eine kurze Atempause Constanzes. „Aber gegenwärtig zähle ich ein leitendes Dreierteam bei Zeuss Husum. Soll da nun ein vierter hinzukommen? Das wäre wohl des Guten zu viel. Oder soll einer zum Geschäftsführer aufsteigen, und was wird dann aus den beiden anderen?" „Darüber haben wir natürlich ausführlich gesprochen", nahm Peter wieder das Wort. „Wir schlagen Constanze als ‚Geschäftsführerin für Kooperation' vor. Immanuel Perquiro würde das Innovationsteam übernehmen und Gunther Nieda den Lenkungsausschuss", Schnibbel ließ Gerds Frage gar nicht erst im Raum stehen. Constanze, Immanuel und Gunther nickten zustimmend. „Für den Ausschuss ‚Preisstrategie & Lieferketten' schlagen wir Lasse Krämer vor, und die Fertigungsgruppe soll Martin Flutzsch leiten. Wir bitten Dich, diese Namen unseren Gesellschaftern zur Bestätigung vorzulegen."

Gerd nahm die Vorschläge zur Kenntnis, hatte jedoch noch eine weitere Anmerkung: „Das mit dem ‚Koordinationsrat der Geschäftsleitung' ist für unsere Zusammenarbeit sicher gut und nützlich. Wir dürfen das aber nicht an die große Glocke hängen. Mir ist es zu oft schon verdeutlicht worden: Unsere Konzernmutter will eine Zusammenarbeit, aber keine Fusion. Deshalb sollten wir auch nur jeden Anschein einer Verschmelzung vermeiden. Vielleicht ergibt die Zukunft andere Optionen. Dennoch, lasst das jetzt so stehen – die Idee ist gar nicht so schlecht; ach was, sie ist gut."

5.2.2 Fachliche Anleitung ermöglichen – die Matrixstruktur nutzen

Constanze räusperte sich ein wenig und fuhr dann fort. „Ich hatte eingangs von drei Strukturen gesprochen. Das Clustermodell charakterisiert den zukünftigen Rahmen für die Entscheidungsfindung bei Zeuss Husum.

Wir schlagen aber eine zweite, ergänzende Struktur für die fachliche Koordinierung der Arbeiten vor (s. Abb. 32). Dabei greifen wir auf die positiven Erfahrungen der A. Leiner zurück.

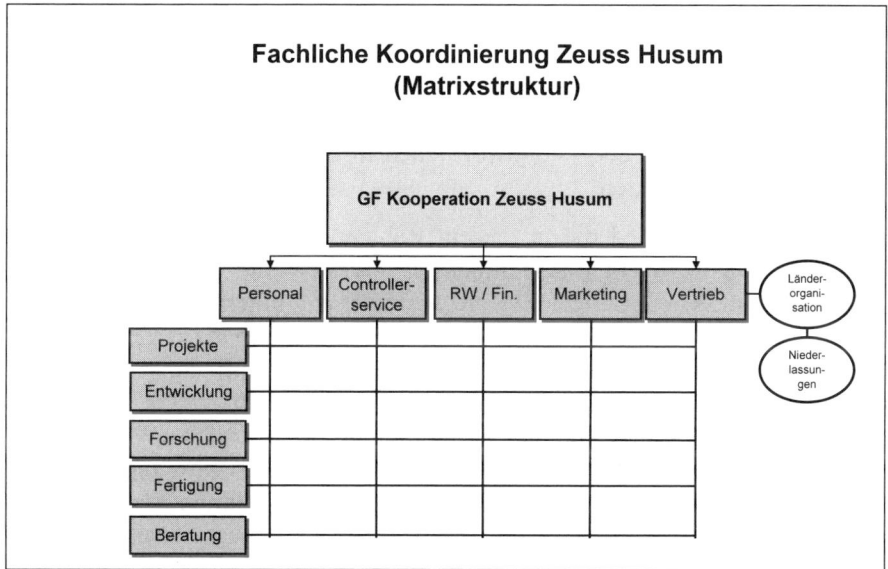

Abb. 32: Matrixstruktur für die fachliche Koordinierung

Wir wollen die bisherigen Querschnittsabteilungen zu Kompetenzzentren entwickeln. Sie werden mit den Fachabteilungen wie bei A. Leiner durch eine Matrix verzahnt. Damit soll sichergestellt werden, dass die übergreifenden Aufgaben in allen Struktureinheiten mit einem hohen Qualitätsanspruch angegangen und gelöst werden. Das ist auch wichtig, weil wir ja einige bisher selbstständige Abteilungen zusammenführen.

Auf diese Weise nutzen wir zugleich eine Anregung aus unserer strategischen Diskussion, neben der disziplinarischen Karriere andere Führungsaufgaben und entsprechende Aufstiegsmöglichkeiten zu schaffen. In jeder Fachabteilung wird es Zuständige bzw. Ansprechpartner für die Querschnittsabteilungen geben. Wer das im Einzelnen sein wird oder ob einige Aufgaben in Personalunion gelöst werden, müssen die Leiter der zukünftig eigenständigen Struktureinheiten entscheiden. Das gilt auch für die Festlegung, wer in den vier koordinierenden Gruppen mitarbeiten wird. In jedem Fall werden auf diesem Weg fachliche Aufstiegsmöglichkeiten geschaffen bzw. Kompensationsfelder für bisherige Abteilungsleiter, die durch die Zusammenlegung ihre jetzige Funktion verlieren.

Es erscheint mir noch wichtig anzumerken, dass die Matrix keine zusätzlichen disziplinarischen Hierarchien schafft, sondern ausschließlich Strukturen der fachlichen Koordination. Wir denken sogar daran, dass wir eine Reihe von Mitarbeitern ausbilden, um als interne Moderatoren von Veränderungsprozessen die Arbeit der Verantwortlichen in den eigenständigen Struktureinheiten zu unterstützen.

Die Matrixstruktur und die in diesem Rahmen mögliche Fachkarriere soll also nicht in Konkurrenz treten zu unserer Kernstruktur und den disziplinarischen Führungskräften. Sie sollen sie ergänzen und unterstützen. Das ist uns wichtig, um die Verantwortung nicht zu verwischen, sondern klarer zu verteilen. Nach unserer Überzeugung ist es nicht immer einfach, fachliche und disziplinarische Expertise in einer Hand zu vereinen. Es stehen auch unterschiedliche Fähigkeiten und Interessen dahinter. Die Ergänzung von Kernstruktur und Matrix schaffen also den Raum, flexibel auf diese unterschiedlichen Stärken einzugehen und sie gezielt für das Unternehmen zu nutzen.

Wir sind uns bewusst, dass der Erfolg solcher Verflechtung verschiedener disziplinarischer und fachlicher Strukturen eines glücklichen Händchens bei der Personalauswahl bedarf. Wir sind gerade dabei, die verschiedenen Anforderungsprofile zu erarbeiten und haben erste Gespräche begonnen. Die Resonanz ist erfreulich. Das gibt uns den Mut, es tatsächlich zu versuchen.

Ich will nun zum dritten Strukturansatz überleiten.

5.2.3 In-Formation schafft auch Strukturen

Wir haben uns auch Gedanken gemacht, wie die Datenströme besser gelenkt werden können. Manche klagen über zu wenig, die meisten aber über zu viel Informationen – wir brauchen auch dafür Strukturen, um die Daten sozusagen ‚In Formation' zu bringen. Dabei kommt es – wie bei den Kennzahlen – darauf an, wo welche Fragen wann entschieden werden und was die entscheidenden Personen dazu wissen müssen. Ich sage hier bewusst ‚müssen', weil sich über diesen Rahmen hinaus jeder natürlich selbst mit Informationen versorgen kann. Wir wollen und dürfen nicht alles reglementieren. Nebenbei gesagt, können wir das auch gar nicht.

Dennoch: Wir brauchen auf diesem Feld ein Mindestmaß an Regeln und Strukturen, schon allein um Desinformation aufgrund von Datenüberflutung und die damit verbundene Verschwendung zu vermeiden.

Um diese Aufgabe zu bewältigen, erscheinen uns Linienstrukturen am besten geeignet. Wahrscheinlich werden wir da auch noch einiges auszuprobieren haben. Der Grundgedanke liegt darin, die Informationen dort zu bündeln, wo sie für Entscheidungen benötigt werden. Nur jene Daten, die für koordinierende Aktivitäten erforderlich sind, werden weitergeleitet. Wir leben nachhaltiger, wenn wir uns darauf beschränken.

Ich will ein Beispiel nennen, auch wenn alle Beispiele ‚hinken‘:
Unser Gehirn ‚weiß‘ erstaunlich wenig von den im Körper ablaufenden Prozessen. Vieles passiert in den Zellen vollkommen autonom. Nur ein verschwindend geringer Teil wird vom zentralen Nervensystem gesteuert, und auch davon ist uns nur ein Bruchteil bewusst. In der Schule habe ich mal gelernt, dass wir von ca. 10 Millionen Bits, die wir pro Sekunde aufnehmen, etwa 1 Million verarbeiten – aber nur wenig mehr als 50 (!) davon bewusst nutzen; und wir leben schon seit Tausenden von Jahren ganz gut damit.

Mag sein, dass die Relationen in moderneren Studien etwas verschoben sind. Mir kommt es auf den Grundsatz systemischer Steuerung an: Was vor Ort erledigt werden kann, soll auch dort entschieden und getan werden. Das geht ‚höhere Hierarchien‘ nichts an; sie sollen sich auf die Koordination ihrer Ebene konzentrieren und sich nicht von unnötigen Details ablenken lassen.

Preußens, aus den Napoleonischen Kriegen berühmter General Blücher hat das mal treffend formuliert: ‚Ein General, der sich um die Aufmunitionierung seiner Soldaten kümmert, hat in der Armee nichts verloren – dafür hat er seine Leutnants‘.

Das wollen wir künftig auch für unsere kommunikativen Strukturen beherzigen. Sie sollen durch vier einfache Ebenen gestaltet werden:

1. Datenströme innerhalb der Fertigungs-, Entwicklungs-, Projektierungs- und Beratungseinheiten; sie konzentrieren die größte Anzahl Mitarbeiter und benötigen eine eigenständig organisierte interne Abstimmung, um die täglich tausenden kleinen Details zu regeln.

2. Datenströme im Rahmen der fachlichen Koordination zwischen den Kompetenzzentren und den Facheinheiten; das sind ganz spezifische Kommunikationswege, die auch gesondert organisiert werden sollen.

3. Datenströme im Bereich der kooperativen Geschäftsführung; das betrifft im Wesentlichen meine Tätigkeit zur Abstimmung der vier koordinieren-

den Gruppen und der Sicherstellung ihres zeitlichen Zusammenspiels untereinander und mit den jeweiligen Struktureinheiten.

4. Datenströme für den ‚Koordinationsrat der Geschäftsleitung‘, der von mir und den vorhandenen Linien aus A. Leiner gespeist wird.

Damit sind vier Informationshierarchien vorgesehen, die in sich relativ autonom funktionieren können und gleichzeitig nur jene relativ wenigen Informationen verzweigen, die zur Koordination der Zusammenarbeit benötigt werden. Wir erhoffen uns, dass dadurch aus unstrukturierten „Datenströmen" in Formation gebrachte ‚Datenbäche‘ werden.

Allerdings haben wir uns noch nicht über die Regeln der Kommunikation und Information verständigt. Das wollen wir zu einem späteren Zeitpunkt nachholen. Wir haben uns zunächst auf das ‚In-Formation Bringen‘ konzentriert. Das andere wird folgen, Schritt für Schritt."

An diesem Punkt schaltete sich einer der Moderatoren in die Diskussion ein. „Wir brauchen nicht alles bis ins Letzte auszuformen. Strukturen sollen einen Rahmen geben, in dem wir uns frei bewegen und zugleich zusammenarbeiten können. Da wird es nie ideale Lösungen geben.

Vor allem: Es liegt an uns, wie wir die Strukturen nutzen, mit welchen Werten wir die Räume füllen. Sie haben ja schon intensiv darüber gesprochen. Wertschätzung gilt auch in dieser Frage. Ob wir die Grenzen zwischen den verschiedenen Strukturelementen als Schnittstellen oder als Nahtstellen entwickeln, hängt nicht nur von ihrer Konstruktion ab. Der gebotene Raum muss durch eine adäquate Arbeitskultur und ein entsprechendes Zeitmanagement ergänzt werden. Anderenfalls kann das darin schlummernde Potenzial nur unzureichend geweckt werden. Lassen Sie mich bitte darauf noch ein paar Sätze verwenden.

5.2.4 Strukturen brauchen Zeit

Strukturen begleiten sowohl die strategischen als auch die operativen Prozesse; doch Prozesse bedürfen nicht nur eines Rahmens, sondern auch der Zeit, um ablaufen zu können. Die Zeit aber ist eine eigentümliche Ressource. Im Unterschied zu allen anderen Ressourcen, die man ebenso für den Ablauf eines Prozesses benötigt, kann Zeit weder gemietet noch gekauft werden. Peter Drucker, der große Vordenker des modernen Managements, beschrieb es treffend: „Diese Ressource hat keinen Preis, und es kann keine Grenznutzenkurve dafür gezogen werden. Dazu kommt, dass die Zeit zur Gänze verderblich ist und nicht gelagert werden kann. Der gestrige Tag ist für immer verflossen, diese Zeit kann nicht wiedergewonnen werden. Daher herrscht stets ein akuter Mangel an Zeit... Und dennoch nehmen die meisten Menschen diese einzigartige, unersetzliche und unbedingt erforderliche Ressource als gegeben hin:

Nichts unterscheidet effektive mehr von durchschnittlichen Führungskräften als ihr fürsorglicher Umgang mit der Zeit[55].

Im betriebswirtschaftlichen Zusammenhang interessiert jedoch nicht die Zeit als physikalische oder technische Kategorie. Es geht um die Zeit für Tätigkeiten, die zur Entwicklung oder Nutzung von dem Geschäftsmodell unseres Unternehmens adäquaten Potenzialen verbraucht wird. In diesem Sinne ist es zweckmäßig, zwischen wirtschaftlich wirksamer und unwirksamer Zeit zu unterscheiden.

Nur die wirtschaftlich wirksame Zeit bzw. der Anteil wirtschaftlich wirksamer Zeit an der bezahlten Zeit ist für unser Unternehmen relevant.

Die wirtschaftliche Wirksamkeit verbrauchter Zeit ist von vielen Faktoren abhängig, bspw.:

- inwieweit kann die Tätigkeit redundant bzw. ohne Störung der ablaufenden Prozesse erfolgen – die Clusterstrukturen sollen dafür Raum und die Matrixstrukturen fachliche Anleitung geben,

- ist die volle Konzentration der beteiligten Menschen gewährleistet[56] – die Strukturen der Informationsversorgung haben zum Ziel, die entscheidenden Botschaften empfängergenau zu verteilen, damit die Menschen nicht mit Daten überflutet und mit ständig wechselnden Tätigkeiten unnötiger Informationsannahme und -bearbeitung belastet werden;

- kann die Konsistenz des Zusammenwirkens verschiedener Tätigkeiten gewährleistet werden, d. h. inwiefern genügt das Ergebnis einer vorgelagerten Tätigkeit dem Bedarf der nachgelagerten Tätigkeit qualitativ, quantitativ und terminlich; die Konsistenz ist zum einen eine Frage ratio-

---

[55] Drucker, P. F. (2002), S. 266 f.

[56] Gutenberg verweist in diesem Zusammenhang auch auf die „sogenannte arbeitsphysiologische Leistungskurve", der entsprechend die menschliche Konzentrationsfähigkeit zeitlichen Schwankungen unterworfen ist; Gutenberg, E. (1983), S. 37.

neller Arbeitsorganisation[57] und zum anderen eine Frage der Netzwerkplanung zum Ausgleich bestehender Engpässe[58].

Bleibt noch ein weiterer, allgemein stark unterschätzter – weil aus der Mode gekommener – Aspekt: die systematische Nutzung von Ritualen. Rituale sind nicht nur standardisierte Handlungsabläufe, wie Routinen und Gewohnheiten, es wird ihnen vielmehr ein besonderer Sinn oder eine soziale Relevanz unterstellt. Durch Einhaltung bestimmter Regeln wird Berechenbarkeit, Sicherheit und Orientierung vermittelt. Niemand muss sich jedes Mal aus den Alternativen des Möglichen einen neuen Ablauf ausdenken; niemand muss sich jedes Mal aufs Neue vergewissern; niemand neu aushandeln, wie alles sein wird. Dadurch entsteht ein gewohnheitsmäßiger Ablauf, es wird Zeit und Energie gespart[59]. Die Dinge gehen uns sozusagen ‚in Fleisch und Blut über‘.

Rituale helfen dabei, sich Zeit zu nehmen für jene Fragen, die als wesentlich empfunden werden; sie helfen dabei den exkulpierenden Satz: ‚Ich hatte keine Zeit‘ durch das selbstbewusste Bekenntnis zu ersetzen ‚Ich setze Prioritäten und nehme mir die Zeit für jene Dinge, die ich für wichtiger halte als andere‘.

Die wirtschaftlich wirksame Zeit wird als betriebswirtschaftliche Kategorie in erschreckendem Maße missachtet. Eine 2004 veröffentlichte Studie von Proudfoot Consulting hat ergeben, dass unproduktive Zeiten allein für Deutschland je Arbeitnehmer 74 Tage pro Jahr betragen, was bedeutet, dass nur 64 % der vorhandenen Kapazität produktiv genutzt wird[60].

Die daraus resultierenden Kosten für bezahlte, aber nicht wirtschaftlich wirksame Arbeitszeit werden in der genannten Studie mit 1.365 Mrd. US-$ benannt, davon 190 Mrd. US-$ in Deutschland[61]. Die verschwendete Arbeitszeit kostet damit deutlich mehr als der zusammengerechnete Effekt von Abwesenheit, Regulationshürden und unzureichenden Verkehrssystemen[62].

---

[57] Über diesbezügliche Zeitstudien ist schon in den 40er Jahren berichtet worden; vgl. ebenda, S. 33 ff.

[58] In diesem Zusammenhang ist auf das von Gutenberg formulierte Ausgleichsgesetz der Planung zu verweisen; ebenda, S. 164 f.

[59] Echter, D. (2003), S. 17.

[60] Proudfoot Consulting (2004), S. 12.

[61] Ebenda, S. 7.

[62] Ebenda, S. 4.

Eine besondere Herausforderung hinsichtlich des Zeitmanagements bildet die Sitzungskultur. Das beginnt mit der klaren Unterscheidung zwischen Sitzungen, die Entscheidungen herbeiführen sollen, und Treffen mit rein informellem Charakter:

1. Sitzungen, die Entscheidungen herbeiführen sollen, benötigen eine eindeutige Tagesordnung, wobei jeder Tagesordnungspunkt mit einem Entscheidungsvorschlag zu verbinden ist. An einem derartigen Treffen müssen nur jene Personen teilnehmen, die für von den Entscheidungen betroffene Resultate verantwortlich sind. Diese Sitzungen haben einen definierten Anfang und ein definiertes Ende und müssen konsequent geleitet werden. Dann werden sich die Teilnehmer auch ausreichend vorbereiten[63].

2. Informelle Treffen hingegen benötigen nicht unbedingt eine Tagesordnung. Je nach Art des Informationsaustausches kann der Teilnehmerkreis begrenzt oder offen, die Teilnahme aber sollte fakultativ sein. Wer die Information für die Wahrnehmung seiner Verantwortung benötigt, wird sich die Zeit nehmen, sofern die Veranstaltung ihm einen diesbezüglichen Mehrwert verspricht.

In den meisten Unternehmen könnte sehr viel Zeit für kooperative Zusammenarbeit gewonnen werden, allein wenn es gelänge, zwischen diesen beiden Formen klar zu trennen. Proudfoot Consulting hat in ihrer Produktivitätsstudie 2005/06 viele Unternehmen beobachtet und die internen Treffen analysiert; die beschriebene ‚Meetingkultur‘ ist erschreckend. So starteten z. B. gerade 27 % der Treffen mit einer ausreichend vorbereiteten Tagesordnung; ganze 12 % beschäftigten sich angemessen mit der Überprüfung von zuvor beschlossenen Maßnahmeplänen bzw. endeten mit Entscheidungen über konkrete Maßnahmen, und nur traurige 8 % knüpften daran greifbare Festlegungen über eindeutige Zuständigkeiten und klare Termine[64].

Ich habe das so ausführlich dargestellt, weil ich zeigen möchte, dass Strukturen nur eine Seite der Medaille sind und wir nicht zu viel Kraft allein auf ihre formale Ausprägung legen dürfen. Inwieweit uns Strukturen helfen, kooperative Zusammenarbeit zu organisieren, ist auch und vor allem eine Frage der Führung.

---

[63] Die technische Universität zu Braunschweig hat dazu „22 Tipps & Tricks für erfolgreiche Meetings" erarbeitet; s. Anhang.

[64] Proudfoot Consulting (2005), S. 17.

Denn zum Schluss müssen Führungskräfte ihre Entscheidungen zu den konkreten Schwerpunkten strategischen und operativen Tuns nicht nur sachlich, sondern auch zeitbezogen individuell verantworten und mit dauerhafter Konsequenz umsetzen. Das funktioniert normalerweise nur, wenn sie sich ihrer diesbezüglichen Verantwortung bewusst sind und das eigene Engagement, die eigene Motivation hinter der getroffenen Lösung steht.

Strukturen können dabei förderlich oder hinderlich sein – Führung ersetzen können sie nicht."

Die neuen Strukturansätze wurden nach relativ kurzer Diskussion mit wenigen, marginalen Änderungen bestätigt und sollten im kommenden Jahr schrittweise umgesetzt werden. Constanze und Peter hatten durch intensive Vorgespräche und Einarbeitung der dabei vorgetragenen Hinweise bereits im Vorfeld die Weichen gestellt. Sie waren sich im Klaren, dass sie ein Experiment starten würden und dass sie es achtsam begleiten müssten. Aber alle in der Runde waren sich einig, es zu wagen. Und wenn es Erfolg haben würde, sollte A. Leiner einen ähnlichen Weg gehen.

„Jetzt aber brauchen wir alle erst einmal etwas Abstand und Ruhe. Im neuen Jahr geht es ja gleich wieder los. Bis dahin wünsche ich euch ein paar besinnliche Tage und etwas Erholung." Gerd Paulick war mit dem Ergebnis zufrieden. Das würde er noch nach Malaysia berichten. Dann konnte er auch für ein paar Tage Urlaub machen.

Weihnachten stand vor der Tür – das zweite seit Constanzes Trennung von Conrad. Ein bisschen Urlaub würde nun ihr nach den anstrengenden Wochen bei Zeuss in Husum gut tun. Constanze hatte viel gearbeitet und weder ihren Vater und Doris noch Klaus getroffen. Das wollte sie nun in den Weihnachtstagen und zwischen den Jahren nachholen. Entspannt fuhr sie nach Berlin.

Es waren allerdings keine erfreulichen Zustände, die sie dort vorfand. Die Krankheit von Vaters Lebensgefährtin war inzwischen recht schlimm geworden. Die Ärzte hatten eine seltene Form von Krebs diagnostiziert, Heilung würde vielleicht ein teures neues Medikament bringen, dass die Krankenkasse aber nicht bezahlte. Vater, der sich sehr um Doris sorgte, hatte nur noch ein Thema: „Wie bekomme ich wenigstens 150.000 € für die Behandlung mit dem neuen Medikament?" Constanze wollte das ihre beisteuern, aber es blieb noch ein großes Loch in der Finanzierung. Dies trübte die Stimmung doch erheblich.

Am Sonntagabend lud sie ihren Vater – Doris wollte nicht mitkommen – zum Essen ins *Dressler* Unter den Linden ein. Das vorweihnachtliche Menü schmeckte beiden gut. Johannes zeigte sich weiter über ihr Fortkommen im Unternehmen interessiert, ließ sich technische Einzelheiten der Neuentwicklung erklären.

Plötzlich sprang er auf. Ein gut aussehender Endfünfziger hatte soeben das Lokal betreten. „Mensch, Helmut, was machst Du denn hier?", entfuhr es Constanzes Vater. Der so angesprochene reagierte erst nicht, dann entspannte sich aber sein Gesicht und er erkannte Johannes: „Ja, ich sag doch immer, Berlin ist ein Dorf, mehr noch als München." Johannes lud ihn ein, doch an ihrem Tisch Platz zu nehmen. Formvollendet begrüßte Helmut Constanze: „Stehlin. Ich glaube, Sie kennen mich nicht mehr, habe ich Sie doch vor knapp 30 Jahren im Arm gehabt. Heute wäre es mir auch noch angenehm!" schmunzelte er.

Die beiden Freunde hatten sich fast 30 Jahre nicht mehr gesehen. Helmut Stehlin war als Bankier in Frankfurt sehr erfolgreich, hatte aber vor kurzem, obwohl erst Anfang 60, sein Berufsleben beendet. „Wisst ihr, ich darf doch noch „Du" sagen, Constanze, ich konnte es nicht mehr mit ansehen, wie im Bankgeschäft gearbeitet wird. Von Ehrbarkeit keine Spur, nur das große Geld zählt. Ich war recht erfolgreich und habe mich nun auszahlen lassen. Einige Kunden, die ich jahrelang betreut habe, baten mich dennoch um Unterstützung, um als Berater ihr Vermögen sicher und nachhaltig zu bewahren."

Schade, dass Constanze sich noch mit Klaus verabredet hatte, zu gern hätte sie dem Gespräch der beiden Freunde gelauscht.

Klaus würde sich über ihr Kommen freuen, war er doch in den Wochen vorher sichtlich zu kurz gekommen! So war es, sie verbrachten den Abend in einer kleinen Bar. Constanze erzählte ihm von dem Treffen mit Helmut, berichtete von der Problematik mit der Strukturumstellung, Grund für die viele Arbeit im fernen Husum.

Aber auch Klaus hatte in den letzten Monaten in seiner Kanzlei neue Aufgaben bekommen, von denen er begeistert berichtete: „Wir begleiten ausländische Konzerne und Fonds bei der Übernahme maroder Unternehmen – da sind große Summen im Spiel, und unsere Kanzlei bekommt ihren Teil ab."

Gemeinsam genossen sie nun die große Stadt und die Zweisamkeit. Aber leider ist so ein Sonntagabend vor Weihnachten viel zu kurz. Am folgenden

Morgen fuhr Klaus zu seiner Familie. Er hatte seinen Eltern versprochen, Weihnachten und Sylvester bei ihnen zu verbringen. Constanze blieb in Berlin und nutzte die Tage, sich zu erholen.

Dann war es auf einmal Neujahr. Was würde 2008 ihr bringen? Wenn sie die turbulenten beiden Jahre überdachte, die seit ihrer Trennung von Conrad Trollinger vergangen waren, dann konnte sie nur neugierig sein. Diese Entwicklung hätte sie sich nicht träumen lassen. Und 2008 fing auch schon rasant an. Am 2. Januar bestieg sie gemeinsam mit Peter „Schnibbel" Jost die Maschine nach Malaysia.

Der Flug dauerte lang, sehr lang. Aus Kostengründen hatten sie „Holzklasse" gebucht und saßen in einem Schwarm erst schnatternder, dann tief schlummernder Asiaten. An Schlaf konnte Constanze nicht denken, und so unterhielt sie sich lange mit Schnibbel, der sich als Kenner der Firmengeschichte von A. Leiner erwies. Eine nicht enden wollende Geschichte von Aufs und Abs, die schon Ende des 18. Jahrhunderts in Flensburg begann:

„Ein gewisser Anton Leiner war aus Mecklenburg eingewandert und fand Anstellung in einem kleinen Handelshaus am Hafen. Er mauserte sich zu einem umsichtigen, aber auch alle Geschäftschancen nutzenden Mitarbeiter, der schnell aufstieg. Der jähe Tod des Firmeninhabers auf einer Reise nach Kopenhagen forderte von der noch jungen Witwe entschlossenes Handeln, und so ehelichte sie den strebsamen Anton, der nebenbei auch ein stattliches Mannsbild gewesen sein soll. Es wurde nicht nur eine gute Ehe, auch die Reputation des Unternehmens in der Kaufmannschaft wuchs stetig.

Begünstigt wurde der Aufstieg des Unternehmens durch das aufkommende Handelsgeschäft mit englischem Tuch. Die Erfindung der Dampfmaschine führte in England zur Bildung von Tuchmanufakturen, die mit ihren Produkten ganz Europa überschwemmten. Die Zeit der Napoleonischen Blockade Anfang des 19. Jahrhunderts brachte dem grenznahen Flensburg einen großen Aufschwung, man nutzte das nahe Dänemark als Zwischenstation für den Tuchimport nach Deutschland.

Hierbei erwies sich Anton, der sehr sprachgewandt war, als äußerst geschickt: Er umschiffte alle Handelsschwierigkeiten und machte in kurzer Zeit ein großes Vermögen. Auch in der Gilde der Kaufleute nahm Anton Leiner bald eine herausragende Stellung ein. Die Umbenennung seines Unternehmens nach 12 Jahren in ‚A. Leiner Handelscontor' wurde in Anerkennung seiner Verdienste um die Kaufmannschaft und seines Einsatzes für die

Stadt Flensburg wohlwollend zur Kenntnis genommen. Sein Lebenswerk krönte er durch den Bau eines neuen Handelshauses direkt am Hafen – noch heute kannst Du diesen schönen Bau bewundern."

Constanze hörte interessiert zu und fand die Geschichte richtig spannend.

„Die nächste Umwälzung in der Industriegeschichte brachte dem Handelscontor weniger Glück: Anton Leiner war inzwischen alt geworden, seine Frau längst tot und der einzige Sohn, der aus der Verbindung der beiden hervorging, wohl nicht so ganz geschäftstüchtig. Jedenfalls reagierte man nicht auf die Ausbreitung eines neuen, alte Handelswege revolutionierenden Systems: die Eisenbahnen. Noch heute kannst Du am Bahnhof von Flensburg feststellen, dass die Stadt nicht gerade gut in dieses Verkehrssystem eingebunden ist. Da hatten die Bürger etwas verschlafen, Kiel und Travemünde zogen den Verkehr an sich, und uns in Flensburg blieb nur noch die Möglichkeit, sich mit einem Gläschen Rum der guten alte Zeit zu erinnern. Es wurde wohl recht intensiv gemacht, Rum aus Flensburg ist heute noch ein Verkaufsschlager!

Da es mit dem Handel nicht mehr gut lief, verlegte man sich bei A. Leiner auf Schiffsausrüstung. Insbesondere nach dem deutsch-dänischen Krieg wurde viel in Marineaktivitäten investiert. Die vielen Werften im nahen Umfeld boten interessante Geschäfte. Das rettete das A. Leiner Handelscontor, nur den Namen nicht. Man firmierte um in „A. Leiner AG". Aus AG kannst Du schließen, dass auch Anton Leiner längst das Zeitliche gesegnet und sein Sohn zwei Partner ins Unternehmen genommen hatte.

Ende des 19. Jahrhunderts gab es einen neuen Aufschwung: Die Elektrizität war erfunden worden, und auch im Schiffbau nutzte man die neuen sich bietenden technologischen Möglichkeiten. Mein Urgroßvater war damals Mitarbeiter bei A. Leiner. Ich habe in alten Schriften viel über seine Aktivitäten nachlesen können." „Daher auch Dein Interesse an der Firmengeschichte?", stellte Constanze fragend fest und orderte bei der Stewardess zwei weitere Becher mit Wasser.

„Ja, ich glaube fest daran, dass man aus Geschichte viel für sein Leben lernen kann. Geschichte wiederholt sich – natürlich nicht im Detail, aber im Großen und Ganzen. Das siehst Du auch an der nächsten, der inzwischen vierten Phase der Firmengeschichte: Der erste Weltkrieg hatte dem Unternehmen noch nicht viel anhaben können. Und die zwanziger Jahre waren auch für A. Leiner goldene Jahre. Aber nach dem zweiten Weltkrieg neigte sich die Waage wieder zur anderen Seite. Ganz Deutschland war zerstört, und auch in Flensburg fing das Leben nur langsam wieder an. Zu langsam: Die Randlage, die durch den Krieg zerstörten Werftkapazitäten und die noch geschlossenen Grenzen ergaben keine gute Startposition. Für den beginnenden Binnenhandel nahmen Lastkraftwagen eine führende Position ein. Schiffsbau schien keine Zukunft zu haben, Entsprechend waren auch Schiffsausrüstungen wenig gefragt. Es kamen schwere Zeiten für A. Leiner. Mehrfach stand das Unternehmen kurz vor der Pleite. In Zeiten des Automobils war für uns kein Platz.

Aber glücklicherweise – es ist wie bei Wellen immer ein Auf und Ab – ging es dann wieder bergauf: Erst Transistoren, dann elektronische Bauteile veränderten auch die Seefahrt. Gab man früher mit Signalflaggen Informationen weiter, funkte man später mit Röhrengeräten, verläuft heute die gesamte Schiffskommunikation elektronisch. Der Computer ist aus der Welt der Schiffe nicht mehr wegzudenken.

Auf diesen Zug sind wir bei A. Leiner früh aufgesprungen, hatten einige tüchtige Entwickler, die die Zeichen der Zeit verstanden und uns zu einem der führenden Schiffsausrüster in Mitteleuropa gemacht haben. Leider kostete das Wachstum viel Liquidität; da musste das Unternehmen Kapital aufnehmen – so gehören heute 100 % von A. Leiner ausländischen Kapitalgebern. Und da fliegen wir jetzt hin.

Wollen mal sehen, was diesmal das Thema ist. Constanze, es macht zwar viel Spaß, mit Dir gemeinsam zu unserem Hauptaktionär nach Malaysia zu fliegen, aber Bauchgrummeln habe ich dennoch immer. Liegt es an der anderen Kultur, an anderen Sichten auf nachhaltige Unternehmensentwicklung, ich jedenfalls würde jetzt lieber an der Förde frierend spazieren, als bald bei 30 Grad zu schwitzen."

Es war ein Wechselbad der Gefühle, das sie in Kuala Lumpur erwartete. Der moderne Flughafen ist gut klimatisiert, aber auf dem Weg zum Taxi traf sie der Schlag: feuchte Hitze, obwohl es bereits früher Abend war. Und im Hotel eingetroffen auch noch das: Eine für sie hinterlegte Nachricht bat sie, den nächst möglichen Flieger nach Singapur, zu nehmen. Dort würden sie vom Finanzchef erwartet. „Nö, jetzt übernachten wir erst mal – und morgen gehen auch noch Flugzeuge", erklärte Schnibbel. „Lass uns die Zimmer beziehen, ich buche schnell für uns den Flug nach Singapur und dann gehen wir essen: Ich war schon zweimal hier in dieser aufregenden Stadt und habe beim letzten Mal ein nettes Restaurant kennengelernt. Sicher eine Touristenfalle, aber es entspricht unseren Vorstellungen von Südostasien und ist nicht ganz so fremd. Sie haben sogar – wenn es sein muss – Schnitzel!" „Nein, das muss nicht sein. Ich freue mich auf die malaiische Küche."

Constanze schmeckte es; ihr waren die Unterschiede zwischen chinesischer, thailändischer oder eben malaiischer Küche nicht geläufig – zumindest gab es eher festen Reis, köstliches Gemüse und leckeres Fleisch, schon in Streifen geschnitten. Auf Wunsch gab es auch Stäbchen, für Constanze untrügliches Zeichen für ein auf westliche Gäste ausgerichtetes Haus. Auch Schnibbel genoss das Essen sichtlich, zumal es deutsches Bier gab. Zwar kein *Flensi*, aber eben doch dem deutschen Reinheitsgebot entsprechend.

Die Müdigkeit übermannte sie nach dem Essen, sodass für einem Stadtbummel kein Bedarf bestand: Das Bett lockte, obwohl es erst 22 Uhr Ortszeit war. Constanze wäre überall sofort eingeschlafen, so müde war sie.

Ihr Handy zeigte 12 Uhr an, als das Klingeln sie aus dem Tiefschlaf holte: „Constanze, entschuldige die Störung, aber unser Flieger geht um 15 Uhr – wir müssen los", meldete sich Schnibbel. Sie rechnete zurück und kam auf 4 Uhr mitteleuropäischer Zeit, kein Wunder, dass sie sich nicht gerade ausgeschlafen fühlte! In der Hotelhalle nahmen sie schnell noch einen Espresso und fuhren dann mit dem Taxi zum Flughafen. Bald darauf waren sie wieder in der Luft, auf dem Weg nach Singapur.

„Geschieht das häufiger, dass unser Finanzchef Dich mal nach hier, dann nach dort bestellt?", fragte sie. „Nein, das habe ich noch nie erlebt. Herr Tsimei, so heißt er, ist preußischer als ein Preuße. Er hat in Deutschland, ich glaube in Berlin an der TU Wirtschaft studiert. Für ihn ist Deutschland weiterhin ein Land der Denker und Dichter. Ich glaube, die Investition in unsere Unternehmen beruht auf seiner Liebe zu Deutschland.

Ich befürchte, es ist etwas nicht so Positives passiert. Ich will Dich nicht beunruhigen, aber ich sehe dem Gespräch mit leichter Sorge entgegen."

So war es denn auch: Kaum in Singapur im *Marina Mandarin Hotel* angekommen wurden sie von einem Chauffeur abgeholt und trafen Herrn Tsimei, der sich vielmals für die Unannehmlichkeiten, die er verursacht hatte, entschuldigte. Er sprach fließend deutsch und wandte sich kurz Constanze zu. „Ich habe viel Gutes über Sie gehört und freue mich, Sie persönlich kennenzulernen. Und es tut mir leid, dass ich nicht wenigstens hier in Singapur Stadtführer für Sie spielen darf. Natürlich wäre es mir in meiner Heimatstadt Kuala Lumpur noch lieber gewesen!

Aber ich habe ein ernsteres Thema mit Ihnen zu besprechen. Unser Konzern ist in den letzten beiden Jahren sehr gewachsen. Nicht nur in Deutschland. Nun muss eine Konsolidierungsphase eingelegt werden, in der wir unsere Investments überprüfen, uns auch teilweise neu strategisch ausrichten müssen. Die A. Leiner AG in Flensburg, zusammen mit der Zeuss GmbH in Husum, stehen natürlich nicht auf dem Prüfstand. Aber wir erwarten von Ihren beiden Unternehmen einen, lassen Sie es mich „Konsolidierungsbeitrag" nennen. Herr Jost, in den letzten Jahren lag Ihre konservativ bilanzierte Eigenkapitalrendite bei knapp 10 %, und dies war eigentlich auch die erste Zielstellung bei Zeuss. Aber in schwierigen Zeiten wie diesen muss ich Sie bitten, eine Verzinsung des eingesetzten Kapitals unserer Gruppe von 20 % anzupeilen. Dieses Ziel gilt bereits für den Abschluss von 2007.

Ich erwarte von Ihnen, sehr verehrte Frau Trollinger und Herr Jost, nicht etwas Unmögliches oder Illegales. Sie liefern in diesem Jahr zum zweiten bzw. ersten Mal einen Abschluss auf der Basis der International Financial Reporting Standards (IFRS) ab. Da gibt es viele Ermessensspielräume. Sie haben reichlich Entwicklungskosten und ein großes Volumen an langfristigen Fertigungsaufträgen. Schöpfen Sie diese Spielräume extensiv zu unseren Gunsten aus, auch wenn Sie dabei Ihr traditionelles Vorsichtsprinzip etwas zurückstellen müssen. Die A. Leiner AG war mir da im letzten Jahr etwas zu zögerlich; das darf sich in diesem Jahr nicht wiederholen. Bei Zeuss Husum sollten Sie als designierte Geschäftsführerin von Anfang an etwas mutiger sein. Ich denke, wir haben uns verstanden."

Constanze schaute mit fragenden Augen Schnibbel an, der aber trotz aller Schlagfertigkeit und Erwartung einer Unannehmlichkeit sprachlos blieb. Äußerst höflich verabschiedete sich Herr Tsimei von ihnen, noch einige lobende Worte über die beiden deutschen Unternehmensteile auf den Lippen.

Zurück im Hotel setzten sie sich erst einmal in die Lobby: Sie waren platt! Vieles hatten sie, hatte insbesondere Schnibbel erwartet, aber dies nicht. „Was steckt dahinter?", sinnierte er laut. „Warum sollen wir einfach den Gewinn mehr als verdoppeln? Wollen die Malaien den zusätzlichen, aber doch bloß virtuellen Überschuss ausschütten lassen und vereinnahmen? Und wie finanzieren wir in dem Fall den Abfluss von noch nicht erwirtschaftetem Cashflow?" „Wenn wir uns einfach nicht an die Vorgabe halten?", fragte Constanze. „Tja, ich nehme an, dann wird uns eine entsprechend orientierte Geschäftsführung vorgesetzt. Und machen wir uns nichts vor, kurzfristig ist das vorgegebene Ziel zu erreichen, nur ich kann mir nicht vorstellen, dass dies eine einmalige Forderung bleiben wird. Und dann haben wir echte Probleme. Alle Investitionen in unsere Zukunft, also Mitarbeiteraus- und -weiterbildung, alle Forschungs- und Entwicklungsaktivitäten, unsere Serviceorientierung – die ja auch erst einmal viel Geld kostet, bevor sie Erträge bringt, alles das werden wir zumindest erheblich einschränken, wenn nicht sogar ganz streichen müssen, falls sie uns die Liquidität abziehen. Die Folgen derartigen kurzfristigen Denkens erleben wir doch derzeit bei vielen Unternehmen. Selbst große Namen schützen davor nicht."

„Gut, oder nicht gut, Schnibbel, lass uns eine Nacht darüber schlafen, und morgen auf dem Rückflug können wir uns überlegen, was wir machen können." „Ja, Du hast Recht. So, und jetzt gehen wir in das chinesische Viertel von Singapur. Du wirst überrascht sein, wie viele Gesichter dieses doch so moderne Singapur hat."

Constanze war überrascht. Sie durchstreiften die Straßen, schauten dem Treiben auf den Märkten zu, kosteten mit wachsender Begeisterung verschiedene Gerichte, die sie draußen im Trubel sitzend in einem kleinen Restaurant zu sich nahmen. Anschließend schlenderten sie durch das Amüsierviertel am Ufer des Singapore River, tranken in Straßencafés einen Cocktail und ließen sich schließlich von einem Türsteher in eine Disko lotsen. Auch hier ging es hoch her. Menschen aus allen Kontinenten, Chinesen, Malaien, Europäer, Australier und Amerikaner – man konnte daraus ein Spiel machen, zu raten, woher sie alle kamen – vergnügten sich, tanzten miteinander, redeten, tranken Cocktails oder Bier: wie überall auf der Welt.

Es war fast drei Uhr, als Schnibbel mit ihr die wenigen hundert Meter, vorbei am neuen Kongresszentrum zum Hotel lief. Constanze hakte sich bei ihm ein, er legte seinen Arm um ihre Schulter und fragte sie, im Hotel angekommen, ob sie noch einen Absacker mit ihm nehmen würde. Die Hotellobby war trotz der frühen Stunde gut besucht, äußerst hübsche, große und gertenschlanke chinesische Mädchen servierten einen ‚Singapore Slim'. Lecker, aber lange hielten sie es nicht aus. Als sie dann gemeinsam den Fahrstuhl nahmen wünschte der Liftboy ‚have a good night' – sie hatten sie.

Am nächsten Vormittag besuchten sie noch das indische Viertel von Singapur. Welch ein Leben auch hier auf den Straßen. Aber bei Helligkeit nicht so interessant und fremd wie gestern im Dunkeln das chinesische Viertel! Constanze traute sich – Schnibbel nicht – in einem indischen Restaurant ein landestypisches Menü zu sich zu nehmen. Oh, war das scharf! Das hatte sie noch nicht erlebt.

„Hier komme ich wieder hin – Singapur ist eine faszinierende Stadt", hauchte sie, als ihre Maschine gegen Mitternacht in den Nachthimmel abhob, ein Lichtermeer hinter sich lassend. Nach dem Abendessen fiel sie in einen tiefen Schlaf.

Am frühen Morgen kamen sie in Frankfurt an und mussten noch ein Weilchen warten, bis ihr Flugzeug nach Hamburg aufgerufen wurde. „Sag mal Schnibbel, wie kommst Du zu Deinem Namen", schaute Constanze ihn, ihren Latte Macchiato schlürfend an. „Das ist eine kurze Geschichte: Ich habe auf der Förde ein kleines Segelboot, nichts Großes, aber mit einer kleinen Kajüte. Vor vielen Jahren, ich war noch neu bei A. Leiner, hatte ich eine nette Sekretärin zu einem Törn eingeladen. Sie hat sich wohl mehr davon versprochen und war recht enttäuscht, dass ich die Kajüte lediglich nutzte, um darin etwas Gemüse für uns zu schnibbeln. Irgendetwas braucht der Mensch ja im Bauch. Tja, und seitdem heiße ich bei A. Leiner nur ‚Schnibbel'. Alle nennen mich so!" Sogar meine Frau, wir haben vor bald zwanzig Jahren geheiratet, hat diesen Namen aufgeschnappt. Zum 10. Hochzeitstag haben mir die Kollegen eine kleine elektrische Küchenmaschine für das Boot geschenkt, damit ich in der Kajüte nicht mehr ‚schnibbeln' muss, sagten sie. Also Constanze, Du darfst mich ohne Groll so nennen, es ist eben mein Aliasname!"

In Hamburg trennten sich ihre Wege. Zum Abschied umarmte Schnibbel Constanze und gab ihr einen Kuss, „danke, es war schön, mit Dir zusammen diese Reise gemacht zu haben". Aber bereits am nächsten Tag wollten sie sich zusammen mit ihren Geschäftsführungskollegen außerplanmäßig in Flensburg treffen.

6 Führen – vom trennenden zum kooperativen Wettbewerb

Auf einen Blick:

❑ Eine wesentliche Aufgabe von Führungskräften liegt darin, Orientierung zu geben. Denn ohne Orientierung kann wirtschaftliches Handeln zum Selbstzweck verkommen.

❑ Die wichtigste Orientierung besteht in der grundsätzlichen Zielstellung eines Unternehmens: Finanzanlage der Eigentümer mit Orientierung auf den finanziellen Firmenwert oder Orientierung auf ein nachhaltiges Gleichgewicht von **W**achstum, **E**ntwicklung und **G**ewinn. Führungskräfte müssen in dieser Frage Position beziehen.

❑ Jedes Unternehmen sollte versuchen, im Rahmen eines dynamischen Gleichgewichts für alle Beteiligten (Stakeholder) einen Mehrwert zu schaffen. Reale oder empfundene Missverhältnisse im Mehrwert der einzelnen Interessengruppen führen zu Verschiebungen der potenziellen Machtverhältnisse.

❑ Exzellente Unternehmenslenker streben an, eine Position der internen und externen Stärke aufzubauen, in der es für alle Interessengruppen und Wettbewerber die vorteilhafteste Option ist, mit dem Unternehmen zu kooperieren.

❑ Wer Kultur verändern will, sollte bei der Sprache anfangen: ‚Verbesserungs-Potenziale‘ und ‚Herausforderungen‘ klingen besser als ‚Fehler‘ und ‚Probleme‘ – und unterstützen darin, bestehende Schuldkulturen zu verändern.

❑ Wer führt, schafft Raum für adressierte Verantwortung. Wer anderen hilft, ihre eigenen Stärken leben zu dürfen, verschafft sich tief sitzende Anerkennung und den Respekt als Führungskraft.

❑ Vor aller Augen ausgetragene Konflikte zulassen und permanenten Wettbewerb nutzen, um Marktpositionen zu verbessern. Das Entscheidende ist, wie die Konflikte geführt werden. Und: Kooperativer Wettbewerb ist der konfrontativen Strategie eindeutig überlegen.

❑ Motivation mit Angst ist weniger erfolgreich als Motivation aus Neugier heraus.

Es war ein nasskalter Mittwoch, als sie sich im Besprechungsraum der A. Leiner AG trafen. Schnibbel berichtete knapp von den Erwartungen, die der Finanzchef im Auftrag des Eigentümers geäußert hatte. Allen war klar, dass sie nur die Chance auf relative Unabhängigkeit wahren konnten, wenn sie das gesetzte Ziel in etwa erreichen würden. Constanze schlug ein Brainstorming vor, um Alternativen für die Zielerreichung und vor allem liquide Reserven für eine nicht ausschließbare höhere Ausschüttung auszumachen.

Anschließend strukturierten sie die Ideen in eher ‚zerstörerische‘ und eher ‚kooperative‘ Aktivitäten:

A) Eher zerstörerische Aktivitäten

1. Verkauf (und Rückmietung) von Grundstücken

2. Knebelung von Lieferanten

3. Bildung von Kartellen

4. Druck auf die Mitarbeiter – weniger Entgelt/mehr Leistung

5. Stopp aller Aus- und Weiterbildungsmaßnahmen

6. Ausmerzen jeglicher Redundanzen

7. Einstellen aller F+E-Aktivitäten

B) Eher kooperative Aktivitäten:

1. konsequente Vermeidung aller nicht zur Strategie passenden Aktivitäten (Konzentration auf das Wesentliche)

2. Flexibilisierung der Arbeitsabläufe und Arbeitszeiten gemeinsam mit der Belegschaft (insbesondere großzügige Zeitkonten)

3. gemeinsame Entwicklungen mit Zulieferern (dadurch relative Verringerung der Entwicklungskosten)

4. Kooperationsvereinbarungen mit Kunden (bessere Auslastung der Kapazitäten)

In einem Punkt waren sich alle einig: Die kooperativen Aktivitäten würden sie anpacken – aber welche? Alle? Jeder sollte in der nächsten Woche zu einem Thema Umsetzungsideen präsentieren; es würde aber sicher eine gewisse Zeit benötigt werden, um messbare Erfolge aufweisen zu können. Constanze und Schnibbel wollten sich zusätzlich Gedanken machen, wie bereits mit dem abgelaufenen Jahr zu verfahren wäre.

Dann hockten die beiden Finanzverantwortlichen zusammen und überlegten sich die Spielräume ihrer IFRS-Abschlüsse. Schnibbel hatte ja schon etwas mehr Erfahrung. „Wir bei A. Leiner haben vor zwei Jahren, gleich nach der Übernahme durch die neuen, weltweit agierenden Eigentümer aus Malaysia auf IFRS umstellen müssen. Du weißt, ich bin kein Bilanzfachmann, aber mich erstaunte am Ende, dass doch gravierende Unterschiede in der Bewertung insbesondere der unfertigen Aufträge bilanziert wurden. Bei A. Leiner ist der Entwicklungsaufwand nicht so gravierend, aber bei Zeuss sind das relevante Positionen, die vielleicht zu einer größeren Ergebnisverbesserung führen würden."

„Wie geht das im Einzelnen?" fragte Constanze, die sich mit diesem Thema noch viel zu wenig beschäftigt hatte. „Die Umstellungsfragen liegen bisher auf dem Tisch von Marianne Noumos, unserer Leiterin des Rechnungswesens. Jetzt wird mir klar, dass ich mich viel früher hätte einarbeiten müssen." „Einsicht ist der erste Schritt auf dem Weg zur Besserung. Bei mir war es ja auch nicht anders. Die Details hat unser Wirtschaftprüfer bearbeitet – und damals war mein inzwischen ausgeschiedener Kollege dafür verantwortlich. Aber ich habe einen anderen Kollegen, der befasst sich in einem Arbeitskreis des Internationalen Controller Vereins[65] genau mit diesem Thema. Vielleicht erkundigst Du Dich bei ihm, bevor wir hier großen Wirbel machen!"

Gesagt, getan. Der Kollege erläuterte Constanze kurz die Problematik unterschiedlicher Ansätze bei IFRS und HGB und wies darauf hin, welche Wahlrechte des HGB bei IFRS nicht mehr genutzt werden könnten und welche Ermessensspielräume bei den IFRS hinzukämen[66]. „Aber ich habe einen Vorschlag: Wir treffen uns am nächsten Wochenende in unserem Arbeitskreis, alles Kollegen aus dem Controlling bzw. Finanzbereich, Wirtschaftsprüfer und auch zwei Beraterkollegen. Wir wollen das Thema Bewertung von Entwicklungsleistungen besprechen. Vielleicht kann ich die Kollegen überzeugen, die Zeuss GmbH als Musterunternehmen für eine vergleichende Betrachtung zu nehmen – und wenn Sie einigermaßen stimmige Daten mitbringen, werden Sie am Ende der anderthalb Tage wissen, wie hoch in etwa der Bewertungsunterschied sein wird."

„Für die Einbeziehung langfristiger Fertigungsaufträge haben wir uns bei Zeuss Husum schon schlau gemacht", sagte Constanze erfreut. „Aber es

---

[65] Unter www.controllerverein.com finden Sie die verschiedenen regionalen wie Facharbeitskreise aufgelistet.

[66] Vgl. Schmidt et. al. (2008), S. 32 ff.

könnte sein, dass wir gerade bei den Entwicklungsleistungen nicht weit genug gekommen sind; das können wir dann ja ausführlich besprechen. Ich freue mich schon jetzt auf die Diskussionen im Arbeitskreis."

Constanze versicherte sich noch bei Schnibbel, ob etwas gegen eine ungefähre Offenlegung der Daten in einem ICV-Arbeitskreis sprechen würde, aber er beruhigte sie: „Das sind alles Kollegen, die im Grunde sehr ähnliche Problemstellungen haben wie wir. Da konnte ich immer volles Vertrauen schenken und wurde bisher nicht enttäuscht."

Eine Woche später war Constanze schlauer und erläuterte ihren Geschäftsführungskollegen, wie sie – zumindest buchmäßig – im Abschluss für 2007 eine deutliche Gewinnsteigerung erreichen können. Auch die befragten Wirtschaftsprüfer sahen keine relevanten Argumente, den angedachten Weg nicht zu beschreiten. Sie wiesen allerdings darauf hin, dass diese virtuellen Effekte nur einmal zu holen seien. Danach müssten echte Rentabilitätsquellen erschlossen werden. Doch das hatten Constanze und Peter ja schon unmittelbar nach ihrer Rückkehr aus Malaysia angestoßen. Insofern waren sie guter Hoffnung, dem Druck der Eigner standzuhalten.

Schnibbel erläuterte seinen Kollegen: „Die Banken kennen das Procedere, die malaiischen Eigentümer werden zufrieden sein. Aber natürlich: Den abzuführenden Gewinn müssen wir finanzieren, falls er eingefordert wird. Aber gemeinsam werden wir dies schon stemmen."

6.1 Orientieren – Regeln – Verantworten

Das Jahr 2008 war noch jung. Seit der gemeinsamen Reise nach Malaysia und Constanzes Berufung zur Geschäftsführerin von Zeuss Husum waren erst wenige Wochen vergangen. Dennoch spürte sie deutlich den Unterschied. Sie stand nun an der Spitze ihres Unternehmens. Vor Führungsverantwortung hatte sie sich nie gedrückt. Aber die jetzige Situation war anders gegenüber allem, was sie vorher erlebt hatte.

Was wurde von ihr erwartet? Würde sie den Ansprüchen an sich selbst und denen der anderen gerecht werden können? In den ersten Tagen nach ihrer Berufung war gleich so viel zu erledigen, dass sie gar nicht zum Nachdenken gekommen war. Aber Mitte Februar, an einem ziemlich späten Freitagabend, bekam sie ganz überraschend Besuch von Bernhard Credere, dem alten Freund ihres Vaters. Er hatte in der Nähe von Husum zu tun gehabt und wollte einfach nur mal vorbeischauen – wie sie so lebte da im Norden und wie es ihr ging.

Constanze freute sich über die Abwechslung. Sie hatte ohnehin schon bemerkt, dass sie in der Arbeit unterging, sich mit zu vielen Details herumschlug und in ihr allmählich das Gefühl einer Gefangenen im Hamsterrad hochstieg. Da kam ihr Bernhard gerade recht. Er nächtigte im *Alten Gymnasium*, der ehemaligen Schule von Theodor Storm, die zu einem Hotel umgebaut worden ist. Bernhard Credere lud sie zum Abendessen ein. Es wurde ein langer Abend. Zunächst sprachen sie über alles Mögliche, kamen sozusagen „vom Bismarck in die Preiselbeeren". Aber es dauerte nicht allzu lange, dann waren sie doch bei Constanzes aktuellen Problemen angelangt. Sie wusste ja, dass Bernhard viele Jahre ein Unternehmen geführt hatte und wollte einfach seinen Rat.

„Das Schwierigste, was ich erlebe", platzte es aus ihr heraus, „ist die tief verwurzelte Schuldkultur. Wir haben schon so viel unternommen, um Vertrauen und kooperatives Miteinander bei Zeuss zu verankern. Aber wenn ein neues Problem vor uns steht, zählen die Leute vor allem auf, warum etwas nicht geht. Anstatt nach der Lösung zu suchen. Früher habe ich das gar nicht so bemerkt. Da war Dr. Junker – unser damaliger Geschäftsführer – noch da. Er hat das wahrscheinlich alles abgefangen. Doch nun stehe ich an seiner Stelle. Da kann ich es nicht mehr ignorieren.

Wovor haben die Menschen Angst? Scheuen sie die Verantwortung, die sie für eventuelle Fehler übernehmen müssten? Dabei erzähle ich ihnen immer wieder, dass Fehler nicht so schlimm sind, wenn wir aus ihnen lernen und das Lehrgeld nicht zu teuer ist. Ich weiß natürlich, dass in unserer Kultur Fehler sofort mit der Schuldfrage verbunden werden – da ist es wahrscheinlich völlig egal, was ich sage oder ob ich die Schuldfrage überhaupt stelle. Andererseits will ich aber auch Verantwortung übertragen; wie soll ich denn sonst führen? Wir haben uns bei Zeuss einer Kooperationsstrategie verschrieben. Da gehört das doch dazu; und Verantwortung gilt für Erfolge ebenso wie für Fehler. Irgendwie bin ich in ein Dilemma geraten. Wie bist Du eigentlich damit umgegangen? Hast Du diese Probleme auch gekannt?"

Bernhard mochte Constanze, und es schmeichelte ihm, dass sie ihn in so einer diffizilen Frage zu Rate zog. Allerdings zögerte er einen kurzen Moment. Es war gar nicht so einfach, die richtigen Worte zu finden. „Ich will nicht verhehlen, dass ich nicht nur dieselben Fragestellungen, sondern oft auch keine Antwort hatte. Allerdings habe ich mit den Jahren die Erfahrung gesammelt, dass es mich immer vorangebracht hat, wenn ich mit offenen Fragen leben konnte und in die Antwort erst allmählich hineingewachsen bin. Das hilft Dir jetzt vielleicht nicht weiter. Es ist aber eine wichtige Quintessenz meiner Führungstätigkeit.

Von einem Führer werden immer Antworten erwartet, und in den meisten Fällen musst Du sie einfach geben – nach allem, was ich von Deinem Vater gehört habe, tust Du das ja auch. Dennoch hat es mir nie geschadet, wenn auch ich ein Suchender war und das meine Mitarbeiter wissen ließ. Im Gegenteil; dass ich den einen oder anderen an der Suche beteiligt habe, hat sie eher enger an mich gebunden.

Aber ich fürchte, Du willst jetzt keine philosophischen Sprüche von mir hören, sondern praktische Erfahrungen. Vielleicht reden wir erst über Orientierung und Verantwortung und dann über Konflikte.

6.1.1 Führen durch Orientierung

Eine wesentliche Aufgabe meiner Tätigkeit habe ich darin gesehen, Orientierung zu geben. Ohne Orientierung verkommt wirtschaftliches Handeln oft zum Selbstzweck. Ohne Orientierung lassen sich Unternehmen nur schwer steuern.

Es reicht dabei nicht aus, Pläne zu schreiben, sie in wirtschaftliches Handeln umzusetzen, die Ergebnisse zu analysieren und Verbesserungspotenziale abzuleiten. So effizient solche Regelkreise oder Managementzyklen auch organisiert sein mögen. Sie haben die Effektivität nicht im Blick. Ob sie das Richtige tun, können Deine Planer erst dann einschätzen, wenn Du ihnen eine strategische Orientierung gibst.

Anderenfalls erhältst Du ein rein rechnerisches Budget, das sich am Erfolg des jeweiligen Jahres orientiert und den Erfolg im Gewinn verortet. Wenn die Menschen nichts anderes haben, bleibt ihnen anscheinend nichts anderes übrig. Das ist ja auf den ersten Blick auch einfach und praktisch zugleich. Der Gewinn ist das Ziel, das scheint Orientierung genug. Leider zeigt jede Krise aufs Neue, wie falsch und oft verhängnisvoll eine solch verkürzte Sichtweise ist. Du musst also mehr Orientierung geben, als nur einen Plan.

Die erste und wichtigste Orientierung in meinen Augen besteht in der grundsätzlichen Charakterisierung Deines Unternehmens. Willst Du es als Finanzanlage der Eigentümer führen oder als soziales Netzwerk, das einen gesellschaftlichen Zweck erfüllt und dafür angemessen bezahlt wird? Beide Sichten sind möglich; aber die Konsequenzen für Deine Führungsphilosophie unterscheiden sich signifikant.

Im ersten Fall musst Du Dich primär auf den finanziellen Firmenwert orientieren, also den ausschüttbaren Cashflow und den Verkaufswert der Geschäftsanteile. Alle anderen Interessen gelten nur soweit als zielführend, wie sie diese primäre Orientierung unterstützen.

Im zweiten Fall musst Du Dich auf das nachhaltige Zusammenspiel aller Interessengruppen orientieren, auf das Ausbalancieren der verschiedenen Ansprüche. Dabei steht nicht der finanzielle Firmenwert im Vordergrund, sondern das Gleichgewicht von **W**achstum, **E**ntwicklung und **G**ewinn (WEG-Modell)[67]. Der Gewinn ist hier also eingebunden in den Primat der nachhaltigen Wirtschaftlichkeit.

Diese Grundorientierung musst Du natürlich mit Deinen Gesellschaftern teilen. Aber es geht auch um Dich selbst. Du musst wissen, was Du willst, was Du Dir wert bist und mit welchen Gesellschaftern Du auf Dauer zusammenarbeiten kannst."

„Ich denke, da entscheide ich mich ganz spontan für die zweite von Dir genannte Führungsphilosophie", brachte sich Constanze in das Gespräch ein. „Die Familie Zeuss hatte das immer getragen. Inwieweit unser malaiischer Eigentümer so ein Herangehen unterstützt, da bin ich mir nicht sicher. Noch habe ich keine greifbaren Anhaltspunkte, dass sie eher eine Geschäftsführung im ersten Sinne wollen. Aber ich kann mich nicht des Gefühls erwehren, dass Dr. Junker aus genau diesem Grund gegangen ist. Wie ich mich verhalten werde, wenn es wirklich so kommt, vermag ich nicht mit Sicherheit zu sagen. Ich will da jetzt keine großen Sprüche klopfen. Aber wohler fühle ich mich in jedem Fall, wenn ich dem WEG-Modell, einem Weg der nachhaltigen Orientierung folgen kann."

„Das musst Du natürlich mit Deinem Gewissen ausmachen. Aber eine Führung, die in dieser Frage keine Position bezieht, kann kaum zu wirklicher Stärke finden und ein Unternehmen steuern. Solche Führungskräfte sind beliebig und wechseln oft die Unternehmen, weil sie sich selbst nicht orientieren können oder wollen. Dann aber leidet die Kontinuität der Führung –

---

[67] Dieses WEG-Modell wurde von Albrecht Deyhle entwickelt und gilt heute als eine wichtige Innovation im betriebswirtschaftlichen Denken, vgl. Gänßlen, S. (2009), S. 8; Deyhle, A. (2003), S. 1083 ff.

das ist ein schwerwiegender strategischer Nachteil, weil sich nachhaltiger wirtschaftlicher Erfolg mit häufig wechselnder Führung schwerer durchsetzen lässt[68].

Alle weitere Orientierung ergibt sich nach meiner Überzeugung aus dieser Grundsatzentscheidung: der Zweck des Unternehmens, seine zentrale Herausforderung und die adäquate strategische Antwort, der Umgang mit den verschiedenen Interessengruppen. Auch das Geschäftsmodell hängt davon ab, ob das Unternehmen als Finanzanlage oder als soziales Netzwerk geführt werden soll."

„Ich denke, dass wir in dieser Richtung unterwegs sind", begann Constanze über ihr Herangehen bei Zeuss Husum zu erzählen. „Wir haben uns wie Du weißt für eine Kooperationsstrategie entschieden. Das setzt das Streben nach Gewinn nicht außer Kraft – jeder braucht Gewinn, um seine Entwicklung zu finanzieren. Diesem Anspruch haben wir einen eigenen Namen gegeben: ‚Innovationsbeitrag'. Aber er steht nicht isoliert für sich, sondern soll in eine Balance gebracht werden mit Entwicklung und Wachstum, wie Du sagst. Deshalb formuliert unser Innovationsbeitrag erstens einen Anspruch an die Entwicklung von Potenzialen, um zukünftigen Gewinn und adäquates Wachstum zu ermöglichen – wir sprechen von Zukunftsprozessen und Zukunftsausgaben. Zweitens antizipiert er die zu leistenden Abflüsse für Kapitalprozesse – die Kapitalausgaben. Und drittens definiert er die Anforderungen an Achtsamkeit und Vorsorge – hier geht es um Risikoausgaben.

Wir haben noch weitere Veränderungen begonnen. Ein Unternehmen wie Zeuss Husum, das auf kooperativem Weg besser sein will als seine Wettbewerber, muss eine Vielzahl von Interessen berücksichtigen, die nicht immer gleichgerichtet sind. Die verschiedenen Stakeholder beanspruchen einen fairen Anteil an den verfügbaren Mitteln. Was aber ist fair?

Darüber diskutieren wir immer wieder. Gegenwärtig haben wir vier Kriterien erarbeitet und versuchen, unsere Führungstätigkeit daran zu orientieren:

1. Zum *Ersten* bestimmt sich nach unserer Auffassung das Maß der Fairness aus den Mindestbedingungen der Existenz der Stakeholder auf der einen

---

[68] „Die durchschnittliche Amtszeit für alle Hidden Champions unserer Stichprobe beträgt 20 Jahre… Das Thema Kontinuität sollte vor allem im Zusammenhang mit langfristigen Zielen gesehen werden. Wenn der Chef einer jungen, noch kleinen Unternehmung sich das Ziel setzt, Weltmarktführer zu werden, dann muss er in Generationen denken"; Simon, H. (2007), S. 335 ff.

und des Unternehmens, das den Mittelabfluss an die Stakeholder generieren soll, auf der anderen Seite.

Beide, die Stakeholder und Zeuss Husum mit ihren jeweiligen Potenzialen, müssen zu jedem Zeitpunkt in der Lage sein, unserem strategischen Zweck zu entsprechen und sich im Wettbewerb durchzusetzen. Bei dauerhafter Verletzung dieser Bedingungen würde Zeuss Husum entweder daran zugrunde gehen, dass ihm die für seine Entwicklung notwendigen Stakeholder abhanden kommen oder die Quellen seiner eigenen Reproduktion versiegen.

2. Zum *Zweiten* bestimmt sich das Maß der Fairness aus der Intensität des Wettbewerbs und der Position, den die Einzelnen im Wettbewerb einnehmen; und das gilt für den internen Wettbewerb ebenso wie in der externen Auseinandersetzung mit anderen Unternehmen.

Du kennst ja die fünf von Michael Porter beschriebenen Wettbewerbskräfte – die Verhandlungsmacht der Kunden, die Verhandlungsmacht der Lieferanten, die Bedrohung durch neue Konkurrenten, die Bedrohung durch Ersatzprodukte und -dienste und die Rivalität unter den bestehenden Unternehmen[69].

Aus diesen Kräften entstehen für uns spezifische Anforderungen an das Management der Erwartungshaltungen unserer Kunden, Lieferanten und Wettbewerber. Aufgrund der wachsenden Bedeutung des intellektuellen Kapitals sehen wir insbesondere Führungskräfte und Mitarbeiter mit Expertenstatus in einer gesondert zu berücksichtigenden Position. Außerdem kommen die Einflussmöglichkeiten übergreifender Netzwerke als weitere Kraft hinzu[70].

Generell erscheint es auch erforderlich, stärker zu differenzieren zwischen dem Wettbewerb der Stakeholder auf unserem Zeuss-internen Markt und dem externen Wettbewerb mit anderen Unternehmen. Die Art der Auseinandersetzungen ist nicht dieselbe. Und dennoch beeinflussen sich die verschiedenen Formen des Wettbewerbs. Der interne Wettbewerb bestimmt maßgeblich die wirtschaftliche Kraft von Zeuss und damit unsere strategische Positionierung in der Auseinandersetzung im externen

---

[69] Vgl. Porter, M. (1999 b), S. 33 f.

[70] Picot et. al. beschreiben diesen Wandel unter verschiedenen Aspekten – z. B. der Konvergenz und der strategischen Netzwerke; vgl. Picot, A./Reichwald, R./Wigand, R. T. (2003): S. 161 f. und 204 ff.

Wettbewerb. Und der externe Wettbewerb begrenzt die Spielräume, die Zeuss Husum für die Berücksichtigung und den Ausgleich der Interessen unserer Stakeholder zur Verfügung steht.

3. Zum *Dritten* bestimmt sich das Maß der Fairness aus den gesellschaftlichen Rahmenbedingungen.

Einerseits binden eine Vielzahl von gesetzlichen Vorschriften und Regelungen mitunter erhebliche Mittel, die nicht für den Abfluss an die Stakeholder zur Verfügung stehen – bspw. Maßnahmen für den Umweltschutz, Leistungen für die Erhebung von Statistiken, organisatorische Zuarbeiten für gesellschaftliche Institutionen (Finanzamt, Sozialversicherungsträger) oder Beiträge für die Handwerks- bzw. Industrie- und Handelskammern.

Andererseits setzt der Staat bestimmte Mindeststandards für den Umgang der Stakeholder miteinander (Tarifrecht, Mitbestimmungsrecht, Arbeitsrecht, Vertragsrecht, Schuldrecht, Umweltrecht etc.) und für die allgemeinverfügbare technische, soziale und kulturelle Infrastruktur, von denen die Positionen im Wettbewerb maßgeblich beeinflusst werden. Wenn wir auf der einen Seite die Belastungen beklagen, die uns staatliche Regelungen abfordern, so sehe ich doch auch die enormen Vorteile, die hohe Mindeststandards im internationalen Wettbewerb bringen. Die Zuverlässigkeit der gesellschaftlichen Infrastruktur und Netzwerke sowie der hohe Wert des sozialen Friedens überwiegen für mich die genannten Belastungen allemal. Es steht allerdings immer die Frage, ob und inwieweit wir in der Lage sind, diese Vorteile für uns zu nutzen. Da haben wir bei Zeuss noch beträchtliches Verbesserungspotenzial.

Schließlich bestimmen die kulturellen Regeln (Sprache, Umgangsformen, familiäre Bindungen etc.) und der allgemeine Entwicklungsstand des wirtschaftlichen Verkehrs (Freiheit und Ausprägung des Geldverkehrs sowie des Bank- und Finanzwesens, Verbreitung und Verankerung handwerklicher und warenwirtschaftlicher Erfahrungen) die Auswirkungen rationaler Signale und Orientierungen auf das konkrete Verhalten der Menschen und damit den selbstregulierenden Anteil an der Steuerung unseres Unternehmens.

4. Zum *Vierten* bestimmt sich das Maß der Fairness aus dem Mittelzufluss, den unser Unternehmen generieren kann,

a) finanzielle Mittel von Kunden, Investoren oder dem Staat und

b) intellektuelles Kapital von allen Stakeholdern.

Der finanzielle Mittelzufluss von Kunden ist abhängig von der Nutzung unserer Fähigkeiten bei Zeuss zum Marketing und zu Innovationen, die dem Kunden einen Mehrwert bringen. Dabei geht es nicht um die Nutzung der Fähigkeiten schlechthin, sondern um die Nutzung in Relation zu den Wettbewerbern.

Der finanzielle Mittelzufluss von Investoren ist abhängig von unserer Glaubwürdigkeit bezüglich der Fähigkeiten zu regelmäßigen Ausschüttungen an die Eigenkapitalgeber bzw. zum verlässlichen Kapitaldienst an die Fremdkapitalgeber. Am Rande bemerkt: Gegenwärtig denken wir – zunächst nur theoretisch – darüber nach, ob wir den Kreis der Investoren durch bspw. Beteiligungsprogramme für Führungskräfte und Mitarbeiter oder Gemeinschaften mit ausgewählten Kunden oder Lieferanten wesentlich erweitern können. Das muss natürlich mit unseren Eigentümern besprochen werden. Noch ist es nicht soweit. Aber in meinem Kopf habe ich das bereits auf der Agenda.

Der finanzielle Mittelzufluss des Staates[71] ist abhängig von unseren Fähigkeiten, Zwecken des Staates zu dienen – Investitionen in den Umweltschutz, Sicherung bzw. Schaffung von Arbeitsplätzen, Fortbildungsmaßnahmen, Forschung auf präferierten Gebieten u. ä.

Über den Mittelzufluss in Form von intellektuellem Kapital (Human-Potenzial) und unser Umgehen mit dieser Ressource habe ich Dir im Zusammenhang mit den Ideen von Marianne Noumos schon erzählt[72].

Aus den genannten Aspekten ergibt sich für mich ein latentes, aber permanent spürbares Spannungsverhältnis. Die verschiedenen Interessen sind ja nicht per se gleichgerichtet. Dafür muss ich mich aktiv einsetzen. Solange Zeuss Husum an diesen Spannungen nicht zerbricht, existieren wir faktisch auf der Grundlage eines dynamischen Gleichgewichts, das ich als einen zu vereinbarenden bzw. zu erringenden **Bereich der Akzeptanz** für alle relevanten Interessengruppen kennzeichnen würde. Ich betrachte es als eine meiner wichtigsten Führungsaufgaben, gemeinsam mit den leitenden Angestellten von Zeuss Husum diesen Bereich der Akzeptanz immer wieder neu zu erreichen und aufrecht zu erhalten bzw. durchzusetzen. Das haben wir in

---

[71] Hier geht es nicht um den Staat als Auftraggeber; dann hat er den Charakter eines Kunden; es geht hier um den Staat als Geber von Fördermitteln jeglicher Art.

[72] S. Abschnitt 4.3.3.

unseren BSC-Workshops nachdrücklich gelernt und versuchen es seitdem zu praktizieren (s. Abb. 33).“

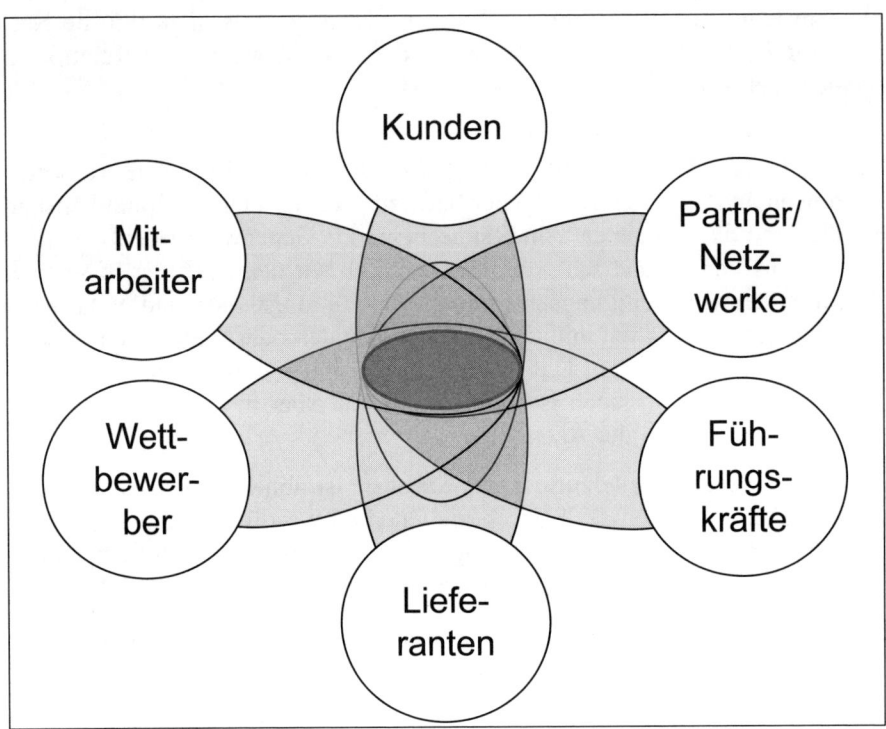

Abb. 33: Bereich der Aktzeptanz

„Das ist ein sehr interessantes Bild, was Du da zeichnest“, griff Bernhard wieder den Gesprächsfaden auf. „Der Erfolg von Führung hängt in der Tat davon ab, wie wir es verstehen, diesen Bereich der Akzeptanz zu gestalten. Ich habe da auch meine Erfahrungen sammeln dürfen und so manches Lehrgeld bezahlt. Es gibt nämlich – wie ich halt erst lernen musste – kein absolutes Maß dafür bzw. für das Volumen des strategischen Innovationsbeitrags, das man zur Finanzierung dieses Bereichs braucht.

Das Maß ist offensichtlich eine Frage der Machtpositionen aller Beteiligten bzw. des Mehrwerts, den sie wechselseitig füreinander haben[73]. Wobei die Machtpositionen letztlich wieder eine Frage der Fähigkeiten sind, mit denen

---

[73] Mehr zum Wertenetz s. Abschnitt 4.1

ein Unternehmen wie Ihr den Schumpeter'schen Prozess der ‚schöpferischen Zerstörung' betreibt. Denn das Gleichgewicht, von dem Du sprichst, ist nicht statischer sondern dynamischer Natur. Es kennzeichnet keinen Zustand sondern beständige Entwicklung im Widerstreit[74]. Und in der Auseinandersetzung zwischen den Beteiligten wechseln sich entsprechend Phasen äußerlich stabiler Gleichgewichte mit Phasen sichtbar turbulenter Veränderungen ab.

Im ersten Fall haben sich die Interessengruppen mit einem bestimmten Bereich der Akzeptanz abgefunden, sich auf ihn eingestellt. Allerdings sagt die Existenz eines Gleichgewichts noch lange nichts darüber aus, dass es das Beste für alle Beteiligten sei, geschweige denn für die Gesellschaft insgesamt[75]. Wir sehen ja die dunklen Wolken der Spekulationsblase, die sich über den USA aufbauen. Du hast vielleicht die Erschütterungen mitbekommen, die sich im Zusammenhang mit den sogenannten ‚subprime mortages' (zweitklassige Hypotheken ohne ausreichende Bonität) vor einem halben Jahr um die ganze Welt verbreiteten. Das Schlimmste scheint ja im Moment überstanden zu sein. Wobei einige Experten auf einen Dominoeffekt verweisen, der noch das gesamte Finanzsystem erschüttern könnte[76]."

„Ich vermute, dass unsere malaiische Mutter davon nicht ganz unberührt geblieben ist", fiel ihm Constanze ins Wort. „Zumindest deuten einige Signale darauf hin, dass sie dringend Liquidität braucht und sich einen Teil von Zeuss und A. Leiner holen will. Außerdem ist sie vehement gegen eine zu enge Verflechtung unserer beiden Firmen, obwohl es sachlich viele gute Gründe dafür gibt. Das schürt bei mir den Verdacht, dass sie durch den Verkauf ihrer Geschäftsanteile Kasse machen will und sich dabei die Option offenhält, uns sowohl zusammen als auch getrennt veräußern zu können. Wie gesagt, ich weiß es nicht genau und habe keinerlei Beweise für diese Vermutung. Aber ein gewisses ‚Bauchgrummeln' kann ich nicht verhehlen."

---

[74] In diesem Sinne schreibt Schumpeter: „Als wesentlichster Punkt ist festzuhalten, dass wir uns bei der Behandlung des Kapitalismus mit einem Entwicklungsprozess befassen." Schumpeter, J. A. (1993), S. 136

[75] Vgl. ebenda S. 132 f.; auch die Spieltheorie hat sich ausführlich mit verschiedensten Arten von Gleichgewichten befasst und darauf verwiesen, dass die Existenz eines Gleichgewichts an sich noch nichts aussagt über seine Wirkung bzw. Bedeutung – vgl. Nalebuff, B./Dixit A. (1997), S. 77.

[76] Auf diese Möglichkeit hat bspw. Max Otte bereits in seinem im Januar 2008 erschienenen Buch „Der Crash kommt" verwiesen, in dem er seine Prognose eindrucksvoll begründete; Otte, M. (2008), S. 21 ff.

„Tja", setzte Bernhard fort. „Wir können tatsächlich alle nur vermuten, was da auf uns zukommt. Die unterschiedlichsten realen oder auch nur empfundenen Missverhältnisse im Mehrwert der einzelnen Interessengruppen führen ab einer bestimmten Größenordnung mit unweigerlicher Konsequenz zu Verschiebungen der potenziellen Machtverhältnisse. Das kann auch aufgrund von Veränderungen der Umfeldbedingungen oder dem Entstehen neuer Möglichkeiten erfolgen. Es liegt im Geschick der Führungskräfte, diese Veränderungen in den Wechselbeziehungen frühzeitig zu erkennen und möglichst schnell einen neuen Bereich der Akzeptanz zu erreichen. Du solltest Dir einen ‚Plan B' zurechtlegen, für den Fall, dass Dein Verdacht zutrifft.

Wenn ich eines in meinem Leben gelernt habe: Versuche immer, Dir Deine Unabhängigkeit zu bewahren. Dann kannst Du auch in schwierigem Fahrwasser den Kopf oben behalten. Dein Dr. Junker ist wohl so einer. Also schau Dich um, welche Alternativen möglich sind – für Zeuss Husum, aber natürlich auch für Dich.

Das gelingt leider nicht immer auf der Basis von Kooperation. Wenn sich nur eine relevante Anspruchsgruppe in dieser Situation die Chance ausrechnet, durch Konfrontation eine reale Machtverschiebung zu ihren Gunsten zu erreichen oder bei einer existenziellen Bedrohung ihren Kopf retten zu können, folgt normalerweise eine Phase innerer und äußerer Grabenkämpfe. Deren Auswirkungen sind selten vorherzusagen. Steht Zeuss Husum diese Kämpfe durch, wird sich irgendwann ein neues Gleichgewicht einstellen, also ein neuer Bereich der Akzeptanz für alle Beteiligten. Dem kann eine erneute Phase äußerlicher Stabilität folgen.

Ob jedoch die neue Form des Gleichgewichts wirklich erreichbar bzw. für euch besser ist, kann vor dem Beginn der Konfrontationen keiner mit Sicherheit voraussagen oder gar berechnen. Im Gegenteil, es muss immer auch mit einem Scheitern gerechnet werden bis hin zum Ende eurer Existenz. Das ist keine schöne Aussicht, aber nicht das Ende der Welt. Kalkuliere diese Möglichkeit ein, und verschaff Dir Möglichkeiten für das, was Du dann tun willst.

Solltest Du aber die Gelegenheit haben, längerfristig die Geschicke von Zeuss Husum zu steuern, empfehle ich Dir, Schritt für Schritt und sehr zielstrebig eine solche Position der internen und externen Stärke aufzubauen, in der für alle Interessengruppen und Wettbewerber die vorteilhafteste Option darin besteht, mit euch zu kooperieren[77].

Es kostet zwar enorme Anstrengungen und einen langen Atem, in eine derart vorteilhafte Position zu gelangen; und wenn man sie erreicht hat, muss man sie ständig neu bewahren. Aber sich dieser Aufgabe zu stellen, ist in meinen Augen der höchste Zweck eines Unternehmensführers. Such Dir einen Mentor, der Dir dabei hilft. Vielleicht ist Dein Schnibbel dafür der Richtige. Und von Zeit zu Zeit kannst Du auch Deinen Vater oder mich fragen. Führen heißt ja immer auch Lernen. Und Du musst nicht unbedingt alle Fehler wiederholen, die wir gemacht haben. Aber sei es wie es sei. Stell Dich dieser Aufgabe.

Dabei braucht der Bezugsrahmen nicht der Weltmarkt zu sein. Ihr könnt auch in einer regionalen Nische eine derartige Position erreichen. Und der Vorteil muss nicht auf weltweit einzigartigen Produkt- oder Leistungsangeboten beruhen. Es genügt die Einzigartigkeit gegenüber jenen Kunden, die von Euch bedient werden.

Leider könnt ihr nicht davon ausgehen, dass eure Nische beständig eingehegt bleiben wird. Andererseits mag euch der Nischenerfolg vielleicht einmal dazu verleiten zu expandieren, also eure Nische zu verlassen. Aus welchen Gründen auch immer: Wenn ihr neue Kunden gewinnen oder auf andere Weise euren Wirkungskreis erweitern wollt, müsst ihr euch vorher so vorbereiten, dass ihr nach der Veränderung möglichst schnell wieder jene Position erreicht und halten könnt, in der für alle Anspruchsgruppen und Wettbewerber die vorteilhafteste Option darin besteht, mit euch zu kooperieren anstatt die Konfrontation zu suchen.

Das ist die vielleicht wichtigste Quintessenz meiner Führungserfahrungen.

6.1.2   Führen durch Setzen und Durchsetzen von Regeln

Eine andere Erfahrung ist die Achtsamkeit für die Sprache. Du willst die Schuldkultur verändern. Das habe ich auch mein ganzes Unternehmerleben lang versucht. Wer Kultur verändern will, sollte bei der Sprache anfangen.

---

[77] „Der Schlüssel zum Wachstum – oder gar zum Überleben liegt darin, eine Position zu finden, in der das Unternehmen weniger verwundbar durch direkte Konkurrenten, ob etabliert oder neu, und weniger verwundbar für Angriffe durch Käufer, Zulieferer und Substitutionsprodukte ist." Porter, M. E. (2001), S. 30.

Sie prägt unser Verhalten mehr als wir denken, weil sie uns hilft, Regeln zu setzen und zu verankern. Warum sprichst Du von Fehlern – rede doch lieber von ‚Verbesserungspotenzialen‘. Das meint das Gleiche, klingt aber wesentlich positiver. Oder warum sprichst Du von Problemen – rede doch besser von ‚Herausforderungen‘. Auch hier ist das Gleiche gemeint, nur der Begriff ist eher positiv besetzt.

Wenn Du die Ängste vor Schuld und Sühne nehmen willst, musst Du zuerst einmal Begriffe vermeiden, die entsprechende Ängste assoziieren. Natürlich kommt es gleichzeitig darauf an, ob die veränderte Sprache auch ehrlich gemeint und ist und Du authentisch wirkst. Anderenfalls verrät Dich Deine Körpersprache, und Du verlierst Deine Glaubwürdigkeit."

„Ja, ja, dazu hatten wir ein spezielles ‚Werte-Treffen‘", signalisierte Constanze ihre Zustimmung „Da haben wir auch über viele solche Regeln gesprochen und uns für gegenseitige Wertschätzung als Fokus diesen Jahres entschieden. Nicht in dem Sinn von ‚Gutmenschentum‘, wie Du vielleicht vermuten wirst. Wir haben Wertschätzung auf die Kernbegriffe der Betriebswirtschaft bezogen: Kennzahlen, Preise, Entgelte. Wer Wertschöpfung erreichen will, muss Wertschätzung praktizieren. Die Begriffe haben nicht nur denselben Wortstamm. Sie sind auch in ganz praktischem Sinne der Ökonomie untrennbar miteinander verbunden. Das haben wir gelernt und wollen es auch so umsetzen; d.h. wir sind schon dabei.

Auch andere Regeln haben wir beschlossen; z. B. wie wir unsere Leitungstreffen gestalten wollen und dass wir zwischen Entscheidungs- und Informationstreffen unterscheiden. Wir sind darüber hinaus gerade dabei, vernünftige Regeln für unsere Prozesse aufzubauen. Damit streben wir an, erfolgreiche Strukturen und Abläufe so festzuschreiben, dass wir zumindest wissen, wie wir sie verlässlich reproduzieren können. Außerdem lässt sich auf diesem Weg auch formulieren, wie wir die Erwartungshaltungen unserer Kunden und Partner zukünftig mit mehr Treffsicherheit auf jene Punkte orientieren, die wir in jedem Fall gewährleisten können.

Schließlich befassen wir uns mit Regeln für die Gestaltung unseres Controllings – also der betriebswirtschaftlichen Planung und Steuerung bei Zeuss. Ursprünglich hatten wir das gar nicht vor. Aber dann hat mich auf einer Tagung des Internationalen Controller Vereins ein Kollege gefragt, ob wir denn Regeln hätten für unsere Budgetierung. ‚Selbstverständlich‘, habe ich ihm entgegnet. ‚Und wo sind die festgehalten?‘ war seine Replik. ‚Gute Frage‘, konnte ich nur noch darauf antworten. Da wurde mir schlagartig klar, warum im Planungsprozess so viele Abstimmungsschwierigkeiten entstehen – weil wir keine Regeln vereinbart haben. Sie sollen ja kein Korsett sein. Aber es ist schon gut, wenn jeder weiß, wofür er zuständig ist und was die Anderen von ihm erwarten dürfen. Auch das ist ein Management von Erwartungshaltungen."

„Ihr seid wirklich gut; ich ziehe den Hut vor Dir." Bernhard deutete eine entsprechende Geste an und beide mussten schmunzeln. „Aber das Setzen von Regeln und das Durchsetzen von Regeln sind zwei ganz verschiedene Dinge. Auch hier kann ich Dir von ein paar Erfahrungen berichten, die ich gesammelt habe. Das Stichwort in diesem Kontext lautet für mich – ‚Entscheidungskultur'.

Mit Regeln ist es wie mit neuen Produkten – Du musst sie testen. Nicht alles, was Ihr festlegt, wird auf Anhieb funktionieren. Und man muss nicht gleich alles festlegen. Vielleicht hat sich der ‚kluge Regelsetzer' geirrt, oder Ihr habt Euch gemeinsam geirrt; was auch immer. Gebt den Menschen die Chance, erst einmal auszuprobieren, inwieweit Regeln wirklich hilfreich sind und wo Verbesserungspotenziale gehoben werden sollten.

Aber dann musst Du als Chefin den Zeitpunkt bestimmen, ab dem die Regel gilt, Punkt. Von diesem Moment an zählt nur noch Konsequenz. Nehmen wir z. B. eure Regeln für die Leitungstreffen. Sagen wir, Du legst den Beginn für 9 Uhr fest. Dann gilt das als abgemacht. Wenn nun einer 5 Minuten später kommt und Du sagst nichts, dann veränderst Du die Regeln. Von nun ab ist 5 Minuten zu spät auch noch pünktlich. Das kann jetzt extensiv ausgedehnt werden, bis Du eines Tages explodierst, weil einer 20 Minuten zu spät kommt. Dann wissen alle: 20 Minuten ist zu spät. Es gibt da einen schönen Führungsleitspruch:

> ‚Du siehst immer, was Du förderst'.

Die Unpünktlichkeit ist nicht eingetreten, weil die Regel unpassend war, sondern weil <u>Du</u> durch Dein inkonsequentes Verhalten das Zuspätkommen gefördert hast. Wenn Du also 9 Uhr als Beginn nicht konsequent durchsetzen willst oder kannst, brauchst Du die Regel erst gar nicht festzulegen.

Es gibt noch eine andere Regel. Ich weiß nicht, ob ihr die so aufgeschrieben habt: ‚Entscheide nicht ohne Not' – soll heißen, erst wenn die fehlende Festlegung zu wirklichen Schwierigkeiten führt oder eine förderungswürdige Entwicklung infrage stellt, wird eine Entscheidung notwendig. Das gilt hier im wörtlichen Sinne. Die Engländer sagen dazu, man soll über Zäune erst springen, wenn man davor steht."

Constanze musste unwillkürlich an die vorschnelle Entscheidung von Gerd Paulick denken, damals im Streit zwischen Immanuel Perquiro und Ivo Berking. Das hatte Unmut erzeugt, der gar nicht nötig gewesen wäre. Sie sagte sich in diesem Moment, dass sie das anders machen wolle.

„Bist Du noch bei der Sache?", fragte Bernhard, Constanze nickte. „Nun ist das mit den Zäunen so eine Sache. Nicht jeder Gartenzaun ist Deiner. Lass Deinen leitenden Angestellten und deren Mitarbeitern ihre Spielwiesen. Sie müssen lernen, eigene Entscheidungen zu treffen, quasi über ihre eigenen Zäune zu springen, wenn es soweit ist. Du kannst ihnen helfen, den richtigen Zeitpunkt herauszufinden. Aber sie sind schon über 18; behandle sie nicht wie Kinder.

Suche also Deine Zäune. Das vorhin angesprochene Liquiditätsproblem Eurer malaiischen Mutter ist so ein Zaun. Du hast mir erzählt, dass Du nur so ein Gefühl hast, also kannst Du den Zaun noch nicht sehen. Aber Du kannst in etwa seine Höhe und Beschaffenheit erahnen. Also male ein Bild von ihm; und präzisiere es, je mehr Du erfahren kannst; und trainiere Dich und Deine Mannschaft, dass Ihr gewappnet seid, im entscheidenden Moment hoch genug springen zu können. Oder dass Ihr das Gatter findet und herausbekommt wie man es öffnen kann. Das ist Deine und nur Deine Führungsaufgabe. Verschwende nicht Deine Zeit auf die inneren Spielwiesen. Konzentriere Dich auf die Entscheidungen, die wirklich Deine sind.

Das ist leichter gesagt, als getan – ich weiß es aus leidvoller Erfahrung. Du hast mir von Peter Drucker erzählt und seinem Anspruch an das Zeitmanagement von Führungskräften. Genau darum geht es. Orientiere Deine Zeit und die Zeit Deiner Mitarbeiter auf die Lösung der für jeden wirklich wichtigen Fragen. Das wirst Du allerdings nur schaffen, wenn Du die Frage der individuellen Verantwortung angehst.

6.1.3 Raum schaffen für adressierte Verantwortung

Damit sind wir bei einer weiteren Quintessenz meiner Führungserfahrung. Wer führt, schafft Raum für adressierte Verantwortung – oder er führt nicht. Das klingt jetzt vielleicht etwas zu apodiktisch. Doch für diese Erkenntnis habe ich viel Lehrgeld bezahlt.

Als ich damals mein Unternehmen gegründet habe, waren wir nur ein paar Hanseln. Da habe ich die ganze Führungsarbeit allein getan. Es war ja auch alles überschaubar. Dann hatten wir Erfolg und sind gewachsen. Meinen Stil habe ich nicht verändert. Warum auch; er hatte sich doch bewährt und noch hatte ich ein untrügliches Bauchgefühl, wenn ich über den Hof ging. Ich konnte förmlich riechen, ob alles stimmt. Aber irgendwann wurde der Hof zu groß, und es kam mit dem zweiten, dem Berliner Betrieb noch ein weiterer Hof hinzu. Mein Spürsinn hat mich ein um das andere Mal verlassen, bis ich mich vergaloppiert hatte. Das Unternehmen wäre beinahe über die Wupper gegangen. Da habe ich mir Hilfe bei einem Freund geholt.

Er schaute sich ein paar Tage bei mir um und sagte dann nur lakonisch: ‚Du hast ohne es zu wollen eine gut organisierte Verantwortungslosigkeit geschaffen‘. Das traf mich wie ein Schock. Im ersten Moment war ich empört. Ich hatte mich doch um alles gekümmert und jedem seine Aufgabe zugewiesen. Dann begriff ich plötzlich. Weil ich mich um alles gekümmert habe, brauchte sich kein anderer zu kümmern. Ich habe meine Mitarbeiter dazu erzogen, alle Entscheidungen auf meinem Tisch abzuladen und abzuwarten, was ich anweisen würde. ‚Genau das ist organisierte Verantwortungslosigkeit‘, sagte mein Freund und er hatte Recht.

Es kostete große Mühe das zu ändern. Ich habe mich nach befähigten Mitarbeitern im eigenen Hause und außerhalb umgesehen, um sie zu eigenständigen Führungskräften zu entwickeln. Und wieder hat mich mein Freund in seiner lakonischen Weise aufgeschreckt.

Eines Tages sagte er zu mir: ‚Führungskräfte unterscheiden sich von Mitarbeitern dadurch, dass sie sich einfach die Kompetenz nehmen, von der sie glauben, dass sie sie brauchen. Dafür sind sie bereit, sich ab und an eine blutige Nase zu holen. Kannst Du mit solchen Menschen umgehen?‘ Auch in dieser Frage hatte er Recht. Das war aber für mich noch viel schwieriger zu akzeptieren als die andere. Ich war es gewohnt, dass meine Ansagen ausgeführt wurden und dass ich und nur ich festlegte, wer welche Kompetenzen hat. Und nun sollte ich Menschen einstellen oder dahin entwickeln, dass sie sich einfach Kompetenzen nehmen, ohne mich zu fragen? Was für eine Anmaßung! Ich habe es versucht. Nicht weil ich davon überzeugt war, sondern weil ich schon seit vielen Jahren meinem Freund tiefen Respekt zollte.

Zu meiner Überraschung brach nicht das Chaos aus. Vielleicht hatte ich auch einfach nur ein glückliches Händchen bei der Auswahl. Der Kandidat, den ich schließlich einstellte, wurde ein großer Erfolg. Er ruhte in sich und ließ sich durch mein Misstrauen nicht beirren. Wahrscheinlich hatte mein Freund ihn auf mich komischen Kauz eingeschworen, oder was weiß ich. Vor allem beeindruckte mich seine Unabhängigkeit. Er war immer loyal, immer. Dennoch gab er mir das Gefühl, er würde gehen, wenn ich ihm den Raum für eigenständige Verantwortung nähme.

Schon nach wenigen Monaten wurden wir ein Team. Er brachte frischen Wind in den Laden, organisierte eigenständige Gruppenarbeit, ermunterte viele Mitarbeiter fachliche oder koordinierende Verantwortung zu übernehmen und ließ ihnen den dafür erforderlichen Raum. Bis ich begriff – er hat den Menschen einfach vertraut. Als ich ihn daraufhin ansprach, sagte er mir: ‚Ich gebe jedem erst einmal 100 Punkte. Die kann er verscherzen oder nicht. Aber erst einmal muss ich ihm doch die Chance geben, sich zu beweisen.‘

Und obwohl ich anfangs soviel Misstrauen gehegt hatte, beeindruckte er mich mit dem Nachsatz: ‚Sie haben mir doch auch vertraut; sonst hätten Sie mich nicht eingestellt. Das Vertrauen gebe ich Ihnen gern zurück. So machen es die meisten Mitarbeiter auch – was heißt die meisten; noch hat mich kein einziger enttäuscht‘. Das meinte er ernst. Er war kein Schleimer, im Gegenteil.

Dann bemerkte ich einen weiteren Unterschied zwischen ihm und mir. Ich hatte meine Mitarbeiter immer darauf hingewiesen, wo sie noch Schwächen hatten; damit sie besser werden konnten. Er hingegen stützte ihre Stärken und versuchte sie so einzusetzen, dass sie ihre Stärken ausspielen konnten. Das hat ihr Selbstbewusstsein verbessert, auch tatsächlich Verantwortung übernehmen zu wollen. Verantwortung – wie er sie verstand – bedeutet ja Freiheit zur Gestaltung. Das ist anstrengend und verlangt permanente Bereitschaft zu lernen, mit anderen zu kooperieren, sich zugleich mit ihnen auseinanderzusetzen und – wenn es erforderlich wird, um die besten Ideen und Ressourcen zu streiten. Ohne Selbstvertrauen gewinnt man da keinen Blumentopf. Aber wer Vertrauen schenkt, erhält Selbstvertrauen. Er konnte das.

Ihm hat sein Vorgehen viel Unterstützung eingebracht. Denn wer anderen hilft, ihre eigenen Stärken leben zu dürfen, verschafft sich tiefsitzende Anerkennung und den Respekt als Führungskraft. So einer braucht nicht mehr die Insignien formaler Macht. Er hat längst reale Macht erreicht, weil er den Menschen einen bedeutsamen Mehrwert verschafft.

Wenn ich es recht bedenke, hat er mir die Geheimnisse des Führens erst beigebracht. Völlig unprätentiös, einfach so; indem er es vorlebte. Als er ging, war mein Unternehmen ein anderes geworden. Wie Du weißt, habe ich es später, als ich 65 wurde, an das von ihm herangezogene Management verkauft, weil meine Kinder keine Ambitionen hatten. Sein Geist lebt heute noch fort. Und ich freue mich jedes Mal, wenn ich zu Besuch bin, wie erfolgreich er immer noch ist.

Also schaffe Räume für adressierte Verantwortung."

Constanze pflichtete ihm bei und erzählte ihm von dem Strukturexperiment, das sie gerade begonnen hatten. Bernhard gefiel das Modell auf Anhieb, und er wünsche ihr viel Glück. „Wir müssen allerdings noch einiges tun, um möglichst eindeutige Verantwortlichkeiten festzulegen. Das habe ich mir für dieses Jahr vorgenommen. Ich werde Dir von meinen Erfahrungen erzählen."

Der Abend war spät geworden. Bernhard war sehr müde und wollte ins Bett. Sie verabredeten sich für den nächsten Morgen auf ein gemeinsames Frühstück und gingen auseinander. Constanze fuhr voll von Anregungen nach Hause. Sie war noch lange wach.

6.2   Wettbewerb ist immer – aber wie?

Der nächste Tag begann gemütlich. Constanze nutzte den Frühlingsmorgen und radelte bei Sonnenschein nach Husum zum *Alten Gymnasium*, Bernhard und sie genossen das üppige Buffet, ließen sich viel Zeit für das Frühstück, lasen die Sonntagszeitung und ließen den lieben Gott einen guten Mann sein. Dann, völlig unvermittelt, knüpfte Bernhard an das Gespräch des gestrigen Abends an. „Ein anderer ganz wesentlicher Punkt Deiner Führungstätigkeit besteht darin, wie Du mit dem Wettbewerb zwischen Deinen Mitarbeitern umgehst."

Constanze schaute etwas verdutzt drein. „Ich suche aber eher den Konsens. Streit ist zwar manchmal nicht zu vermeiden. Dennoch strebe ich eigentlich danach, Konflikte einzugrenzen, damit die Menschen ihre Energie nicht gegeneinander richten."

Bernhard wurde ganz ernst. „Konsens ist so eine weitverbreitete deutsche Illusion. Natürlich ist es schön, wenn wir uns einigen; aber einer, hoffentlich Du, muss zum Schluss entscheiden, auch wenn sich alle einig sind. Und nach der Entscheidung ist vor der nächsten Entscheidung. Der Wettstreit der Ideen ist immer wieder neu gefordert. Du tust gut daran, wenn Du diesen Wettbewerb nicht unter lauter Streben nach Konsens erstickst. Denn was gewinnst Du, wenn es keinen Streit und keine Konflikte mehr gibt? Dass Du in Ruhe arbeiten kannst?

Die Menschen sind so unterschiedlich; sie sehen sich in ihren Unterschieden; sie vergleichen sich in ihren Unterschieden; und sie stehen daher permanent in einem latenten Wettbewerb. Das kannst Du gar nicht verhindern, weil es in der Natur des Menschen liegt. Du kannst es höchstens verdrängen oder ignorieren oder hinter einem Harmonieschleier verstecken. Dann findet er eben im Verborgenen statt. Im Ergebnis verlernen wir, mit Konflikten umzugehen; wir bekommen Angst davor; und was das Schlimmste ist – der Wettstreit der Ideen wird nicht mehr offen ausgetragen. Dann verliert Dein Unternehmen früher oder später seine innovative Kraft; zumindest kann sie sich in so einer Atmosphäre nicht voll entfalten. Außerdem: Im Dunkeln ist gut munkeln – da setzt sich zum Schluss oft nicht die beste Idee durch, sondern eher derjenige, der am besten intrigieren oder tricksen kann.

Also lass die Konflikte zu. Wenn schon ein permanenter Wettbewerb stattfindet, dann soll er doch vor aller Augen ausgetragen werden. Nutze ihn, um eure Marktposition zu verbessern. Lerne mit Konflikten zu leben und sie für die Entwicklung von Zeuss Husum produktiv einzusetzen. Das Entscheidende ist doch nicht, ob es Konflikte gibt oder nicht. Das Entscheidende ist, wie die Konflikte geführt werden, wie Du den Wettstreit führst.

6.2.1 The winner takes it all?

Die meisten Menschen verbinden Wettbewerb mit der Assoziation von Siegern und Verlierern. ‚Einer wird gewinnen‘, hieß eine beliebte Unterhaltungssendung; und ‚the winner takes it all‘, sangen einst ‚ABBA‘. Das erlebt man ja auch im Sport oder in den vielen Shows im Fernsehen. Es geht immer um Sieger und Besiegte. Der Starke schlägt den Schwachen, der Schnelle den Langsamen, der Fitteste bleibt übrig im Existenzkampf. Du oder ich, das ist die Alternative – und in der Tat: Viele Bücher sind voll davon; nicht wenige Führungskräfte benutzen eine ausgesprochen militärische Sprache und reden von der Front, von Stoßrichtungen, vom Preiskrieg.

Ob solchem Führungsstil kann einem natürlich schon Angst und Bange werden. Dass Dir derartige Konflikte widerstreben, kann ich verstehen. Sie sind auch mit eurer Strategie kaum vereinbar.

Aber die Frage ist doch nicht, wie viele Menschen Wettbewerb als Kampf gegeneinander inszenieren und sich daran aufreiben, sondern ob es dazu eine vernünftige Alternative gibt. Kann Wettbewerb auch kooperativ geführt werden, und kann es dabei viele Gewinner geben und wenige oder gar keine Verlierer?

Die Antwort ist eindeutig ja; und diese kooperative Alternative ist mittel- und langfristig betrachtet sogar der konfrontativen Strategie eindeutig überlegen. Die ganze lebendige Welt beruht vor allem auf Kooperation und nicht auf Kampf – das hat die moderne Biologie längst bewiesen, auch wenn immer wieder das Gegenteil behauptet wird[78].

In diesem Zusammenhang kann ich auch auf das berühmte Experiment von Robert Axelrod verweisen. Er lud 1979 zu einem Turnier von Spieltheoretikern ein, jene Strategie zu finden, die zum besten Auszahlungsertrag führen würde. Er hat dieses Turnier mehrfach wiederholt. Jedes Mal siegte die Lösung des kanadischen Mathematikers und Systemtheoretikers Anatol Rapoport. Der hatte das kürzeste und simpelste Programm geschrieben und nannte es ‚Tit for Tat‘[79]. Es beruhte auf vier einfachen Regeln:

1. Ich spiele offen. Ich habe keine geheimen Regeln in der Hinterhand.

2. Ich spiele immer auf Kooperation, suche Zusammenarbeit und die gemeinsame Verbesserung des Nutzens.

3. Wenn mich einer, weil ich so ‚nett‘ bin, ausnutzen will und die Konfrontation sucht, schlage ich sofort zurück.

4. Aber ich bin nicht nachtragend. Schon in der nächsten Runde spiele ich wieder auf Kooperation. Ich bin rasch im Vergelten und rasch im Vergeben.

Das Programm ist natürlich anfällig für Missverständnisse und wurde später verfeinert. Schon beim ersten Verdacht auf Konfrontation zurückzuschlagen, kann eine Spirale des Verderbens auslösen. Deswegen wurde das ‚Tit-for-Tat-Prinzip‘ um Prüfungselemente für die Wahrscheinlichkeit eines Missverständnisses modifiziert[80]. Insgesamt hat diese Experiment die wesentlich späteren Erkenntnisse der Biologie vorweggenommen: Kooperativer Wett-

---

[78] Vgl. dazu z. B. Bauer, J. (2006, 2008) oder Hüther, G. (2006).

[79] „Wie Du mir, so ich Dir.“

[80] Vgl. Dixit, A. K./Nalebuff, B. J. (1997), S. 105 ff.

bewerb ist konfrontativen Strategien auf Dauer in signifikanter Weise überlegen.

Die vier Regeln von Rapoport solltest Du Dir in Deiner Führungstätigkeit zu Eigen machen. In diesem Sinne ist Führen eine (An)Leitung zu Kooperation und Achtsamkeit. Kooperation praktizieren, ohne ‚blauäugig' zu werden; die Konfrontation nicht suchen, aber sensibel und vorbereitet sein, um im Fall der Fälle schnell und wirksam reagieren zu können; schließlich immer wieder auf Kooperation umschalten können. Das ist die Alternative: kooperativer Wettbewerb – die Amerikaner sprechen in diesem Zusammenhang von ‚Coopetition'[81].

6.2.2   Führen als Leitungsprozess

In diesem Sinne führen heißt zunächst erst einmal, die Mitarbeiter leiten. Leiten als Wort hat eine mehrfache Bedeutung: An-Leiten, Weiter-Leiten, Ströme leiten; Du kannst auch orientieren, verknüpfen und inspirieren sagen.

Über Orientierung haben wir schon gesprochen. Über das Knüpfen von Netzwerken, das damit verbundene Einbinden vielfältiger Karrierewege sowie das Nutzen der Energie von Wertegemeinschaften auch. Jetzt sollten wir uns ein wenig dem Inspirieren zuwenden. Ein bisschen dazu hatte ich ja schon im Zusammenhang mit den Verantwortungsräumen erzählt. Wenn Du Deine Führungstätigkeit auch als Inspiration verstehen willst, solltest Du Dich darüber hinaus mit den Motiven befassen, die Menschen dazu bewegen, etwas zu tun.

Jedes Tun erfordert Energie, also Anstrengung. Deshalb wird nicht aus jedem Wunsch ein Ziel. Wir müssen bereit sein, uns ein Ziel auch anzutun – also die damit verbundene Anstrengung auf uns zu nehmen."

„Das ist mein täglich Brot", seufzte Constance. „Dabei fällt es mir nicht immer leicht, meine Mitarbeiter zu motivieren. Da hast Du Recht." „Gar nichts habe ich", knurrte Bernhard zurück. „Du kannst Menschen nicht motivieren; Du kannst bestenfalls ihre inneren Motive ansprechen und sie für den Zweck von Zeuss Husum nutzen. Wir sollten uns nicht aufspielen, als könnten wir Menschen formen, wie die Götter. Das hat schon Goethe in seinem ‚Prometheus' bespottet.

---

[81] Nalebuff, B. J./Brandenburger, A. M. (1996).

Wenn Du Menschen inspirieren willst, musst Du Dich mit ihnen befassen, Dich ihnen zuwenden. Dann wirst Du schnell bemerken, dass die Beziehungen – ganz sicher auch bei Euch – einerseits von Herausforderungen und Neugier geprägt werden, andererseits aber nicht frei sind von Ängsten: die Angst zu versagen, die Angst Erwartungen nicht zu genügen, die Angst sich zu blamieren, die Angst den Job zu verlieren oder die Angst, den Lebensunterhalt nicht mehr finanzieren zu können. Manchmal wirkt Angst hemmend. Manchmal führt sie zu unkontrollierten panischen Reaktionen. Und meistens nehmen wir die Ängste stärker wahr als die aus Neugier entspringenden Herausforderungen.

Angst ist ein nicht zu unterschätzender Antrieb. Denn der aus Angst resultierende Druck treibt Menschen mitunter zu Taten, die sie sich unter anderen Umständen nicht antun würden. Deswegen wird sie von so vielen Führungskräften bewusst oder unbewusst als Mittel eingesetzt, andere Menschen zu Handlungen zu bewegen. Wenn Du darauf nicht aufpasst, kann sich in Deinem Unternehmen eine Kultur etablieren, die Du wahrscheinlich nicht haben willst.

Dazu musst Du Ängste gar nicht schüren. Es reicht, wenn Du sie abtust oder ignorierst. Sie sind da, ob Du das wahrhaben willst oder nicht. Es kommt also darauf an, wie Du mit ihnen umgehst.

Es gibt tyrannische Menschen, die sich daran erfreuen, andere zu demütigen, weil sie sich dadurch mächtig und gut fühlen. Von solchen Typen halte Dich fern und vor allem versuche, Zeuss Husum davon frei zu halten.

Es gibt auch Menschen, die Einschüchterung als Mittel der Führung kombinieren mit großen Zielen und herausragender Leistung. Wenn es der Erreichung ihrer Ziele dient, treten sie sicher ab und an ein wenig tyrannisch auf. Aber sie werden nicht von ihrem Ego oder der sinnlosen Freude an der Erniedrigung anderer angetrieben, sondern von einer Vision. Sie ärgern sich über jegliche Hindernisse, selbst menschliche. Sie leiden nicht an Zweifeln oder Schüchternheit. Und sie missachten Zwänge, die andere ihnen auferlegen wollen[82]. Solch ein hartes Auftreten wird auch als ‚politische Intelligenz‘ bezeichnet – ich habe das Wort nicht erfunden; aber da ist etwas dran.

Politisch intelligente Führungskräfte sind vor allem dann von Vorteil, wenn es gilt, Veränderungen gegen massiven Widerstand oder starke Trägheit

---

[82] Vgl. Kramer, R. M. (2006), S. 84 f.

durchzusetzen. Und manchmal, unter Ausnahmebedingungen kann es sogar von existenzieller Bedeutung sein, die Geschicke der Unternehmung einer solchen Führungskraft zu übertragen, kann politische Intelligenz den Unterschied zwischen Lähmung und Erfolg ausmachen[83]. Du hast mir von A. Leiner erzählt. Möglicherweise ist deren Chef so ein politischer Führer, zumindest im Ansatz. Vielleicht kannst Du seine Kraft noch einmal brauchen.

Und dann gibt es Menschen, die anderen helfen, ihre Angst zu überwinden. Du bist so ein Typ. Aber ich befürchte, Du weißt es nicht einmal. Wenn Du diese Fähigkeit ausbaust, kannst Du wirklich inspirieren – im besten Sinne des Wortes. So wie sich z. B. Stabhochspringer Trainer suchen, die ihnen helfen, die Angst vor der Höhe zu überwinden. Dann entsteht aus der Überwindung der Angst zunächst wachsendes Selbstvertrauen, und schließlich wird die Höhe sogar zu einer positiv wahrgenommenen Herausforderung.

Aber das ist wieder einmal leichter gesagt als getan. Hier können daher ein paar Regeln ebenfalls nicht schaden. Am besten, ich male Dir ein Bild auf (s. Abb. 34); dann versuche ich, daraus ein paar Erfahrungen zu erläutern:

---

[83] Ebenda, S. 86.

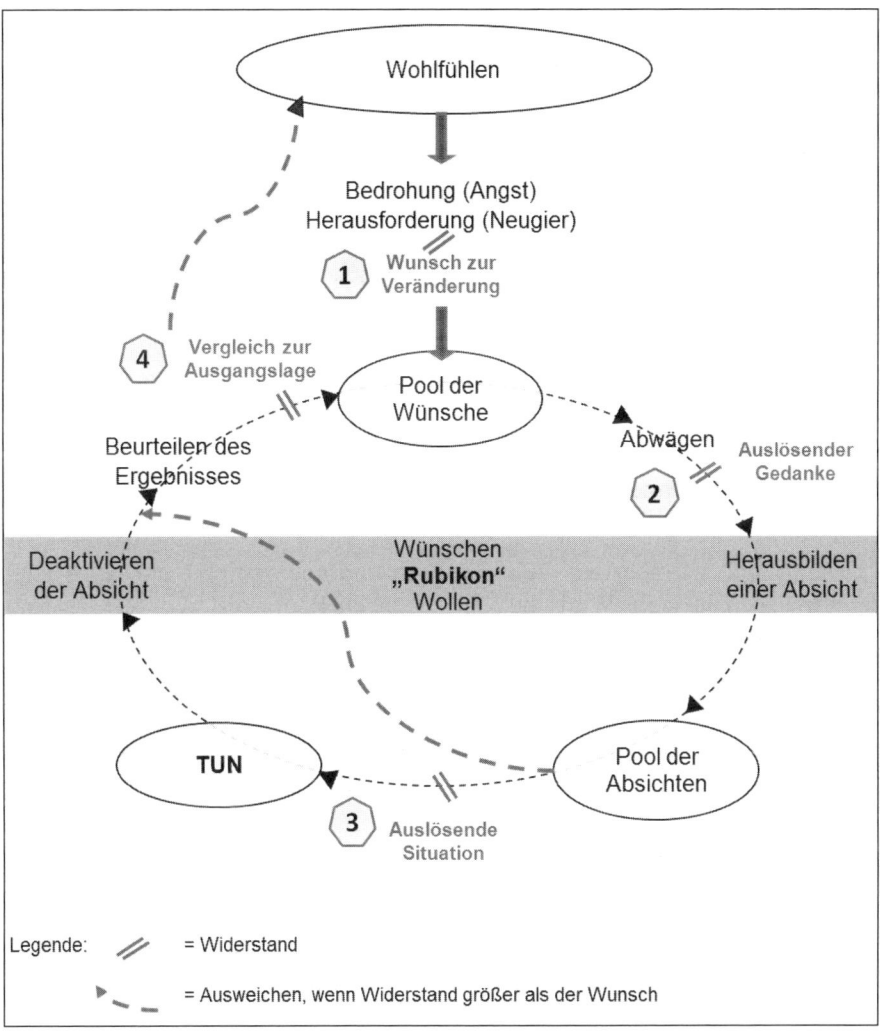

Abb. 34: Kreislauf der inneren Motivation

- Menschen, die sich in ihrer Situation eingerichtet haben und wohlfühlen, verspüren im Allgemeinen keinen Wunsch nach Veränderung. Da kannst Du motivieren, so viel Du willst. Eine Spannung in Richtung Veränderung entsteht erst, wenn entweder Ängste als bedrohlich oder Neugier als Herausforderung empfunden werden.

Das ist der erste Punkt, an dem Du Einfluss nehmen kannst: das Erzeugen von Ängsten oder von Neugier. Dabei solltest Du immer den zentralen Unterschied zwischen Ängsten und Neugier im Auge haben.

Ängste erzeugen keine zielführende Spannung, sondern nur den Wunsch, der Bedrohung auszuweichen. Sobald das erreicht ist, fällt die Spannung in sich zusammen. Es sei denn, Dir gelingt es, aus der Überwindung von Ängsten eine Herausforderung zu entwickeln. Demgegenüber ist Neugier per se auf ein Ziel gerichtet; das Ziel muss jedoch nicht notwendigerweise ein Ziel von Zeuss Husum sein. Du musst die Neugier aktiv auf Eure Ziele lenken.

Aber unabhängig von der Art der Spannung – wenn Eure Plandokumente oder Budgets oder Vereinbarungen gar keine Spannung erzeugen, sind sie betriebswirtschaftlich ohne Effekt; von ihnen gehen weder orientierende noch stimulierende Wirkungen aus. Den Menschen sind sie einfach egal, weil ohne subjektive Bedeutung.

- Damit sind wir aber erst beim Wunsch und noch lange nicht beim Tun. Wir haben ja viele Wünsche, einen ganzen Pool voll. Wir werden also abzuwägen haben.

Hier kannst Du das zweite Mal eingreifen, indem Du einen auslösenden Gedanken implementierst, der den von Dir gewollten Wunsch präferiert. Dann kann daraus eine Intention, eine Absicht, ein Ziel werden. Jetzt sind wir bereit, uns die Anstrengung anzutun. Wir haben sozusagen den ‚Rubikon‘ überschritten[84]. Wir haben ein Bild, das uns vor sich hertreibt oder anzieht; je nachdem. Und wenn Du es klug angestellt hast, ist dieses Bild in weiten Konturen ein gemeinsames für Zeuss Husum – und Du hast es ja klug angestellt.

- Von diesem Moment an sind die Würfel gefallen und es bedarf ‚nur‘ noch der auslösenden Situation, damit aus der festen Absicht praktisches Handeln erwächst.

Das ist der dritte Punkt, an dem Du eingreifen kannst; das Herbeiführen einer auslösenden Situation. Hier ist wieder zu beachten, dass wir neben

---

[84] Das sogenannte „Rubikon-Modell" stammt von Heckhausen; er hat ihm diesen Namen gegeben, weil erst mit der Herausbildung von Intentionen der Rubikon (als Gleichnis verwendet zum Überschreiten des Flusses Rubikon durch Cäsar) vom Wünschen zum Wollen – der Voraussetzung des Übergangs zum Handeln – überschritten wird; vgl. Heckhausen, H. (1987), die Abbildung wurde erstellt in Anlehnung an S. 212.

dem Pool der Wünsche auch einen Pool konkurrierender Absichten in uns tragen. Du wirst also auch wieder darauf achten müssen, dass die auslösende Situation Dein Ziel fördert und nicht andere.

Außerdem kann ich das Wort ‚auslösende Situation‘, gelassen aussprechen. Praktisch erfordert das viel Einfühlungsvermögen von Dir. Denn selbst bei positiv wahrgenommenen und individuell angenommenen Zielen kann das wirtschaftliche Handeln beeinträchtigt werden, wenn die vielfältigen Widerstände nicht ausreichend beachtet werden.

Die Wirkung bspw. der Reduzierung komplexer Entscheidungsfragen durch das ‚Super-Boss-Prinzip‘, das Du mir so plastisch erklärt hast; oder der Effekt einer Zerlegung schwieriger Aufgaben in eine überschaubare Kette von Meilensteinen; oder der Gewinn an Fähigkeiten durch periodisch wiederholte systematische Verhaltenstrainings liegt gerade darin. Es muss halt auch das Selbstvertrauen vermittelt werden, die auf dem Weg liegenden Hindernisse überwinden zu können. Erst dann kommt es zur Tat. Aber das hatten wir schon.

- Schließlich folgt dem Handeln eine Bewertungsphase, die je nach Ergebnis (Erfolg oder Misserfolg) und individueller Einschätzung der Ursachen verstärkende oder abschwächende Folgen und neue oder modifizierte Wünsche nach sich zieht.

Hier musst Du das vierte Mal eingreifen, wenn Du erreichen willst, dass die Mitarbeiter dran bleiben. Entweder erhältst Du den Druck aufrecht oder die Herausforderung. Anderenfalls fällt der Handlungsanreiz schon nach einem Zyklus wieder in sich zusammen.

Ein einmal erfolgreich herbeigeführtes Tun führt eben nicht notwendigerweise zu seiner Wiederholung; der Weg vom Wunsch zum Wollen muss immer wieder neu gegangen, der Rubikon immer wieder neu überschritten werden. Weil nach erfolgreichem Handeln der Absicht zunächst Genüge getan und sie daher wieder deaktiviert wurde. Wir hätten so gern Automatismen; aber das ist eine, wenn auch weitverbreitete Illusion.

Dennoch kann der Krafteinsatz ständiger Wiederholung wesentlich reduziert werden, wenn es gelingt, den Weg vom Wunsch zum Wollen zu ritualisieren. Rituale sind in der Lage, Widerstände soweit zu reduzieren, dass die Abläufe nicht mehr bewusst hinterfragt werden[85]. Allerdings

---

[85] Vgl. Echter, D. (2003), S. 32 ff.

kostet es auch einigen Aufwand, positive, auf die Unternehmensziele orientierte Rituale nachhaltig zu etablieren. Es gehört viel Intuition, Erfahrung und Gefühl dazu, ein Ritual als solches zu erkennen, und erst recht,
eines zu gestalten[86]. Und Rituale können zu sinnentleerten Routinen ent-
arten, wenn sie nicht aktiv gepflegt werden. Deshalb sind sie keine All-
heilmittel, und Du musst achtsam sein, wenn Du sie nutzt.

Es gibt natürlich noch Tausend andere Regeln. Aber entweder habt ihr schon
darüber gesprochen und wir brauchen sie jetzt nicht noch einmal durchzu-
kauen. Oder sie fallen mir einfach nicht ein. Verzeih bitte dem alten Freund
Deines Vaters. Das Gedächtnis ist eben nicht mehr das Beste."

Sie lachten und schwatzten ein wenig weiter. Bernhard kam auch noch einmal zur Sache und betonte, dass es nicht nur darauf ankomme seine Mitarbeiter zu führen. Die hohe Schule bestehe im Führen von Gleichgeordneten
und Vorgesetzten bzw. Aufsichtsgremien oder Eigentümern. Dafür gebe es
auch ein paar Regeln, z. B. dass man sich im Leben mindestens zweimal
trifft. Also sollte man den anderen nicht über den Tisch ziehen oder hinter-
gehen. Es könnte ja sein, dass man beim zweiten Mal seine Hilfe braucht.
Nicht immer im Leben ist man der Stärkere. Die kooperative Strategie ist
zum Schluss auch hier überlegen.

Dann gingen sie auseinander. Bernhard fuhr nach München, Constanze blieb
in Husum zurück. An das Gespräch dachte sie noch lange. Obwohl die Zeit
verging wie im Flug. Inzwischen war das Jahr 2008 schon in die Monate
gekommen. Constanze blieb von all den Vorgängen um Zeuss Husum und
A. Leiner so gefangen, dass sie alles andere faktisch ausblendete.

Auch ihre Beziehung zu Klaus hatte sie auf eine reine Fernbeziehung reduziert. Die täglichen Telefonate wurden immer kürzer, bald genügten ein zwei
Anrufe pro Woche.

Der Frühsommer entwickelte sich prächtig – und mit ihm die Sehnsucht
nach etwas Abwechslung. Daher freute sich Constanze, als Lasse sie eines
Tages ansprach „hättest Du vielleicht Lust? Ich fahre am kommenden Wochenende, das Wetter soll weiterhin gut bleiben, zum Wellenreiten nach Sylt.
Wir könnten doch – einfach so – dort ein paar Stunden gemeinsam verbringen." Warum nicht: Sie sagte zu. „Ich habe am Freitag noch viel zu tun, aber

---

[86] Ebenda, S. 110.

wenn es Dir recht ist, komme ich am Sonnabend Vormittag nach." Es war ihm natürlich recht.

Constanze fuhr mit dem Zug nach Westerland, wo Lasse sie schon erwartete. Flugs mieteten sie sich Fahrräder, kauften etwas Kuchen und radelten gen Norden. Weit hinter Kampen, nahe Klappholttal stellten sie die Räder ab und suchten sich eine Kuhle im weiten Dünenmeer. Ohne Wind wurde es richtig warm. Ihr Bikini, zwar nicht mehr ganz so mini wie vor 10 Jahren, verdeckte trotzdem wenig und ließ erst Lasses Blicke, dann auch sein Finger über den wohl proportionierten Körper wandern. „So mag ich Dich mehr als in Deinem Husumer ‚Business-Kostüm‘." „Alles zu seiner Zeit", lächelte Constanze zurück. Aber jetzt brauchst Du, glaub ich, etwas Abkühlung. Komm, wir springen in die See!"

Sie rannten verbotenerweise die Düne hinunter und tauchten in die schäumende Gischt. Es war wirklich recht frisch, eben Frühsommer. Zurück in der warmen Kuhle entledigte sich Constanze des feuchten Bikinis, schon in der See war das Oberteil mehrfach verrutscht, und genoss die pralle Sonne auf ihrem Körper. Es wurde noch ein heißer Nachmittag.

Am frühen Abend trollten sie sich zu den Fahrrädern. Hatte Constanze anfangs noch Gewissensbisse wegen Klaus, so wischte sie diese weg und willigte ein, als Lasse vorschlug, auch noch den nächsten Tag auf Sylt zu verbringen. Die kleine Pension in Wenningstedt hatte noch ein Zimmer frei…

Der Sommer zeigte sich nicht von seiner besten Seite. Gut zum Arbeiten. Das Wochenende mit Lasse wirkte sich entgegen ihrer anfänglichen Befürchtung positiv auf das Arbeitsklima zwischen ihnen aus. Er sah seine Chance auch bei ihr; und gemeinsam, nicht abgesprochen, bildeten sie ein gutes Team, das auch die anderen mitriss.

Die Auftragslage entwickelte sich prächtig, das neue Patent wurde am Markt gut angenommen, die Preisverhandlungen mit den Kunden waren weniger hart als noch im letzten Jahr. Auch die wegen der dann doch erzwungenen Ausschüttung an den Eigner aufgenommenen zusätzlichen Bankverbindlichkeiten konnten Stück für Stück zurückgezahlt werden.

Mitte August kam ein Anruf von Schnibbel, der ziemlich verstört wirkte „Constanze, wir sollen beide morgen nach Tallinn kommen. Unser malaiischer Mutterkonzern führt dort Verkaufsverhandlungen – wir sind das Thema!" Das konnte nicht wahr sein.

Beide flogen am Nachmittag von Hamburg nach Tallinn, der Hauptstadt Estlands. Das von Schnibbels Sekretariat gebuchte Hotel befand sich mitten in der Altstadt, die voll von Touristen war. Beim Empfang war man überrascht, man hatte ein Doppelzimmer reserviert, wahrscheinlich ein Missverständnis. Nun, was tun? „Derzeit ist bei und in Tallinn alles ausgebucht, es tut uns sehr leid." „Und in anderen Hotels?" fragte Schnibbel. Die Dame an der Rezeption telefonierte mit mehreren Hotels, aber überall Fehlanzeige. „Komm Schnibbel, Du wirst mich nicht auffressen – und ich hoffe, Du schnarchst nicht allzu laut." „Das verspreche ich." So bezogen sie ein gemeinsames Zimmer in der siebten Etage, aber ohne Fahrstuhl. Sie hatten einen schönen Blick auf die Altstadt und den Hafen, konnten ihn aber kaum genießen:

Zum Abendessen trafen sie sich in einem kleinen Altstadtrestaurant mit Herrn Tsimei, der ihnen die neue Situation erläuterte: „Unser Unternehmen muss sich auf seine Kernkompetenzen konzentrieren. So leid es mir tut, aber unsere beiden deutschen Tochterfirmen stehen auf unserer Verkaufsliste. Nun haben wir vor zwei Wochen Kontakt zu einer russisch-schwedischen Gruppe aufgenommen; Die Gespräche sind schon weit vorangeschritten, es sind nur noch ein paar Details zu klären. Hierfür benötigen wir Ihr Knowhow. Ich möchte Sie bitten, dies auch als Chance für die A. Leiner AG wie die Zeuss Husum GmbH zu sehen, in einen europäischen Konzern integriert zu werden. Die Geldgeber kommen aus Russland, das Konzernmanagement aus Schweden. Deswegen auch der Ort des Treffens. Morgen werden wir mit dem CFO aus Schweden sowie zwei russischen Geldgebern aus St. Petersburg verhandeln – da liegt Tallinn ideal!"

Die Verhandlungen fanden im *Radisson Hotel* direkt am Hafen statt. Der Blick aus der obersten Etage auf Tallin und den Hafen war toll, die Gespräche weniger. Die Kaufinteressenten erschienen zu sechst, darunter zwei Anwälte. Einer aus Stockholm, einer aus Deutschland. Weder Constanze noch Schnibbel kannten den einen oder den anderen. Aber sie waren ihnen beide nicht angenehm.

Der Zeuss-Bilanzabschluss nach IFRS erwies sich als Glücksfall für den Verkäufer, wiesen doch die Bilanzen der beiden letzten Jahre recht positive Zahlen auf. Aber die Interessenten moserten an vielen Stellen. Sie schienen den IFRS-Abschlüssen nicht so recht zu trauen und fragten nach den Vergleichszahlen laut deutschem HGB. Constanze, ihr Englisch war nicht gerade perfekt, erläuterte so gut sie konnte, aber immer kamen weitere Nachfragen. Das Hin und Her dauerte Stunden, Constanze hatte mehrfach das Gefühl, dass etwas nicht stimmte, so spezifisch kamen insbesondere die Fragen des deutschen Anwalts. Am Abend vertagte sich die Runde, man wollte die vorgelegten Zahlen in Ruhe prüfen und sich Mitte September wieder treffen.

„Alles Taktik", beruhigte Schnibbel Constanze, als sie – Seite an Seite – in ihrem Talliner Zimmer lagen. „Aber ich muss gestehen, mir macht das hier keinen Spaß. Entschuldige, ich meine nicht die Zimmersituation mit Dir, aber dieses Gefühl von Abhängigkeit, das mag ich nicht." Constanze erzählte ihm, dass in ihrem Hinterkopf ein kleines Männchen immer wieder sagt ‚pass auf'. „Weißt Du, ich bin seit bald 20 Jahren verheiratet, glücklich. Daher ja wohl auch mein Spitzname ‚Schnibbel', Du erinnerst Dich an die Story mit der Sekretärin!" „Nein, nicht die Bettsituation hier beunruhigt mich. In den Verhandlungspausen habe ich die beiden Anwälte miteinander tuscheln hören, die hatten mehr Wissen über Zeuss als sie zugaben."

Sie plauderten noch über dies und das, konnten noch nicht einschlafen. Irgendwann jedoch beruhigten sie sich, der Tag war ob der vielen neuen Eindrücke und der ungewohnten Diskussionen auf Englisch schwer für beide gewesen – bald schliefen sie.

Am nächsten frühen Morgen, es war ein Sonnabend, streiften sie, bevor die Touristenmassen sich durch die Stadt wälzten, durch den Domberg, die Tallinn Oberstadt. Constanze war jedoch nicht bei der Sache: „Hättest Du etwas dagegen, wenn ich über Berlin nach Hause fliege?" Ich habe gesehen, am Nachmittag fliegt Easy Jet. Da spart unsere Firma sogar noch – und ich kann meinen Vater und seine kranke Lebensgefährtin besuchen." Peter Jost hatte nichts dagegen, so trennten sie sich auf dem Flughafen.

Sie besuchte erst ihren Vater, der sich sehr freute, seine Tochter wiederzusehen. Doris ging es etwas besser, die teuren Medikamente sprachen anscheinend an. Constanze fragte nicht, wie oder wo er das Geld dafür besorgt hatte, er hatte auch sie nicht mehr zu diesem Thema angesprochen.

Abends besuchte sie Klaus – aber so richtige Lust zu dem Treffen hatte sie nicht. Spürte er, dass Lasse wieder die Nummer eins geworden war? War er das überhaupt – Constanze wusste es selbst nicht. Vielleicht war nur der Wunsch nach Nähe die Ursache? Sie fuhren nach Potsdam und aßen in einem kleinen französischen Restaurant im Holländischen Viertel zu Abend. Klaus trank vielleicht ein bisschen zu viel vom Wein, jedenfalls redete er ungewöhnlich viel. Die Kanzlei, in der er arbeitete, hätte ihm einen neuen

Vertrag in Aussicht gestellt, mit mehr Verantwortung insbesondere auf dem Gebiet der Unternehmenstransaktionen. Jetzt wären sie gerade an einem großen Deal zwischen einem Konzern aus Malaysia und einem nordeuropäischen Fonds, sein Chef wäre deswegen noch unterwegs.

Constanze horchte auf, „könnte es sein?", schob den Gedanken aber weg. Gegen Mitternacht fuhr sie mit Klaus nach Hause, der jedoch schlief schon im Auto ein und musste mühsam in seine Wohnung bugsiert werden. Sie brauchte also keine Entscheidungen treffen…

Vierzehn Tage später berichtete Schnibbel von einem längeren Telefonat mit Herrn Tsimei. Der Mutterkonzern aus Kuala Lumpur sei in erhebliche finanzielle Schwierigkeiten geraten. Es gebe auf dem Finanzmarkt erste Signale einer Krise mit der Folge, dass das Angebot des schwedischen Fonds – so schlecht es auch sei – wohl angenommen werden müsse. Im Übrigen sei Herr Tsimei der Ansicht, dass die deutsche Rechtsanwaltskanzlei Informationen über Zeuss hätte, deren Herkunft er sich nicht erklären könne. „Weißt Du, woher der Rechtsanwalt kommt?" fragte Constanze, „ich habe keine Visitenkarte von ihm bekommen." „Ja, warte mal, ich habe hier ein kurzes Memorandum des Treffens, ein Dr. Bakker, die Kanzlei sitzt in der Friedrichstraße in Berlin." „Nein"! entfuhr es Constanze, „das kann nicht wahr sein!" „Wie, was kann nicht wahr sein", fragte Schnibbel. „Kennst Du den Anwalt vielleicht?" „Nein, aber vielleicht – Du, ich fahre am Wochenende noch einmal nach Berlin, ich habe da eine Ahnung."

Bevor sie sich am Freitagabend in den Zug setzte, recherchierte sie im Internet. Und siehe da, in der Kanzlei von Dr. Bakker, er war einer von vielen Sozien, arbeitete auch „ihr" Klaus. Sie hatte sich den Namen der Kanzlei nicht gemerkt, aber „Friedrichstraße" war ihr im Ohr geblieben. Und nun war es klar!

Sie wollte bei ihrem Vater übernachten, besprach mit ihm am Abend lange die Situation. Sie konnte es einfach nicht fassen, dass Klaus ihr Vertrauen derart missbraucht hatte, wie konnte er dies nur tun? „Bist Du Dir da ganz sicher?", fragte Johannes. Ihr kamen die Tränen vor Wut. Sollte wegen ihrer Offenheit, ihrem Vertrauen in Klaus ihr Unternehmen billigst an einen schwedisch-russischen Fonds verkauft werden? Ihr Vater hörte sich die ganze Geschichte an und drängte sie, nicht zu voreilig zu sein. Aber natürlich empfand er auch Mitleid mit seiner Tochter – und ärgerte sich genauso.

Am nächsten Morgen ging sie zu Klaus. Er war von ihrem Klingeln an der Wohnungstür erst wach geworden, schien auch sehr verunsichert über ihren Besuch zu sein. Nein. Eine andere Frau lag nicht in seinem Bett, aber er spürte Unheil. Constanze fragte ihn ohne Umschweife, was er über ihr Unternehmen an andere weitergegeben hätte. Erst kamen Ausflüchte, aber bald schälte sich die Sachlage heraus:

Er hatte ja im letzten Jahr mit einem Rechtsanwaltskollegen ein Unternehmen in Malaysia beraten. Dort hatte er wohl von seiner ‚Bekannten‘ berichtet, die bei Zeus Husum, Tochter eines malaysischen Unternehmens arbeiten würde. Das hatte sich sein Kollege gemerkt und weitere Erkundigungen über Zeuss Husum, A. Leiner sowie den Mutterkonzern eingeholt. Es war in Fachkreisen kein Geheimnis, dass sich der malaiische Konzern übernommen hätte und sich in einer Liquiditätskrise befände.

In einer Konsultation mit dem schwedisch-russischen Klienten im Frühsommer hat er von der sich abzeichnenden Gelegenheit berichtet und danach Klaus aufgefordert, mehr Informationen über Zeuss Husum einzuholen, denn das Patent wäre gerade für Russland mit seinen vielen Binnenwasserstraßen Gold wert.

Constanze war stinksauer, weil enttäuscht. Klaus wollte sich entschuldigen, drängte auch noch nach Zärtlichkeiten, aber ihr reichte es: Mit diesem Mann wollte sie nichts mehr zu tun haben. Ohne ein weiteres Wort verließ sie die Wohnung.

Doris ließ sie in die väterliche Wohnung und umsorgte erst einmal mit einem kleinen Frühstück Constanze, die sich ganz klein fühlte. Ihr Vater telefonierte noch eine Weile im Nebenzimmer, bevor er sich dazu gesellte. „Enttäuschungen wie diese wirst Du immer wieder erleben, meine Kleine. Aber sie sind auch die Chance für neue Ideen, für neue Lebensentwürfe. Besser, man schenkt einmal zu viel und wird dann enttäuscht, als immer im Leben zu zögern und abzuwarten.

Übrigens: Ich will mit offenen Karten spielen. Du hast ja vor einem halben Jahr meinen alten Freund Helmut Stehlin kennengelernt. Den alten Banker, der jetzt nur noch Vermögensberatung im kleinen Stil macht. Als ich ihm von der Situation mit Doris berichtet habe, von den so teuren neuen Tabletten, hat er sich sofort ohne zu zögern bereiterklärt, mir diese Summe zu schenken. ‚Johannes‘, hat er gesagt, „schau, ich habe keine Kinder, meine Frau hat sich von mir vor sieben Jahren getrennt, da ich nur Zeit zum Geldverdienen hatte, nicht für sie. Ich habe erfahren, dass Geld nicht glücklich macht, aber glücklich machen kann. Nimm die Summe, vielleicht ergibt sich ja die Gelegenheit, dass Du mir auch helfen kannst".“

„Constanze, ich hätte nicht gedacht, dass es so etwas heute noch gibt. Helmut hat mir die 150.000 € einfach geschenkt! Und Du siehst, Doris geht es schon viel besser. Die Tabletten wirken bei ihr. Mir jedoch hat Helmut eine kleine Aufgabe gegeben: Als ehemaliger Journalist für Technik und Wissenschaft bat er mich, die Augen für ihn offenzuhalten für Entwicklungen, in die er investieren könnte. Wäre vielleicht Zeuss Husum so ein mögliches Investment?“

Constanze war sprachlos. Ihr Vater! Bald folgte ein langes Telefongespräch mit Schnibbel. Der sich irgendwo auf der Schlei beim Segeln befand. „Na, lass uns doch einmal anhören, was sich daraus machen ließe. Wir können uns ja einmal unverbindlich mit dem Freund Deines Vaters treffen.“

7 Verantwortung – von der Stellenbeschreibung zur Ergebnisorientierung

Auf einen Blick:

❑ Eindeutige Verantwortung muss transparent und messbar sein. Dem steht das Streben nach ‚Objektivität' entgegen. Verantwortung ist immer subjektiv.

❑ Jeder Messung geht eine Frage voraus und folgt eine Interpretation. Deshalb ist was wir messen – auch in der Naturwissenschaft – nicht objektiv. Denn fragen und interpretieren können nur Menschen. Das hat den Naturwissenschaften bisher nicht geschadet. Warum soll es in der Betriebswirtschaft anders sein?

❑ Kennzahlen sind in diesem Sinne nicht objektiv, sondern das Ergebnis von Konventionen. Sie werden miteinander vereinbart. Solange sich alle an die Vereinbarung halten, sind die Messergebnisse vergleichbar und können überprüft werden.

❑ Im Streben nach Objektivität spiegelt sich die Hoffnung auf Exkulpation: für ‚objektive Sachverhalte' muss keine subjektive Verantwortung übernommen werden. Wir aber wollen uns zu unserer Verantwortung bekennen.

❑ Ein transparentes System Eindeutiger Verantwortung („EVen") beruht auf einer zielbezogenen Verknüpfung der bestehenden Stellenbeschreibungen mit einer individuellen Resultatsorientierung.

❑ Durch den Bezug zu jenen konkreten Resultaten, für die der Einzelne als „Kümmerer" oder als „Macher" zuständig ist, wird aus einer Stellenbeschreibung eine eindeutige Verantwortung.

❑ Ein „Kümmerer" muss sich um die vereinbarten Resultate kümmern, aber nicht alles selber machen. Ein „Macher" hat die Verpflichtung, ein definiertes Resultat zu liefern. Für alle Ziele, die nicht eindeutig zugeordnet sind oder neu hinzukommen, ist der Chef Kümmerer und Macher zugleich.

❑ Mit den EVen wird mehr Klarheit geschaffen, worin die Basis gegenseitiger Verlässlichkeit besteht. Das jeweils wesentliche Resultat für jeden Einzelnen kann darüber hinaus als Gegenstand der persönlichen Zielvereinbarung festgeschrieben werden. Das stärkt vertrauensbasierte Führung. Verlässlichkeit ist der Kern von Vertrauen.

Sie trafen Helmut Stehlin in Hamburg, erläuterten die Situation, in der sich die beiden Unternehmen befänden, machten auch keinen Hehl daraus, dass sie nicht glücklich über eine Übernahme durch den schwedisch-russischen Fonds wären. „Da müsst Ihr euch keine Sorgen mehr machen", lästerte Helmut. „Ihr habt ja auch mitbekommen, was sich derzeit auf den Kapitalmärkten abspielt. Letzte Woche Lehmans in New York, das wird noch eine Weile so weitergehen. Dafür kenne ich das Geschäft zu gut. ‚Heuschrecken' und ähnlich arbeitende Unternehmen haben derzeit riesige Schwierigkeiten. Anscheinend hat es Eure malaiische Mutter auch hart getroffen, man munkelt, sie würden jetzt alles zu Geld machen müssen."

Aber nun zu Euch: Die technischen Entwicklungen von Zeuss Husum scheinen mittelfristig sehr interessant zu sein – das erhaltene Patent gibt Euch ein bisschen Zeitvorsprung. Zudem: Viele Unternehmen werden sich in den nächsten Monaten mit Neuentwicklungen wohl eher zurückhalten. Was mir aber besonders gefällt, ist der bei Euch vorhandene Grundkonsens, dass das Geschäft mit Kooperation statt mit Konfrontation gesucht wird. Da seid Ihr voll auf meiner Linie."

„Könnten Sie sich denn vorstellen, dass Sie bzw. die von Ihnen vertretenen Anleger sich bei uns beteiligen könnten?", fragte noch etwas ungläubig Schnibbel. „Ja, wobei ich aber von vornherein festlegen würde, dass beide Unternehmen

a) weiterhin rechtlich getrennt aber fachlich – wenn möglich noch intensiver – zusammenarbeitend bleiben und

b) Anteile auch an die Mitarbeiter, nicht nur an die Führungskräfte ausgeben. Teils als Kauf, teilweise im Rahmen von Prämien, Boni etc."

Sie vereinbarten, dass Helmut die anderen Geschäftsführer kennenlernen sollte, um deren Ansichten zu erfahren. Danach würde Schnibbel Verhandlungen in Kuala Lumpur initiieren.

7.1   Objektivität und Verantwortung

Jetzt war sie da, die Chance. Sie hatte noch Bernhard Crederes Worte im Ohr: „Solltest Du die Gelegenheit haben, längerfristig die Geschicke von Zeuss Husum zu steuern, empfehle ich Dir, Schritt für Schritt und sehr zielstrebig eine solche Position der internen und externen Stärke aufzubauen, in der für alle Interessengruppen und Wettbewerber die vorteilhafteste Option darin besteht, mit euch zu kooperieren." Das hatte sie nicht vergessen.

Eigentlich verfolgten sie dieses Ziel schon immer, seit sie sich unter der Führung von Dr. Junker auf den WEG zum Management 2.0 begeben hatten:

1. Die BSC-Workshops, in denen sie ein neues Bild eines kooperativen Unternehmens entworfen hatten, das alle begeisterte.

2. Die Schärfung des Geschäftsmodells, das eine Konzentration auf ihre Kernkompetenzen ermöglichte. Damit einhergehend eine viel bessere Beobachtung, Erkennung und Beeinflussung ihrer Märkte, ihrer Kunden, ihrer Wettbewerber und Lieferanten.

3. Die Schaffung eines internen Marktes für die Organisation der Leistungserstellung bei Zeuss Husum, verbunden mit einer neuen Gestaltung der Kostenrechnung, der Einführung verhandelter interner Verrechnungspreise. Hierzu gehörte auch eine systematische Arbeit mit Zielkosten, Zielmengen und Zielportfolien sowohl auf dem Absatzmarkt als auch im Einkauf, bei der Kapitalbeschaffung wie auf dem Arbeits- und Bildungsmarkt.

4. Die Besinnung auf gegenseitige Wertschätzung als den Kern kooperativer Wertschöpfung. Wertschätzung hat gravierende Folgen für die Gestaltung und Handhabung der Preisbildung im Rahmen eines durchgängigen Lieferkettenmanagements. Wertschätzung, die sich aber auch in der Entgelt- und Mitarbeiterpolitik zeigt, die sich zukünftig an der Entwicklung, Nutzung und Messung der Humanpotenziale orientieren wird. Und Wertschätzung bei der Unterstützung von Entscheidungsprozessen durch stimmige Kennzahlen sowie durch Achtsamkeit für mögliche Chancen.

5. Das Experiment mit neuen Strukturen, der Clusterung eigenständiger Einheiten um den internen Markt gab der gegenseitigen Wertschätzung Raum. Die Koordinierung durch einen Lenkungsausschuss, einer Gruppe für Preisstrategie & Lieferketten, einem Innovationsteam und einer Ferti-

gungsgruppe sowie durch Kompetenzzentren sorgte für klare Linien zur Steuerung der Informationsströme.

6. Die Weiterentwicklung der Führungskultur führte zu mehr Orientierung auf einen ,ausbalancierten' Bereich der Akzeptanz für alle relevanten Interessengruppen von Zeuss Husum. Mit der konsequenten Arbeit mit Regeln und adressierten Verantwortungsbereichen wurde eine Erhöhung des Anteils wirtschaftlich wirksamer Zeit erreicht. Die langsam Wirkung zeigende Konfliktkultur im Rahmen eines offenen, kooperativen Wettbewerbs zielte auf geduldige, die individuelle Motivlage der Mitarbeiter beachtende Innovation.

Das war eine ganze Menge; und Bernhard hatte es auf den Punkt gebracht, was sie innerlich bewegte.

Aber sie waren noch nicht am Ziel – sofern man überhaupt davon sprechen kann, dass eine Strategie „zu Ende geht." Außerdem war vieles anders geworden. Ihre Ziele hatten sich zwar nicht prinzipiell geändert, doch das Umfeld schon. Insofern war der konkrete Umsetzungsprozess manch andere Wege gegangen, als sie ursprünglich glaubten. Auch die Ausprägung ihrer Ziele hatte sich verändert. Ihr Bild allerdings, das eines starken Unternehmens, dessen Interessengruppen und Wettbewerber die vorteilhafteste Option darin sehen, mit ihm zu kooperieren – dieses Bild stand unverändert vor ihren Augen. Es hatte seinen Reiz nicht verloren, im Gegenteil.

Constanze wollte weiter. Nun, da ihr der Raum gegeben schien, empfand sie es geradezu als ihre Pflicht, den Weg von Dr. Junker konsequent fortzusetzen. Was sollte der nächste Schritt sein?

In den vielen Puzzleteilchen des Veränderungsprozesses bei Zeuss Husum machte sich immer stärker bemerkbar, dass die Verantwortlichkeiten nicht klar und eindeutig geregelt waren. Jetzt schien Constanze der Zeitpunkt gekommen.

Das Strukturexperiment war recht vielversprechend angelaufen; sie hatten eine Reihe von Spezialisten zu Fachexperten ernannt. Die Kompetenzzentren arbeiteten schon ziemlich reibungslos und effektiv. Dennoch gab es immer wieder Auseinandersetzungen um Zuständigkeiten und Kompetenzüberschneidungen, die nicht nur dass Betriebsklima unnötig aufheizten, sondern vor allem viel Zeit beanspruchten, die wirtschaftlich unwirksam war. Und wenn Constanze etwas ganz und gar nicht gefiel, dann war das Zeitverschwendung. Also, die Regelung von Verantwortlichkeit, sie nannte es ‚eindeutige Verantwortung‘, stand mit Nachdruck auf der Agenda.

7.1.1 Objektivität versus Verantwortung

Sie hatte das Thema eindeutige Verantwortung auf einem Spaziergang in und um Tönning mit Lasse diskutiert. Er war ihr nicht nur wieder persönlich näher gekommen; er hatte sich in den stürmischen Zeiten auch immer mehr als ihre wichtigste Stütze im Unternehmen erwiesen. Sie konnte sich gut mit ihm streiten, denn neben einer eigenen Meinung verfügte er über einen wachen Verstand, gepaart mit Verständnis für die doch etwas heikle Situation ihres gemeinsamen Verhältnisses.

Später hatte Constanze neben Lasse auch Immanuel Perquiro, Martin Flutzsch, Gunther Nieda und Marianne Noumos eingeladen. Mit der Zeit war das ihr „innerer Zeuss-Zirkel" geworden – eine eingeschworene Wertegemeinschaft mit viel Energie und Veränderungswillen.

Am Anfang erläuterte sie kurz, worum es gehen sollte – nicht dass es nicht in der Einladung gestanden hätte; sie praktizierten ja seit einigen Monaten eine neue Besprechungskultur. Aber dieses Treffen zum Thema eindeutige Verantwortung war für zwei Tage angesetzt und trug Workshopcharakter. Hier waren keine Entscheidungen zu treffen, sondern alternative Entscheidungsmöglichkeiten herauszuarbeiten, um eine Empfehlung geben zu können. „Ich freue mich, dass wir uns zwei Tage Zeit nehmen für eine so wichtige Frage. Wir wollen nicht mehr und nicht weniger erreichen als einen Rahmen für klare Verantwortungsstrukturen bei Zeuss Husum. Wir müssen uns darauf verständigen, worauf sich die Eindeutigkeit beziehen soll – auf das Arbeitsgebiet, die Aufgabenstellung, die Resultate? Außerdem möchte ich erreichen, dass wir eindeutige Verantwortung messen können. Das ist eine Frage der Transparenz und ob wir ganz persönlich bereit sind, uns unserer Verantwortung zu stellen. Schließlich wäre es nicht schlecht, wenn wir am Ende der zwei Tage wenigstens beispielhaft für mich und vielleicht auch einen von Euch die eindeutige Verantwortung formuliert hätten."

„Die Absicht teile ich voll uns ganz", meldete sich Marianne Noumos. „Eindeutigkeit und Klarheit, wofür jeder von uns nun wirklich verantwortlich ist, wäre schon eine gute Sache. Schwierigkeiten habe ich mit dem Messen. Verantwortung ist immer subjektiv. Eine Messung, wenn sie verlässlich sein soll, muss objektiv sein, sonst misst ja jeder, was er will. Das passt nicht zusammen. Also Verantwortung ja, messen nein."

Immanuel schüttelte den Kopf. „Das seid wieder Ihr Betriebswirte mit Eurer Objektivitätsduselei. Kein Maß ist objektiv, sondern immer das Ergebnis von Konventionen, also Übereinkünften. Auch in den Naturwissenschaften arbeiten wir ausschließlich mit Konventionen. Solange sich alle daran halten, sind die Messergebnisse vergleich- und nachvollziehbar – und damit zielführend, weil überprüfbar. Dass derartige Übereinkünfte die Verbindung subjektiver Auffassungen und damit keinen objektiven Maßstab darstellen, hat den Erfolgen der Naturwissenschaft nicht den geringsten Abbruch getan. Daran solltet Ihr Euch allmählich auch in der Betriebswirtschaft orientieren."

Marianne lächelte ziemlich gequält. „Was weißt Du schon von Betriebswirtschaft."

Nun kam der ansonsten doch so stille Immanuel erst richtig in Fahrt. „Ich weiß nicht, wie viel ich von Betriebswirtschaft verstehe. Aber den Unterschied von ‚objektiv‘ und ‚subjektiv‘ kenne ich schon. Ich habe nämlich geahnt, meine Liebe, dass Du uns hier mit ‚Objektivität‘ kommen wirst und mich vorbereitet.

Der Tatbestand der Objektivität scheint natürlich durch die alltägliche Erfahrung gegeben. Das gilt für Naturereignisse ebenso wie für die Gesetzmäßigkeiten, die dem Verhalten menschlicher Gemeinschaften im betrieblich organisierten wirtschaftlichen Prozess zugrunde liegen. Ich möchte nur zwei Dinge anmerken, um etwas Wasser in den Wein zu gießen:

- Auch die exakteste Wissenschaft beantwortet immer nur jene Fragen, die sie stellt; und die durch Beobachtung oder Berechnung gewonnenen Daten müssen interpretiert werden. Das kann zwar verantwortungsvoll geschehen, doch nie objektiv. Weil es halt Menschen sind, die fragen und interpretieren.

- Und dann das Messen – das Festlegen der Maßstäbe hat bereits wenig mit Objektivität zu tun. Das hatte ich vorhin schon gesagt. Doch nicht nur der Maßstab spielt für Messungen eine entscheidende Rolle; es kommt ebenso auf die Bedingungen an, unter denen ein Maßstab auf Ereignisse angelegt wird. Du sagst uns doch selbst immer wieder, wie die Aussagekraft von Leistungsvergleichen (Benchmarks) erheblich geschmälert wird, wenn die Bedingungen der einbezogenen Betriebe nicht halbwegs vergleichbar sind. Da es in der Wirtschaft nicht zu den Selbstverständlichkeiten gehört, die Bedingungen offenzulegen, kann hier nicht einmal eingeschränkt von Objektivität die Rede sein.

Schließlich wird mit der Auswahl von Messgegenstand und Messmethode eine Wertung darüber getroffen, was des Messens würdig erscheint. Selbst der Umstand, dass viele Menschen dieselbe Auswahl treffen, verleiht ihr nicht den Charakter der Objektivität, sondern bestenfalls jener der Konvention. Dabei mögen die Übereinkünfte hilfreich und zweckmäßig sein – objektiv sind sie nicht.

7.1.2 Zu Entscheidungen stehen

Aber eigentlich will ich Euch gar nicht mit philosophischen Spitzfindigkeiten quälen. Zum Schluss geht es in dieser scheinbar so akademischen Frage einzig und allein darum, ob wir bereit sind, zu unseren Aussagen und vor allem zu unseren Entscheidungen zu stehen. Das ist der Kern, um des es mir geht. Die ganze oft so furchtbar hochtrabend geführte Diskussion um das Streben nach Objektivität widerspiegelt in meinen Augen die Hoffnung auf Exkulpation: für ‚objektive Sachverhalte‘ muss keine subjektive Verantwortung übernommen werden.

Natürlich kann mir jetzt entgegengehalten werden, dass nicht alles beeinflussbar ist. Für den Moment, für das Hier und Heute, für die Entscheidung des Augenblicks ist das auch völlig richtig. Aber die Übergänge zwischen beeinflussbar und nicht beeinflussbar sind fließend und können sich verändern, wenn man über den Augenblick hinausgeht. Naturgesetze z. B. erscheinen unabänderlich, und wir müssen sie nehmen, wie sie sind. Dennoch gibt es unzählige Beispiele dafür, dass sich die Grenzen des in dieser Hinsicht Möglichen in der Geschichte der Menschheit beträchtlich verschoben haben – der Mensch kann nicht fliegen, hieß es über Jahrtausende; heute beweisen Millionen täglicher Fluggäste weltweit das Gegenteil. Und es besteht kein akzeptabler Grund, warum das in der Zukunft nicht weitergehen soll – außer einem: der ethischen Verantwortung vor der Gattung Mensch.

Aber auch diese Begrenzungen zu akzeptieren und zu respektieren setzt wieder eine bewusste subjektive Entscheidung voraus – die Vehemenz, mit der diesbezügliche Auseinandersetzungen seit Jahrzehnten geführt wird, demonstriert sehr deutlich, dass es hier nicht um objektive, sondern um subjektiv beeinflussbare und daher mit Verantwortung behaftete Fragen geht[87].

Für wirtschaftliche Prozesse gilt das vollkommen analog. Die Globalisierung bspw. erscheint in ihren Auswirkungen als eine objektive ökonomische Entwicklung. Aber weil sie von Menschen getragen wird, besteht auch die Möglichkeit, Regeln zu vereinbaren, die das globalisierte Handeln in verträgliche Bahnen lenken[88] – darum drehen sich ja gerade viele aktuelle Diskussionen angesichts der Turbulenzen in der Finanzwelt. Selbst wenn man die Regeln als völlig unzureichend bewerten mag – allein dass sie möglich sind, qualifiziert die Globalisierung als einen subjektiv gestaltbaren also nicht objektiven Prozess. Dann zeigt sich sehr schnell, wer hier Verantwortung tragen will und wer nicht.

Das gilt im Großen wie im Kleinen. Egal wo wir stehen: Es ist unredlich, sich auf der einen Seite der Verantwortung für eigene Entscheidungen nicht in transparenter Weise zu stellen und auf der anderen Seite objektive Umstände als Entschuldigung anzuführen. Wer die Zwänge des Augenblicks in die Möglichkeiten strategischer Gestaltung einordnet, wird schnell erkennen können, dass heutige Abhängigkeiten die Konsequenz früher getroffener Entscheidungen sind.

Es mag sein, dass es nicht immer die eigenen Entscheidungen sind; aber das gibt den Entscheidungen anderer nicht den Charakter von Objektivität. Und letztlich ist auch der Verweis auf die Entscheidung anderer nur eine Variante der sich auf scheinbar objektive Umstände berufenden Exkulpation. Man kann sich wehren, wenn man bereit ist, die Konsequenzen zu tragen. Das muss nicht immer sinnvoll sein. Aber zu allen Zeiten hat es Menschen gegeben, die so gehandelt haben – manchmal für den Preis des eigenen Lebens.

Bei uns geht es nicht um Leben oder Tod; bei uns geht es ‚nur' um den Mut zur Entscheidung und zur Übernahme subjektiver Verantwortung für die Entscheidung. Und wenn wir Führungskräfte sein wollen, dann sollten wir den Mut haben – die Verantwortung zu übernehmen, für das was wir ändern aber

---

[87] Vgl. Jonas, H. (1979), S. 392 f.

[88] „Der größte Feind einer freien und globalen Marktwirtschaft ist eine freie Marktwirtschaft ohne jede Spielregel (ungezügelter Kapitalismus)"; Schmitz, H.: Vortrag anlässlich der Verleihung des Ludwig-Erhard-Preises, Berlin, 15.11.2005; vgl. auch: Schmitz, H. (2005), S. 172 ff.

auch uns zu dem bekennen, was wir nicht ändern. Je ehrlicher und transparenter wir das tun, umso mehr werden uns die Menschen respektieren.

Es geht also nicht um die Alternative zwischen Subjektivität und Objektivität – es geht um das bewusste Bekenntnis zur Transparenz subjektiver Verantwortung als Grundlage der Ökonomie. Wer unter der Fahne der Objektivität das Prinzip der Verantwortung aus der Betriebswirtschaft verbannen will, bekennt sich gewollt oder ungewollt zum Prinzip der Verantwortungslosigkeit; und die Forderung nach Wertfreiheit ist nur eine andere Bezeichnung dafür[89]."

Immanuel atmete erst einmal tief durch. „Es ging mir übrigens nicht um Dich, Marianne. Ich habe Dich nur als ‚Aufhänger' genommen – mir altem Knurrkopp kannst Du das hoffentlich verzeihen. Dafür kennen und ‚lieben' wir uns ja schon lange genug.

Mir geht es um ein Herangehen, dass mich seit vielen Jahren ärgert: Immer, wenn wir etwas mehr Transparenz in unsere sozialen Beziehungen bringen wollen, ertönen die Vorwürfe unzureichender Objektivität, damit bloß nichts geschieht. Auf diese Weise wird jede Suche nach einer vernünftigen und vor allem praktikablen Konvention von vornherein ausgeschlossen. Das Geschrei gab es, als sich der Unternehmensbereich Forschung & Entwicklung messbaren Ergebnissen stellen sollte; das Geschrei gibt es seit ein paar Jahren bei allen Versuchen, das Potenzial von Mitarbeitern oder andere immaterielle Werte zu messen; das Geschrei setzt natürlich auch jetzt wieder ein, wenn wir eindeutige Verantwortung für jeden Einzelnen messen wollen.

Lasst uns wenigstens bei Zeuss Husum eine praktikable Übereinkunft finden, nach der wir uns dann alle richten. Margit hat mit ihrem Ansatz zur Bewertung des Humanpotenzials ja schon ein Beispiel gegeben. Das können wir bei der Verantwortung auch. Ob sich in diesen Fragen irgendwann einmal eine allgemein akzeptierte Norm entwickeln lässt, kann ich nicht sagen. Das hängt ja auch davon ab, ob genügend Experten bereit sind, darauf zu verzichten, Recht zu haben. Auf jeden Fall möchte ich nicht so lange warten."

Danach ließ die Runde Immanuels Worte erst einmal sacken. Es wurde nur wenig darüber diskutiert. Aber alle stimmten dem Grundtenor der Aussagen mehr oder weniger zu. Zugleich hatten sie unausgesprochen den Wunsch,

---

[89] In diesem Sinne bezeichnet Hayek das Ideal der Wertfreiheit als „eine Ausflucht von Traumichnichtsen …, die nirgends anstoßen wollen, und so ihre Vorurteile verbergen können"; Hayek, F. A. von (1996), S. 36.

das Ganze auf sich wirken zu lassen. Irgendwie hatte Immanuel eine Seite in ihnen zum Schwingen gebracht, die sie erst einmal ein wenig ausklingen lassen wollten. Deshalb wurde das Plenum für eine Pause unterbrochen.

7.2   Verantwortung muss eindeutig sein

„Das hat ja etwas mehr als ein paar Minuten gedauert", eröffnete Constanze, als alle wieder im Raum waren. „Ich habe dem nichts hinzuzufügen. Wegen unserer eigenen Verantwortung, unserem Bekenntnis dazu und dem Mut zur Transparenz sitzen wir die beiden Tage zusammen. Danke, Immanuel."

Anschließend begannen sie mit einem Brainstorming, um Ideen für sinnvolle Regeln zu finden. In zwei Gruppen versuchten sie, die Ideen zu ordnen und Prinzipien zu erarbeiten. Dann führten sie die Diskussion wieder im Plenum.

Am späten Nachmittag hatten sie sich auf sieben Regeln für ,EVen' geeinigt, wie sie von nun ab sagen wollten – EVen stand für ,Eindeutige Verantwortung':

7.2.1   Es geht um Resultate

Sie hatten erst lange debattiert, ob sie nicht an die bestehenden Stellenbeschreibungen anknüpfen sollten. Das würde die Arbeit wesentlich erleichtern. Dann wurde ihnen klar, dass darin vor allem Aufgaben beschrieben werden. Aufgaben überlappen sich oft, sind daher nicht eindeutig. Manchmal muss man sie aufteilen, weil einer allein sie nicht bewältigen kann. Umgekehrt kann es sinnvoll sein, Aufgaben bspw. in Projekten zu bündeln, weil sie in einem komplexen Zusammenhang stehen.

Dann waren sie darauf gekommen, worum es ihnen eigentlich geht: um Verlässlichkeit. Adressierte Verantwortung soll die Verlässlichkeit bieten, dass jedem von ihnen zur vereinbarten Zeit all die Puzzleteile zur Verfügung stehen, die sie für ihre eigene Arbeit brauchen. Das geht aber nur, wenn jeder weiß, worauf sich die anderen verlassen, worin seine Puzzleteile bestehen. Es geht also nicht allein um die Aufgaben, sondern zugleich um das, was unter dem Strich dabei herauskommt – das Resultat. Wer eindeutige Verantwortung als Grundlage für zuverlässige Beziehungen formen will, muss eindeutige Zuständigkeiten für Resultate erarbeiten.

Sie wollten also das Instrument der Stellenbeschreibung mit der Zuordnung von Verantwortung für individuell unterschiedliche Resultate verbinden.

Constanze dachte sofort an die 10 Gruppenleiter in der Fertigung. Die hatten alle eine ähnliche Stellenbeschreibung. Aber die konkreten Resultate der von ihnen zu leitenden Arbeiten unterschieden sich deutlich voneinander.

Als hätte er ihre Gedanken erraten, meldete sich Martin Flutzsch: „Unsere beiden Produktionsleiter haben ja beide faktisch identische Stellenbeschreibungen. Die sind gar nicht so schlecht formuliert. Daraus geht klar hervor, was die beiden zu tun haben. Aber es geht nicht daraus hervor, welche spezifischen Resultate und welchen konkreten Beitrag zur Strategieumsetzung ich von ihnen z. B. 2008 und 2009 erwarte. Das wäre eine hilfreiche Ergänzung, wenn wir das hinkriegen."

Die EVen sollten also eine Art resultatsorientierte Stellenbeschreibung werden, die jährlich präzisiert werden können. Das wäre zugleich eine systematischere Grundlage für Zielvereinbarungen, als sie ihnen bisher zur Verfügung stand. Als Ausgangspunkt wählten sie die Ziele von Zeuss Husum, wie sie in der Balanced Scorecard und weiteren Dokumenten festgehalten waren – und natürlich die vorhandenen Stellenbeschreibungen. Wobei Marianne Noumos einwarf, dass es in diesem Zusammenhang auch mal an der Zeit wäre, sich die Formulierungen mal wieder anzuschauen. Manche Beschreibungen seien schon viele Jahre alt und nicht mehr auf dem Laufenden. „Bei allem Enthusiasmus für neue Instrumente: Die Basis sollte schon stimmen. A fool with a tool is still a fool[90]."

Darin waren sie sich alle einig. Sie erstellten zunächst erst einmal ein Pool an angestrebten Resultaten für das oberste Leitungsteam. Die könnte man dann auf alle Teammitglieder aufteilen und nach dem Super-Boss-Prinzip im gesamten Unternehmen verbreiten.

7.2.2 Kümmerer für alle Ziele ist der Chef

Auch die Zuordnung von EVen darf das Prinzip der Einzelführung nicht aufheben. Zum Schluss muss es für jedes zu erzielende Resultat in jedem Team einen und nur einen geben, der die letzte Entscheidung hat. Das ist nun einmal der Chef – deswegen heißt er so.

Aber sie wollten zukünftig unterscheiden zwischen „Kümmerer" und „Macher." Damit konnten sie klare Konturen schaffen – quasi eine Kümmerer-

---

[90] Ein Narr mit einem Instrument bleibt immer noch ein Narr.

und eine Macher-„Hierarchie", ohne die Entscheidungsbefugnisse infrage zu stellen. Das war Constanze schon wichtig:

- Kümmerer

  Als Kümmerer ergab sich für Constanze die Möglichkeit, sich zwar um alles kümmern, aber nicht alles selbst machen zu müssen. Das war natürlich auch eine Frage des Vertrauens – sie musste an Bernhards Erzählungen denken.

  Wenn sie es ihrem Team zutrauen würde, für alle wesentlichen Ziele von Zeuss Husum der Macher zu sein, würde sich ihre Verantwortung als Macher ausschließlich auf die Koordination der Resultate begrenzen lassen und auf die Kernbeziehungen zu den Gesellschaftern. Ihr schwante natürlich, dass das nicht so einfach geht. Aber allein die Aussicht war ihr Motiv genug, das Projekt EVen mit Nachdruck zu betreiben.

- Macher

  Ein Macher hat die Verpflichtung, ein Resultat in der vereinbarten Qualität (zu einem festgelegten Zeitpunkt mit definierten Kosten und fachlichem Ergebnis) zu liefern.

7.2.3 Ziele benötigen einen Macher

Alle waren sich im Klaren – das ist der vielleicht schwierigste Schritt bei der Erarbeitung von EVen. Doch nur so lässt sich Eindeutigkeit herstellen.

Was z. B. ist so ein eindeutiges Ziel für Marianne Noumos? Der erstellte Jahresabschluss? Den übergibt sie Constanze, die ihn unterzeichnet. An dem Beispiel wurde ihnen schnell klar, dass hier Constanze der Kümmerer ist. Mariannes EV bestand darin, zu einem vereinbarten Zeitpunkt einen mit allen Bereichen und den Wirtschaftsprüfern abgestimmten Entwurf des Jahresabschlusses Constanze zur Unterschrift vorzulegen. Genau darauf muss Constanze sich verlassen können. Weitere EVen von Marianne waren schnell gefunden:

1. Die Rechnungslegung und das Mahnwesen verlaufen reibungslos; die vereinbarten Eckdaten werden eingehalten.

2. Der Finanzbedarf von Zeuss Husum ist bekannt. Offene Fragen seiner Deckung sind termingerecht und vorabgestimmt zur Entscheidung gestellt.

3. Alle Personalfragen im Team des Rechnungswesens sind gelöst.

4. Die vereinbarten Effizienzziele des Bereichs sind erfüllt.

In ihrem Bereich wollte Marianne die EVen weiter unterteilen. Dann würde sie der Kümmerer sein für alles, was sie auf der Ebene des obersten Leitungsteams als Macher übernommen hatte. Für die detaillierteren Resultate hätte sie die Verantwortung auf ihre Mitarbeiter zu delegieren – die wären dann dafür der Macher. So konnte ein klares Netzwerk aus EVen aufgebaut werden.

7.2.4 Ziele müssen messbar sein

Messbarkeit schafft Verbindlichkeit. Das akzeptierte inzwischen auch Marianne. Dabei ging es um ganz konkrete Vereinbarungen:

1. Für den Jahresabschluss wählte sie zwei Kennzahlen – ‚Termin eingehalten‘ (Abgabe bis zum…) und ‚Anzahl nachträglicher Änderungen‘.

2. Für die Reibungslosigkeit des Rechnungs- und Mahnwesens sollten ebenfalls zwei Kennzahlen stehen – ‚Anzahl der ausstehenden internen und externen Buchungen‘ sowie ‚Volumen der überfälligen Forderungen und Verbindlichkeiten‘. Hier ging es ja nicht nur um die externen Belange, sondern auch um die Reibungslosigkeit auf dem internen Markt.

3. Für den Finanzbedarf stellte sie sich der ‚Anzahl unangekündigter Nachfinanzierungen‘. Das galt ebenfalls sowohl intern als auch extern.

4. Für die Personalfragen sollte die Kennzahl gelten ‚Anzahl offener Fälle‘.

5. Für den Innovationsbeitrag gab es eine in der mittelfristigen Planung und mit dem Budget vereinbarte Zahl.

7.2.5 Verantwortlich für die Lücke ist immer der Chef

Man kann natürlich nie alles regeln oder vereinbaren. Um dennoch beim Grundsatz der Eindeutigkeit zu bleiben, bekannten sie sich zum Prinzip der Lücke: „Für alle Ziele, die keiner EV zugeordnet oder neu hinzugekommen sind, ist der Kümmerer der Macher, solange er sie nicht delegiert.“

Damit gibt es keine offenen Fälle. Alles, was nicht geregelt ist, liegt in der Zuständigkeit des Chefs. Er muss selbst entscheiden, wie viel er selbst macht und welche EVen er delegiert. Kümmerer ist er immer, Macher nur dann, wenn er nicht delegiert.

7.2.6   Weniger ist mehr

Die Fähigkeiten zur simultanen Nutzung von Begriffen oder begrifflichen Elementen sind begrenzt. Bereits 1956 unterbreitete George Miller[91] die durch seine psychologische Forschungen untermauerte These, dass Menschen „bei Kategorisierungen die Zahl sieben bevorzugen, wie zum Beispiel bei den sieben Weltwundern, den sieben Todsünden und den sieben Wochentagen", weil sie sieben Informationskomplexe in ihrem „Kurzzeitgedächtnis gerade noch mühelos speichern (können)"[92]. Auf derselben Ebene liegt auch die empirische Beobachtung, dass das menschliche Gehirn pro Sekunde maximal 7 Wörter produzieren kann[93].

Deshalb hielten sie sich an den bei der Balanced Scorecard schon bewährten Grundsatz: Weniger ist mehr. Sie wollten sich für jedes Teammitglied auf jeweils eine zentrale Kenngröße einigen, die dann Gegenstand der Zielvereinbarung werden sollte. Marianne wählte die ‚Anzahl der ausstehenden internen und externen Buchungen'", weil sie hier den größten Handlungsbedarf sah. Darauf wollte sie sich im kommenden Jahr konzentrieren.

7.2.7   Verantwortlichkeit erfordert Kompetenz und Konsequenz

Verantwortung braucht Ermunterung und Selbstvertrauen. Darüber hatten sie ja schon im Zusammenhang mit der Veränderung ihrer Führungskultur gesprochen – Constanze berichtete damals ausführlich in der Leitungsrunde über ihr Treffen mit Bernhard. Das galt es für die Umsetzung der EVen ganz besonders zu berücksichtigen. Derart konkret und transparent waren diese Fragen bisher bei Zeuss Husum nicht gehandhabt worden.

Es ging um Kompetenz und Konsequenz. Die Zuordnung von Verantwortung bedeutete ja zugleich die Übertragung entsprechender Entscheidungsvollmachten. Das musste nicht nur von allen Beteiligten so gewollt werden. Da war auch Fingerspitzengefühl gefragt und Geduld, bis genügend positive Erfahrungen gesammelt und entsprechendes Zutrauen wie Vertrauen gewonnen werden konnte.

Außerdem bedeutet Kompetenz nicht nur Entscheidungsvollmacht, sondern auch Befähigung. Sie einigten sich daher darauf, allen Führungskräften ent-

---

[91] Miller, G. A. (1956), S. 81 ff.

[92] Mintzberg, H./Ahlstrand, B./Lampel, J. (1999), S. 16.

[93] Vgl. Künzel, P. (2005).

sprechende Trainingsprogramme zu verordnen und jedem – auf Wunsch – zu ermöglichen, ein persönliches Coaching in Anspruch zu nehmen. Auf diese Weise könnte mit der Zeit ausreichendes Selbstbewusstsein entwickelt werden, um mit dem Instrument der EVen auch systematisch umgehen zu können.

Dann – vielleicht in einem Jahr – sollten sie soweit sein, das Instrument der Eindeutigen Verantwortlichkeit für alle bei Zeuss Husum einsetzen zu können. Das wäre eine gute Ergänzung zur Arbeit mit den Anforderungsprofilen und würde den Rahmen der periodischen Mitarbeitergespräche sinnvoll erweitern. Zum Schluss sollte zunächst jede Führungskraft und später auch jeder Mitarbeiter jederzeit folgende Fragen beantworten, nein besser: sich selbst stellen und beantworten können:

1. Was sind die Resultate, für die Du verantwortlich bist und worin besteht Dein Beitrag zum strategischen Haus?

2. Was sind die Resultate, für die Kollegen aus Deinem Team Macher sind und worin besteht der Teambeitrag zum strategischen Haus?

3. Was läuft gut und wo siehst Du Verbesserungspotenziale – bei Dir, Deinem Team und Zeuss Husum?

4. Woran willst Du Dich messen lassen?

5. Was erwartest Du, wenn Du Erfolg hast und was soll passieren, wenn Du keinen Erfolg hast?

Auch wenn das in ihren Ohren noch ein bisschen wie Zukunftsmusik klang: Dieser Melodie wollten sie folgen.

7.3   Die EVen von Martin Flutzsch – ein Beispiel

Damit waren sie jedoch noch nicht fertig. Sie wollten ein konkretes Beispiel erarbeiten, damit sie eine Vorstellung davon bekamen, wie es praktisch gehen könnte. Martin erklärte sich spontan dazu bereit, das „Versuchskaninchen" zu spielen.

Es wurde ein langer Nachmittag. Nach etwa vier Stunden kamen sie zu folgendem Ergebnis (s. Abb. 35):

Eindeutige Verantwortung für Beiträge zum Erfolg (Fertigungsleiter Martin Flutzsch)			
Ziel	**Eindeutiger Verantwortungsbereich** nach oben, ergebnisorientiert: ... ist erreicht / erfolgt	**Kenngröße** (für Zielvereinbarung)	**Name** (Delegation der Macher-Verantwortlichkeit)
Teil-Ziel	Teil-Verantwortung, nach unten	Kenngröße (Erfolgskriterium)	
EV'en 2009			Stand: 27.11.2008
1. Zufriedene Kunden	Vereinbarungen mit dem Kunden sind erfüllt	Reklamationen	Flutzsch
2. Zuverlässigkeit	Prozessabläufe im Fertigungs-Bereich sind zuverlässig und reproduzierbar	Auditergebnisse	Flutzsch
3. Leistungsorientierung	Die Produktionsmengen im Fertigungs-Bereich entsprechen den Vereinbarungen (Einhaltung der mittelfristigen Planung und des Budgets)	Produktivität	Flutzsch
4. Engagierte Mitarbeiter	Personalfragen direkt unterstellter MA sind geklärt	direkt unterstellte MA haben eine EV	Flutzsch
5. Gruppen-Denken	Monatliche Abstimmungsgespräche mit den Zeuss-Bereichsleitern erfolgen	Anzahl gemeinsamer Projekte	Flutzsch
6. Innovation	Die freigegebenen Innovations-Projekte sind erfolgreich umgesetzt	Neue Produkte/ Verfahren	Flutzsch
7. Projekte	Meilensteine sind erarbeitet und werden eingehalten	Zielerreichungs-Prognose	Flutzsch
Husum 01. 12. 2008			
	Martin Flutzsch (Leiter der Fertigungsgruppe)	Geschäftsführerin	

Abb. 35: EVen von Martin Flutzsch

Die EVen waren alle aus den strategischen Orientierungen für die Arbeit der koordinierenden Fertigungsgruppe abgeleitet worden, die von Martin Flutzsch geführt wurde. Sie waren auch ohne Weiteres in die Matrix des strategischen Hauses einordenbar – z. B. in das strategische Thema „bereichsübergreifende Projekte" sowie in die Entwicklungsgebiete „Kunden" und „Mitarbeiter." Außerdem widerspiegelten sie die Umsetzung konkreter Ergebnisse aus den strategischen Projekten „Projektmanagement", „Mitarbeiterentwicklung" und „Kundenbeziehungen."

Der danach folgende Schritt war für alle Beteiligten spannender als der erste – die Untergliederung der einzelnen EVen auf Verantwortliche im Bereich von Martin Flutzsch. Er musste ja nun entscheiden, für welche Einzelfragen er nun seinerseits EVen vergeben würde.

Das konnte natürlich an diesem Nachmittag nur beispielhaft erfolgen. Außerdem würde er dazu seine Mannschaft zusammenholen wollen. Dennoch fanden sie als Beispiel ganz brauchbare Aufteilungen. Wobei sie noch keine Namen einsetzten; das sollte nun wirklich Martins Aufgabe sein.

Zum Schluss hatten sie eine Gesamtstruktur erarbeitet, die von da an als Vorlage für alle weiteren EVen gelten sollte (s. Abb. 36):

Ziel	Eindeutige Verantwortung für Beiträge zum Erfolg (Fertigungsleiter Martin Flutzsch)		
	Eindeutiger Verantwortungsbereich nach oben, ergebnisorientiert: … ist erreicht / erfolgt	Kenngröße (für Zielvereinbarung)	Name (Delegation der Macher- Verantwortlichkeit)
Teil-Ziel	Teil-Verantwortung, nach unten	Kenngröße (Erfolgskriterium)	
EV'en 2009			Stand: 27.11.2008
1. Zufriedene Kunden	Vereinbarungen mit dem Kunden sind erfüllt	Reklamationen	Flutzsch
1.1 Produktqualität	Produktkontrollen sind spezifiziert und werden durchgeführt	Anz. Reklamationen und Anteil vermeidbarer R.	AA
1.2 Liefertreue	Liefertermine werden eingehalten	Verzögerungen > 1Tag	BB
1.3 Realisierung von Sonderwünschen	Kundenwünsche werden erfasst und soweit sinnvoll umgesetzt	Anteil umgesetzter Kundenwünsche	CC
2. Zuverlässigkeit	Prozessabläufe im Fertigungs-Bereich sind zuverlässig und reproduzierbar	Auditergebnisse	Flutzsch
2.1 Prozessabläufe sind sauber dokumentiert	Regelmäßige Prüfung und Anpassung der Systembeschreibungen im ISO-Handbuch (InfoNet)	Systemabweichungen	AA
2.2 Reproduzierbare Prozesse	Prozess-Standards in den Produktions-Bereichen Antriebssysteme und elektronische Steuerungen sind eingehalten (Durchführung von systematischen Audits mit Auswertung)	Auditergebnis	BB
2.3 Zuverlässige Auftragsbearbeitung	Das Zuverlässigkeitsmanagement (ZM) in den Produktionsbereichen funktioniert fehlerfrei	ZM-Audit	CC
3. Leistungsorientierung	Die Produktionsmengen im Fertigungs-Bereich entsprechen den Vereinbarungen (Einhaltung der mittelfristigen Planung und des Budgets)	Produktivität	Flutzsch
3.1 Die systematische Verbesserung der Ausbeute erfolgt	Kontinuierliche Verbesserungsprozess ist organisiert	Ausbeute	AA
4. Engagierte Mitarbeiter	Personalfragen direkt unterstellter MA sind geklärt	direkt unterstellte MA haben eine EV	Flutzsch
4.1 Qualifizierte Mitarbeiter	Schulungsplan ist erstellt und wird umgesetzt	Ausschöpfung des Budgets	AA
4.2 Aufgaben werden eigenverantwortlich gelöst	Persönliche Ziele sind vereinbart und werden erfüllt	Erfüllte Aufgaben und Ziele	BB
4.3 Mitarbeiter sind informiert	Regelmäßige Informationen der Mitarbeiter (Zeuss-Nachrichten, Bereichsversammlungen)	Anzahl - (monatliche Information)	CC
4.4 Mitarbeiter aufbauen	Vollwertige Stellvertreter für bedie Produktions-Bereiche sind vorhanden und eingearbeitet	30.03.2009	DD
4.5 Mitarbeiter aufbauen	Verantwortlicher Leiter für Projekt Southhampton ist eingestellt	01.06.2009	EE
5. Gruppen-Denken	Monatliche Abstimmungsgespräche mit den Zeuss-Bereichsleitern erfolgen	Anzahl gemeinsamer Projekte	Flutzsch
5.1 Gemeinsame Entwicklung	Abstimmung von Entwicklungsprojekten, Informationsaustausch sicherstellen	Anzahl Treffen mit Entwicklungs-MA	AA
6. Innovation	Die freigegebenen Innovations-Projekte sind erfolgreich umgesetzt	Neue Produkte / Verfahren	Flutzsch
6.1 Innovatives Unternehmen	neue Produkte und Verfahren werden systematisch von den Produktions-Bereichen antiebstechnische Systeme und elektronische Steuerungen begleitet und umgesetzt	Anzahl begleitete Entwicklungs-Projekte	AA
6.2 Technologieführerschaft	Entwicklung eines neuen Antriebs-Produktes - Erhöhung der Steuerungsfähigkeit um 20%	August 2009	BB
6.3 MA-Potenzial ausschöpfen	Das Ideen-Management bei Zeuss funktioniert	Anteil umgesetzter zu vorgeschlagenen Veränderungen	CC
7. Projekte	Meilensteine sind erarbeitet und werden eingehalten	Zielerreichungs-Prognose	Flutzsch
7.1 Projekt Kiel	Zeit- und Kostenplan werden eingehalten	Budget/Zeitplan	AA
7.2 Projekt Emden	Vertragliche Verpflichtungen werden eingehalten	Budget/Zeitplan	BB
7.3 Projekt Southhampton	Technologie/Machbarkeit ist geklärt	Budget/Zeitplan	CC

Husum 01. 12. 2008

Martin Flutzsch (Leiter der Fertigungsgruppe)   Geschäftsführerin

Abb. 36: Formatvorlage für EVen (am Beispiel von Martin Flutzsch)

8 Kommunikation – von der Verlautbarung zur zielbezogenen Interaktion

Auf einen Blick:

❑ Kommunikation ist ein Machtinstrument zur Gestaltung von Beziehungen. Wir müssen uns entscheiden, ob wir persönliche Macht und entsprechende Abgrenzung oder die gemeinsame Gestaltung der Zusammenarbeit präferieren. Wer eine kooperative Strategie realisieren will, braucht auch eine kooperative Kommunikation.

❑ Kooperative Kommunikation ist ein Instrument zur Konzentration auf das Wesentliche. Dazu bedarf es entsprechender Regeln. Das betrifft vor allem den Aufbau und die Nutzung von Informationsplattformen als auch die Gestaltung von Managementberichten. Aber es geht bspw. auch um Regeln für die Effizienz des internen E-Mail-Verkehrs.

❑ Kooperative Kommunikation fördert nachhaltiges Handeln. Wer die Gegenwart aus der Zukunft, also von den strategischen Zielen her gestalten will, braucht eine potenzialorientierte Unternehmenssteuerung. Die Bewertung von Potenzialen ist jedoch mit Ermessensspielräumen verbunden. Daher ist eine Plausibilitätsprüfung erforderlich.

❑ Nur wer weiß, wo er hin will, kann auch kommunizieren, worauf es ihm ankommt.

Die Kaufverhandlungen in Kuala Lumpur verliefen doch recht zögerlich. Der malaiische Konzern benötigte zwar dringend flüssige Mittel, hatte aber zumindest anfangs Preisvorstellungen, die für Helmut Stehlin und seine Anleger nicht akzeptabel waren. Jedoch, die finanzielle Krise verschärfte sich, Helmut konnte in Ruhe abwarten, und schließlich verkaufte der malaiische Konzern am 14.1.2009 seine Anteile „für ‚nen Appel und ein Ei‘. Rückwirkend zum 31.12.2008 wurde das Eigentum übertragen.

Die Zeuss Husum GmbH wurde in eine AG umgewandelt. Hierfür war Marianne Noumos verantwortlich, sie hatte diesbezüglich alles im Griff. 80 % des Aktienkapitals der beiden Unternehmen gingen an die Anleger von Helmut, 10 % übernahmen vorwiegend Führungskräfte, 10 % die Firmen, um diese in den nächsten Jahren an die Belegschaft weiterreichen zu können. So konnten sich nach und nach fast alle Mitarbeiter verantwortlich fühlen, sie arbeiteten in ihrem eigenen Unternehmen und waren voll beteiligt: in guten wie in schlechten Zeiten.

Ende Januar traf sich Helmut Stehlin mit allen Führungskräften beider Unternehmen, erläuterte seine Sicht von Kooperation, die so gar nicht von dem abwich, was insbesondere bei Zeuss Husum schon seit geraumer Zeit gelebt wurde – zumindest angefangen wurde, zu leben. Helmut setzte sich vehement für eine nachhaltige Entwicklung ein und unterstellte für die nächsten Jahre ein ruhiges Wachstum mit angemessener Rendite für die Eigentümer, aber ausreichenden Innovationsbeiträgen, um Wachstum und Entwicklungen der beiden Unternehmen bezahlen zu können.

Um das laufende Geschäft wollte er sich wenig kümmern und schlug drei Aufsichtsratstreffen im Jahr vor:

1. im März, um die Jahresergebnisse festzustellen,

2. im Juli, um die strategische Planung und den Investitionsbedarf der kommenden Jahre abzustimmen,

3. im Oktober, um das Jahresergebnis des laufenden Jahres noch beeinflussen und Eckpfeiler für das Budget des kommenden Jahres setzen zu können.

„Zusätzlich erwarte ich monatlich von beiden Unternehmen je eine Seite aktuellen Bericht – strategisch wie operativ. Das wär´s eigentlich.

Ansonsten gehe ich davon aus, dass Ihre Kooperationsstrategie auch immer die Inhaberinteressen mit berücksichtigt und Sie mich ansprechen, wenn es etwas Außergewöhnliches zu besprechen gibt."

Sprachs und entschwand. Beim Herausgehen winkte er noch Constanze kurz zu, „ich melde mich nachher noch einmal telefonisch bei Dir." Auch das Telefonat war kurz: „Ich werde Anfang März in Berlin sein, vielleicht sehen wir uns dort? Ich habe Dir etwas Interessantes zu zeigen."

8.1   Einbinden statt Abgrenzen

Da hatten sie also nun einen neuen Eigentümer. Helmuth Stehlin war ein ganz anderer Typ als die Vorbesitzer. Was er gesagt hatte, war eine Bestätigung der Entwicklungen bei Zeuss seit Herbst 2005 und zugleich eine immense Vertrauenserklärung. Constanze musste an die „100 Punkte" denken, von denen Bernhard vor fast einem Jahr gesprochen hatte. Sie wolle keinen einzigen davon verspielen.

Unter der Hand hatte Helmut ihr eine Steilvorlage gegeben. Schon seit längerer Zeit trug sie den Gedanken mit sich herum, die Kommunikation in Zeiss Husum auf eine neue Basis zu stellen. Ein bisschen Vorarbeit war ja auch schon geleistet worden. Im Zusammenhang mit dem zertifizierten Qualitätsmanagement war ein „Info-Netz" aufgebaut worden, das regen Zuspruch fand. Auch der Controller-Service hatte die Plattform schon für sich entdeckt.

8.1.1 Kommunikation als Machtinstrument

Aber das war für Constanze noch nichts Halbes und nichts Ganzes. Trotz aller Veränderungen blieb die Kommunikation noch immer eine Bastion alter Machtpolitik. Macht an sich ist ja nichts Schlechtes, im Gegenteil. Sie bildet die Voraussetzung jeglicher Gestaltung. Aber Macht kann auch benutzt werden, um sich abzugrenzen von den anderen und ihnen den eigenen Willen aufzudrängen. Je mehr sich Transparenz und Offenheit bei Zeuss Husum durchgesetzt hatte, umso mehr war die Kommunikation zum letzten Rückzugsgebiet für die Machtspielchen von vorgestern geworden. Wissen ist Macht, und diese Macht, kommt aus dem Kopf. War es irgendwie möglich, aus dieser Macht ein positives Mittel kooperativer Gestaltung zu entwickeln?

Constanze wollte eine kooperative Kommunikation. Gemeinsam mit ihrem bewährten Team erarbeitete sie Eckpunkte für die Weiterentwicklung des Info-Netzes zu einer Plattform für Dialog und Zusammenarbeit. Sie zauberte dazu ein Bild hervor, das sie schon vor einiger Zeit von ihrem österreichischen Bekannten erhalten hatte (s. Abb. 37):

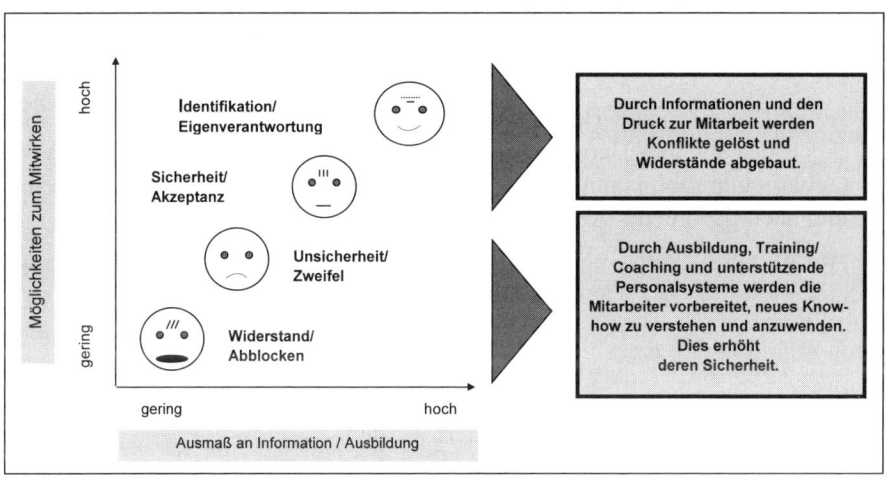

Abb. 37: Identifikationsmodell[94]

Um soweit als möglich Identifikation und Eigeninitiative zu fördern, arbeitete die Gruppe eine Skizze für ein Lastenheft zur Veränderung des Info-Netzes aus[95]:

1. Aus dem Info-Netz sollte eine Plattform werden, auf der alle wesentlichen Informationen des Unternehmens eingesehen und mit Kommentaren versehen werden können.

2. Es sollte zukünftig noch weitergehende Dialogforen geben, in deren Rahmen die Führungskräfte und Mitarbeiter nicht nur Meinungen austauschen, sondern auch um gemeinsame Lösungen ringen können. Wenn ein Dialog konstruktiv geführt wird, kann jeder „Recht" behalten und trotzdem mit den anderen gemeinsam eine Lösung finden. Bei gutem Willen findet sich immer eine Lösung.

3. Die Plattform sollte auch als Eingabebasis für alle Arten von Plänen dienen – strategische Planung, mittelfristige Planung und Budget. Daraus müssen für jede Führungsebene spezifische Darstellungen entwickelt

---

[94] Gestaltet nach Prof. Smeryczanski, GPM Ges. m.b.H. Wien (Praxisbeispiel).

[95] Die folgenden Punkte gehen auf Erfahrungen zurück, die die Verfasser bei vielen Unternehmen einsehen konnten. Im Haufe Controlling-Berater bzw. dem Controller Magazin gibt es zahlreiche Beiträge, die so ein Herangehen illustrieren – stellvertretend soll hier ausgewählt werden Kraus, U./Kalmbach, H./Wiedlin, A. (2009), S. 111 ff.; vgl. auch Weber, J. et.al. (2008).

werden, die auf einer Seite die Kernaussage der Planung und ihre Verankerung in der Strategie des Unternehmens zum Ausdruck bringen.

4. Außerdem soll jeder Bereich jederzeit einsehen können, auf welche Zusagen der anderen Bereiche er sich verlassen kann, weil es gültige Vereinbarungen gibt. Dann kann er sich auf die offenen Fragen konzentrieren und nach geeigneten Absprachen suchen.

5. Die Plattform sollte auch die gemeinsame Berichtsbasis bieten, auf der jeder Bereich seine Monats, Quartals- und Jahresberichte einstellt. Um den Lesern der Berichte das Erkennen der Kernaussagen und Kernbestandteile zu erleichtern, sollten formale Berichtskriterien und ein einheitliches Layout vorgeschrieben sowie unnötige bzw. verwirrende Informationen oder Darstellungen eliminiert werden.

6. Schließlich wurde angestrebt, dass jeder Bericht mit einer rollierenden 12-Monatsvorschau verbunden wird. Dabei sollen einerseits kurz- und mittelfristige Tendenzen zu Veränderungen wahrgenommen werden können, ohne andererseits hohe zeitliche Hürden aufzubauen. Es geht dabei nicht um genaue Vorhersagen für Umsatz und Ergebnisse, sondern um die möglichst rechtzeitige Abbildung erkennbarer Trends.

7. Die Plattform sollte prinzipiell nicht nur für jede Führungskraft, sondern für alle Mitarbeiter offen sein.

Auf dieser Basis wurde Lasse beauftragt, mit den betreuenden Softwareexperten eine schrittweise Weiterentwicklung des Info-Netzes zu vereinbaren.

8.1.2 Kommunikation des Wesentlichen

Dann wandten Constanze und ihr Team sich den Managementberichten zu. Sie unterschieden zunächst erst einmal zwischen den Pflichtberichten, die jeder Bereich für die Geschäftsführung erstellen muss, und dem Zahlenwerk, das vom Controller-Service vorzuhalten war.

Letzteres würde über das Info-Netz einsehbar sein und sollte einheitlich gegliedert sowie mit einer zuverlässigen Suchfunktion verbunden werden. Dieses Zahlenwerk würde eine Zusammenstellung und Gliederung der ohnehin im Unternehmen erstellten Daten des Rechnungswesens und sonstiger in den Bereichen eingehender bzw. erstellter Unterlagen sein. Ein zusätzlicher Erfassungs- und Aufbereitungsaufwand für die Bereiche sollte nicht entstehen.

Außerdem wäre dieser Pool keine Pflichtinformation, sollte aber jedem Zeuss-Mitarbeiter die Möglichkeiten geben, zu recherchieren. Gleichzeitig wäre die Datenbasis schrittweise um Informationen zu den Kunden und Lieferanten zu erweitern, die in den Bereichen von Zeuss Husum vorliegen, aber bisher nicht elektronisch erfasst, einheitlich strukturiert und für die anderen einsehbar sind. Das schließt auch die systematische Dokumentation und Archivierung aller wichtigen Unterlagen und Entscheidungen ein, die in den Bereichen darüber hinaus erarbeitet bzw. getroffen werden. So sollte sukzessive ein Informationsfundus entstehen, aus dem sich alle bedienen könnten, wenn sie es benötigen. Dass das ein weiter Weg werden würde, war allen klar. Aber sie wollten ihn gehen. Es musste ja nicht gleich alles morgen erledigt werden – Schritt für Schritt.

Die Pflichtberichte an den Vorstand, aber auch an alle Verantwortliche bei Zeuss sollten auf das Wesentliche konzentriert werden. Dafür erstellte die Gruppe ein Formular, die Berichts-Scorecard, mit der alle erforderlichen Informationen auf einer Seite dargestellt werden können (s. Abb. 38):

Berichts-Scorecard
per 30.06.2009

Bereich: **Zeuss Husum gesamt**
verantwortlich: Vorstand

1. strategische Zahlen

strategisch	Ist per 06	Abweichung zum Plan 06 in ME		Erwartung restl. Zeit	JE	Abweichung zum Plan JE in ME	
% aktive europ. Werften	71	-2	○	13	84	2	○
# Besuche bei Kunden	595	125	○	580	1.175	245	○
% bereichsübergreif. Projekte	14	2	○	0	14	-1	○
# Entwicklungsideen	68	14	○	90	158	34	○
% Fortbildungsbudget	40	-20	○	30	70	-30	○
# Pressemeldungen	9	-1	○	27	36	1	○
% ergebnisverantwortl. MA	12	-3	○	3	15	-3	○
	0	0	○	0	0	0	○

2. operative Zahlen

operativ	Ist per 06	Abweichung zum Plan 06 in ME		Erwartung restl. Zeit	JE	Abweichung zum Plan JE in ME	
Mio € Ergebnis	2	-1	○	1	3	-3	○
# Neukunden	8	2	○	11	19	5	○
Mio € neue Produkte	8	-0	○	12	20	0	○
Mio € Innovationsbeitrag	7	-0	○	6	13	-1	○
ø Kompetenzgrad	80	4	○	-4	76	-2	○
Mio € Auftragseingang	16	-4	○	23	39	-13	○
# Initiativbewerbungen	65	15	○	65	130	15	○
	0	0	○	0	0	0	○

3. Probleme für die Zielerreichung

Die krisenbedingte Verringerung der Auftragseingänge soll abgefangen werden durch eine Kundenoffensive
Die dadurch frei werdenden personellen Kapazitäten werden genutzt für:
- Kundenbesuche
- Verstärkung der Entwicklungsarbeit
Zugunsten der zu startenden Kundenoffensive werden die Fortbildungsprogramme in das kommende Jahr verschoben

4. eingeleitete Maßnahmen

	zuständig	Termin
Intensivierung der Kundenbesuche	GN	sofort
Verstärkung der internen Projektarbeit	GN	15.08.
Anpassung Fortbildung wegen Kundenoffensive	MA	01.09.
Verstärkung der Entwicklungsarbeit	iP	01.09.
kontinuierlichere Pressearbeit	CT	sofort
Forcierung Verkauf patentierter Produkte	SP	15.08.

5. Entscheidungbedarf

	zuständig	Termin
verringerte Ausschüttung zur Erhaltung der Innovationskraft und Intensivierung der Kundenaktivitäten	CT	25.07.

●	>	95%
○	<>	95% 90%
●	<	90%

Abb. 38: Berichts-Scorecard[96]

Auf diesem Formular ist für den Berichtsempfänger – hier für den Vorstand – der erreichte Stand der Abrechnungsperiode ebenso ersichtlich wie die wesentlich wichtigere Zielerreichungsprognose. Außerdem können in wenigen Punkten die Kernprobleme für die Zielerreichung sowie die eingeleiteten

---

[96] In Anlehnung an die von Deyhle entwickelte 4-Felder-Matrix, Deyhle, A. (2003), S. 324 f.

Maßnahmen und der Entscheidungsbedarf dargestellt werden. Das sollte für den normalen Bedarf reichen.

Darüber hinaus würde ja jeder die Möglichkeit haben, sich im erweiterten Info-Netz umzuschauen – wenn er es denn brauchte. Aber das sollte in seinem Ermessen liegen. Die Pflichtlektüre beschränkte sich für jeden Bereich auf diese eine Seite.

Sie hatten überlegt, den Vergleich zur Marktentwicklung in das Formular aufzunehmen. Das würde zusätzliche, relevante Informationen für die Einschätzung der Periodenleistung wie auch der Zielprognose geben. Dazu musste jedoch erst noch eine verlässliche Datenbeschaffung organisiert werden. Das wäre schon für die Umsatzentwicklung nicht so einfach, geschweige denn für die Ausgabenarten. Es gab dafür keinerlei veröffentlichte Statistiken oder andere Angebote für relevante Leistungsvergleiche. Gunther Nieda erhielt den Auftrag, nach Lösungsmöglichkeiten zu suchen. Dann würden sie schauen, was das kostet und sofern es eine vernünftige Lösung gab, den Marktvergleich hinzufügen.

Zum Schluss vereinbarten sie noch eine „Regel am Rande": Um den ausufernden E-Mail-Verkehr ebenfalls etwas mehr auf das Wesentliche zu beschränken, sollten im Kopfverteiler nur noch jene erscheinen, von denen der Absender eine Antwort erwartet. Alle anderen Adressaten sollten zukünftig auf Kopie gesetzt werden, sofern ihre Benachrichtigung überhaupt erforderlich war – eine Antwort ist nicht vorgesehen. Um den Kopfverteiler allmählich zu verringern, bekam jeder Empfänger das Recht, selbst zu entscheiden, ob er die E-Mail liest und beantwortet oder nicht. Sofern der Absender nicht mahnt, kann der Empfänger die Streichung aus dem Kopfverteiler verlangen. Sie hofften, dadurch einen Selbsterziehungsprozess anzuregen.

8.1.3   Kommunikation als Basis nachhaltigen Wirtschaftens

Ein wichtiger Baustein für eine kooperative Kommunikation fehlte ihnen noch. Sie wollten auch in den finanziellen Steuerungselementen die Konsequenzen ihrer Strategie umsetzen. „Wir können nicht auf der einen Seite alle wesentlichen Faktoren unserer handlungsleitenden Ordnung verändern und sie auf Kooperation einstellen", sagte Constanze, „aber auf der anderen Seite lassen wir die Rechnungslegung unverändert so, wie sie vorher war. Das führt zu Problemen in der Orientierung – sei es in der Bewertung unserer eigenen Leistungen als auch in der Unterstützung von Entscheidungen durch Wirtschaftlichkeitsbetrachtungen.

Ich will das kurz erläutern:
Wir bemühen uns, in wachsendem Maße die Gegenwart von der Zukunft her, also über Ziele zu steuern. Wir haben dazu einen systematischen Strategieprozess implementiert, den wir mit der mittelfristigen Planung und dem Budget verbinden. Das Budget entsteht dadurch nicht mehr aus der Vergangenheit, sondern primär aus der letzten Jahresscheibe der mittelfristigen Planung. Außerdem haben wir die Planung selbst, die Kostenrechnung und die Preisfindung mit kooperativen Elementen angereichert und ihren Charakter spürbar verändert.

Unsere Rechnungslegung dagegen beruht wie vor 500 Jahren in ihrem Denkansatz fast ausschließlich auf der Dokumentation der Vergangenheit. Sofern wir auf Zuverlässigkeit und Vorsicht für die Ausschüttungsbemessung und andere an die Rechnungslegung gekoppelte Auszahlungen setzen, haben sich die ‚ehernen‘ Prinzipien bewährt; wir tun gut daran, sie zu bewahren. Für diesen Zweck ist halt das Realisierungsprinzip nach wie vor von ausschlaggebender Bedeutung.

Das wird sich ändern, wenn wir von der Rechnungslegung auch entscheidungsrelevante Informationen über die zukünftigen Zahlungsströme erwarten. Für diesen Zweck reicht eine reine Dokumentation vergangener Geschäftsprozesse nicht mehr aus. Um der Informationsfunktion gerecht werden zu können, müssen wir auch die Rechnungslegung von der Zukunft her gestalten. In unserem IFRS-Abschluss handhaben wir das teilweise auch so. Allerdings mit großer Inkonsequenz. Das betrifft insbesondere den Umgang mit Zukunftsausgaben. Wir aktivieren fast ausschließlich materielle Investitionen. Sie bleiben nach allgemein verbreiteter Auffassung ‚als aktives Vermögen in der Schwebe‘. Ihr Potenzial, zukünftige Zahlungsströme zu generieren, fließt sukzessive in die Wertschöpfung ein. Bis hierhin sind sich alle einig.

Bei den immateriellen Werten (Fort- und Weiterbildung, Forschung und Entwicklung, Marketing, Kommunikation etc.) ist das offensichtlich anders. Nur wenn sie erworben werden, ist eine Aktivierung möglich. Bei den eigen erstellten immateriellen Werten gibt es bis auf spezifisch dokumentierte Entwicklungskosten ein striktes Aktivierungsverbot. Sie werden als Kosten behandelt und auf diese Weise als erfolgsmindernde Ausgaben stigmatisiert.

Wer das ändern will, muss sich den damit verbundenen Fragen der Abgrenzung, Bewertung und Abschreibung von Potenzialen stellen, über die schon viele Jahre gestritten wird, ohne dass eine prinzipielle Einigung in Sicht ist.

Das ist jedoch nicht alles. Es ist sogar nur der kleinere Teil der Herausforderung: Viel schwerwiegender ist die Problematik der Rationalitätssicherung von Entscheidungen; es geht um die Frage, für welche Ausgaben im Vorfeld Wirtschaftlichkeitsbetrachtungen herangezogen werden. Bisher sind das eben auch vor allem materielle Investitionen.

Die Zukunftsausgaben für immaterielle Eigenleistungen werden überwiegend in die Kosten gebucht. Damit unterstellen wir – nicht explizit, aber faktisch –, dass sie sich innerhalb einer Berichtsperiode rentieren und entwerten oder nur von geringer Relevanz sind. Das mag im Einzelfall vorkommen. Normalerweise jedoch sind diese Zukunftsausgaben von immenser Bedeutung und bleiben genauso mehrere Jahre in der Schwebe wie materielle Investitionen. Bei größeren Summen grenzt daher die Ausblendung von Wirtschaftlichkeitsbetrachtungen gelinde gesagt an grobe Fahrlässigkeit.

Nehmen wir bspw. die Eigenleistungen für unser Softwaresystem. Das waren im vergangenen Jahr immerhin etwas mehr als 200 T€. Hätte es sich bspw. um neue Hardware gehandelt, wäre bereits bei 10 % der Summe eine Wirtschaftlichkeitsbetrachtung Voraussetzung für eine Entscheidung gewesen. Für die Softwareentwicklung haben wir einen Projektauftrag mit einem Pflichtenheft ausgelöst – mehr nicht. Eine Wirtschaftlichkeitsbetrachtung wurde gar nicht erst gefordert.

Das ist jetzt nur ein kleines Beispiel. Wenn ich alle Zukunftsausgaben von Zeuss Husum addiere, sprechen wir von rund 12 Mio. €. Das sind mehr als ein Viertel des Umsatzes. Es geht also um einen gewichtigen Teil unserer Arbeit, die wir bisher nur in unzureichendem Maße in unsere betriebswirtschaftliche Planung und Steuerung einbezogen haben.

Eine weitere, ganz besondere Herausforderung kommt noch hinzu: der adäquate Umgang mit den Humanpotenzialen. Sie werden bei uns – wie woanders auch – als das wichtigste Vermögen deklariert und im gleichen Augenblick in der Rechnungslegung als erfolgsschmälernder Kostenfaktor stigmatisiert. Margit hat dazu einen guten Vorschlag unterbreitet. Wir sollten ihn endlich umsetzen und in die Unternehmenssteuerung von Zeuss Husum integrieren.

Ich denke also, dass es an der Zeit ist, auch die Rechnungslegung und die an sie geknüpften Teile der betriebswirtschaftlichen Unternehmenssteuerung einer intensiven Prüfung und Neuausrichtung zu unterziehen."

Das wollten sie tun. Solange es diesbezüglich keine allgemein akzeptierte Konvention gab, sollte eine interne Lösung für Zeuss Husum entwickelt werden. Später könnte man die eigenen Erfahrungen bspw. im Internationalen Controller Verein diskutieren und sehen, ob Andere ähnliche Lösungen anstreben bzw. schon realisiert haben. Vielleicht wäre eines Tages sogar eine allgemein akzeptierte Norm möglich.

Um eine Lösung zu erreichen, versuchten sie in Gruppenarbeit drei Teilaufgaben zu bewältigen:

1. Abgrenzen der zu bewertenden Potenziale

2. Bewerten der Potenziale

3. potenzialbezogener Abschluss der Periode

Ad 1. Abgrenzung

Für die Abgrenzung der Verantwortung bezüglich der Eigenerstellung immaterieller Werte und die möglichst eindeutige Zuordnung von Leistungen und Kosten wollten sie zukünftig alle Aktivitäten so strukturieren, dass ihnen eine Kostenstelle (Projekt, Programm) oder ein Kostenträger (Produkt) zugeteilt werden kann. Dann wären sie in der Lage, sowohl die Verantwortung als auch geplante bzw. verbrauchte Zeitvolumina, Leistungsgrößen und Kosten zu adressieren. Viele Vorleistungen dafür waren ja bereits erbracht: Es gab die Basiselemente der mittelfristigen Planung, die Struktureinheiten des internen Marktes von Zeuss Husum sowie die Service-Level-Agreements für diese Bereiche und die eindeutigen Verantwortungen.

Das galt es jetzt – soweit nicht schon geschehen – konsequent zu verbinden mit der durchgängigen Vergabe adäquater Kostenstellen und Kostenträger. Teilweise hatten sie ja schon damit begonnen, weil sie im Rahmen der Innovationsbeiträge seit einiger Zeit die Zukunftsausgaben gesondert erfassten. Die wesentliche Herausforderung bestand also nicht darin, neue Strukturen zu schaffen, sondern inkongruente Strukturen zu vermeiden. Dazu sollten alle bestehenden Kostenstellen und Kostenträger auf ihre Eignung und Kongruenz geprüft sowie verändert, erweitert oder gestrichen werden.

Ad 2. Bewertung

Zur Bewertung der Potenziale griffen sie der Einfachheit halber auf eine Formel zurück, die sie bereits seit Jahren für die Bewertung von Risiken nutzten. Das liegt nahe, weil Risiken die Kehrseite von Chancen darstellen. Sie sind faktisch zwei Seiten ein und derselben Medaille.

Die grundlegende Formel lautet:

$$\text{Erwartungswert} =$$
$$\text{Schätzgröße * Eintrittswahrscheinlichkeit * (diskontierter) Zeitfaktor}$$

$$(E = S * E * t)$$

Constanze versuchte, den Vorschlag ihrer Gruppe ein wenig zusammenzufassen:

„Die Formel ist zunächst einmal banal. Bei Nutzenpotenzialen bezieht sich die Schätzgröße auf den erwarteten Zufluss von Zahlungsmitteln; bei Risikopotenzialen auf den erwarteten Schaden (Abfluss von Zahlungsmitteln). Das kann eigentlich jeder nachvollziehen und verstehen.

Woher kommen die Schätzwerte?

In unserem Risikomanagement arbeitet bekanntlich ein kleines Team unter der Leitung des Controller-Services, das diese Schätzwerte erarbeitet, in Risikolandkarten visualisiert und im Unternehmen abgestimmt hat. Darauf will ich jetzt gar nicht weiter eingehen. Für die Nutzenpotenziale ,normaler' Investitionen liegen sie uns auch vor, weil wir regelmäßig vor der Entscheidung Wirtschaftlichkeitsbetrachtungen durchgeführt haben.

Bei selbst erstellten immateriellen Werten ist das anders. Selbst wenn ich davon ausgehe, dass es uns gelingen wird, eine saubere Abgrenzung der Zukunftsausgaben vorzunehmen. Was uns dann noch fehlt, sind Wirtschaftlichkeitsbetrachtungen. Das haben wir bisher nicht getan. Allerdings gibt es keinen Grund, das zukünftig nicht zu ändern.

Es stellt sich natürlich die Frage, ob Nutzenschätzungen für Werte, von denen ich mir erst in der Zukunft Zahlungszuströme verspreche, zuverlässig genug sind, um Grundlage vergleichbarer Bewertungen zu sein. Das sind sie sicher nicht. Denn es liegt in der Natur der Sache aller zukunftsbezogener Daten, ungewiss zu sein. Die Ermessensspielräume sind immer groß.

Also brauchen wir Plausibilitätsprüfungen, wie wir das bei anderen Einschätzungen auch tun. Dafür schlagen wir zwei einfache Möglichkeiten vor:

- Wir könnten Mindestanforderungen an den Rückfluss der Zukunftsausgaben definieren. Dann erhalten wir zumindest einen Grenzwert – niedriger sollte der Schätzwert nicht sein. Die Formel dafür ist auch relativ einfach:

Mindestanforderung =
Zukunftsaufwendung * Rentabilitätsanspruch * (diskontierter) Zeitfaktor

$$(M = ZA * R * t)$$

Diese Formel erscheint ebenso banal wie die obere. Sie hat aber für die Transparenz der Potenzialbewertung eine zwingende Konsequenz: Das Produkt aus Rentabilitätsanspruch und Zeitfaktor muss größer 1 sein, wenn eine Zukunftsausgabe nicht ein geringeres Potenzial erzeugen soll, als sie selber Potenzial (in Form von Kaufkraft) verkörpert.

Nehmen wir an, Zeuss Husum gibt in diesem Jahr weitere 300 T€ für die neue Softwarelösung aus. Im begleitenden Vertrag wird vereinbart, nach drei Jahren einen Releasewechsel durchzuführen. Dann muss der Rentabilitätsanspruch über 33 % liegen, damit die Zukunftsausgabe ein ausreichendes Potenzial erzeugt, um als gerechtfertigt zu gelten. Uns obliegt es dann einerseits zu begründen, weshalb die Begrenzung der Nutzungsdauer auf drei Jahre gerechtfertigt ist und wie der Rentabilitätsanspruch realisiert werden kann. Andererseits ist im Laufe der drei Jahre zu dokumentieren, ob und wie die Annahmen umgesetzt werden – ein bisher ziemlich ungewöhnlicher Anspruch. Aber angesichts der hohen Ausgaben für Zukunftsprojekte, scheint mir das mehr als gerechtfertigt. Wie schon gesagt, bei unseren Druckern sind wir knausriger.

- Die zweite Möglichkeit der ‚Erdung‘ von Ermessensspielräumen besteht in der Ermittlung von Wirkungsgraden. Wir können das realisierte Eigenkapital in Beziehung setzen zum potenziellen Eigenkapital (siehe Abb. 39).

Dann zeigt sich sehr schnell, ob wir nur Luft in den Abschluss pumpen, oder ob die Erwartungswerte im Laufe der Zeit durch realisierte Werte bestätigt werden.“

Ad 3. Periodenabschluss

Für den Periodenabschluss schlug Constanze gemeinsam mit Marianne Noumos vor, ausgehend von den Basisdaten der Rechnungslegung eine Erweiterung ihrer finanziellen Controllingstrukturen anzugehen. Sie nannten sie „potenzialorientierte Unternehmenssteuerung" „Eine zukunftsverbundene Steuerung muss Entwicklung und Nutzung von Potenzialen aufeinander abstimmen. Insofern brauchen wir eine auf nachhaltige Wirtschaftlichkeit ausgerichtete Rechnungslegung, die Potenziale nicht ausblendet."

Die Lösung beruhte auf einer Idee des Facharbeitskreises „Controlling & IFRS" im Internationalen Controller Verein für eine dreispaltige Rechnungslegung und Abschlusserstellung[97] (s. Abb. 39):

- Ausgehend von der vorhandenen Datenbasis beruht die erste Abschlussspalte ausschließlich auf historischen Werten.

- Die zweite Abschlussspalte widerspiegelt den periodenbezogenen Abschluss nach den geltenden Rechnungslegungsvorschriften.

- Die dritte Abschlussspalte bewertet die Entwicklung und Nutzung der Potenziale des Unternehmens.

	historische Werte (auf Basis der Einnahmen/ Ausgaben für Anschaffung bzw. Herstellung)	Gegenwartswerte (gesetzlich vorgeschriebener Abschluss)	Zukunftswerte (auf Basis der Bewertung von Potenzialen)
Zweck	Dokumentation realisierter Geschäftsvorfälle	Führung/Steuerung der Unternehmung (Segmentbericht)	Prognose zukünftiger Zahlungsströme
GuV	Einnahmen/ Ausgaben verfügbarer Cashflow	Leistungen/ Teil- bzw. Vollkosten Periodengewinn	Erlöse/ Aufwendungen Gewinnpotenzial
Aktiva	historisches Vermögen	periodengerechtes Vermögen	potenzielles Vermögen (Chancen)
Passiva	historische Schulden realisiertes EK	periodengerechte Schulden periodengerechtes EK	potenzielle Schulden und Nettorisiken potenzielles EK

Nettorisiken = Bruttorisiken ./. Risikomanagement

Abb. 39: Drei-Spalten-Abschluss

---

[97] Vgl. Müller, S./Schmidt, W. (2008).

„Da ist noch nicht alles vollständig", beendete Constanze ihren Bericht. „Hier bleiben wir auf der Suche. Wir haben es uns auf die Fahne geschrieben, eine potenzialorientierte Steuerung zu entwickeln. Die Veränderung der Rechnungslegung ist dabei nur ein Puzzleteilchen in einem großen Bild. Aber es gehört dazu. Ohne dieses Teilchen ist das Bild nicht vollständig." Irgendwo sah Constanze ihren Ehrgeiz auch darin.

8.1.4 Kommunikation als Wettbewerbsfaktor

Damit waren sie für sich selbst zu einer Art Zwischenfazit gekommen für einen langen Weg, dessen ersten Zyklus sie durchlaufen hatten. Dass dabei Kommunikation die Beziehungen gestaltet, war allen in den letzten Jahren längst klar geworden. Und sie hatten oft genug erfahren, wie schnell gedankenlose Botschaften zur Beliebigkeit führen. Beliebigkeit in den Botschaften aber ist der Feind jeder Zusammenarbeit. Sie erzeugt Beliebigkeit in der Orientierung. Und schon Mark Twain sagte so treffend: „Wer nicht weiß, wo er hin will, braucht sich nicht wundern, wenn er woanders ankommt."

Aber sie hatten auch verstanden, dass es nicht nur wichtig ist, was sondern auch wie kommuniziert wird.

- Deshalb hatten sie sich Regeln gegeben, von denen sie sich die Umsetzung ihrer Kooperationsstrategie in eine kooperative Kommunikation versprachen.

- Deshalb wollten sie die Kommunikation auf das Wesentliche konzentrieren durch schlanke Berichte in Kombination mit der individuell nutzbaren Flexibilität des Info-Netzes und der darauf zu installierenden Dialogforen.

- Und dazu gehörte die Veränderung des Rechnungswesens in ein Instrument nachhaltigen Handelns. Wer die Gegenwart aus der Zukunft, also von den strategischen Zielen her gestalten will, braucht eine potenzialorientierte Unternehmenssteuerung. Dafür waren erste Ideen entwickelt worden.

Auf diese Weise hatten sie sich auf den Weg begeben, kooperative Kommunikation zu einem zielgerichtet nutzbaren Wettbewerbsfaktor zu entwickeln. Sie waren dabei, die Puzzleteilchen auf dem Weg von Zeichen und Daten hin zu Kompetenz und Einzigartigkeit zusammenfügen und als Einheit zu gestalten (s. Abb. 40):

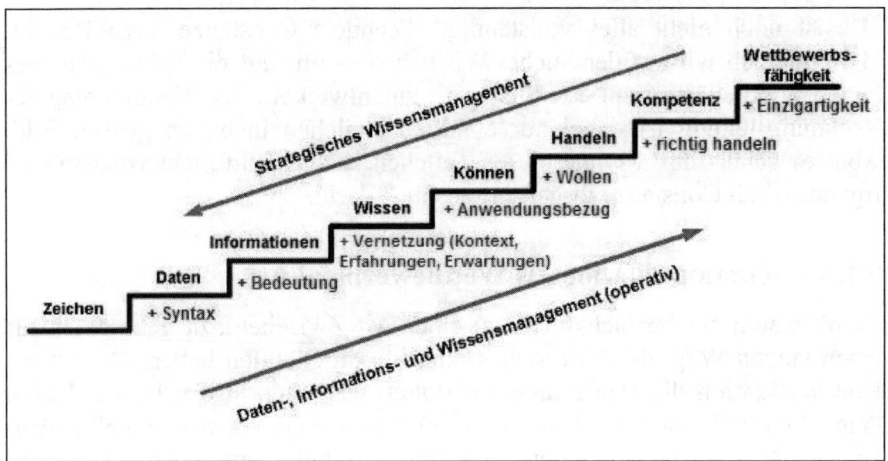

Abb. 40: Die North'sche Wissenstreppe [98]

Damit schloss sich der Kreis zum Ausgangspunkt – dem gemeinsamen Bild ihrer gemeinsamen Zukunft. Nur wer sein Geschäftsmodell mit der Botschaft seiner Einzigartigkeit kennt, kann auch adäquate Zeichen setzen. Nur wer fühlt, warum er da ist, kann auch kommunizieren, worauf es ankommt. Und nur wer weiß, wo er hin will, kann vermitteln, was richtiges Handeln ist.

8.2 Kooperation – die sechste Welle von Kondratieff?

Der Skiunfall im Februar in Südtirol belastete Constanze schon. Der Orthopäde in Husum ließ eine MRT[99] machen und war sichtlich zufrieden: Glücklicherweise war das Kreuzband nur angerissen und mit einem festen Spezialverband und einer Gehhilfe konnte sie sich mehr schlecht als recht bewegen. Und auch Auto fahren – der Automatik sei es gedankt!

Sie humpelte durch Zeuss – und merkte, es ging auch ohne sie! Erst einmal eine erschreckende, dann aber doch eine sehr positive Wahrnehmung. Ihre Mitarbeiter fühlten sich verantwortlich, jeder kannte die von ihm zu verantwortenden Resultate. Toll – vielleicht sollte sie ja doch Golf spielen lernen und die meiste Zeit auf dem Golfplatz verbringen? Aber sie fühlte sich dafür doch noch zu jung und nahm noch ein paar Tage Resturlaub.

---

[98] Vgl. North, Klaus (2002), S. 41.

[99] Magnet-Resonanz-Tomografie.

Mit Lasse fuhr sie über ein verlängertes Wochenende nach Warnemünde und verbrachte im schönen *Hotel Hübner* direkt am noch winterlichen Strand die Tage. Lange Strandspaziergänge waren nicht drin, so machten sie das Beste aus der Situation. Das Bett mit Blick auf die einlaufenden Schiffe und die Saunalandschaft auf dem Dach des Hauses wurden ausgiebig frequentiert.

Lasse musste dann wieder zurück nach Husum, und Constanze nutze die Gelegenheit, ihren emeritierten Controlling-Professor zu besuchen. Er lebte nun an der Ostsee und hatte als umtriebiger Pensionär eigentlich nie Zeit!

An ihr Studium musste sie in den letzten Jahren viel denken und fühlte sich wieder wie eine kleine Studentin, als sie am Sonntagnachmittag ihm gegenüber im Restaurant *Seepferdchen* in Nienhagen saß. Sie berichtete von ihren Erfahrungen als inzwischen Vorstand einer Aktiengesellschaft – und bedauerte gemeinsam mit ihm, dass in der Universität der Unternehmenspraxis so wenig Raum gegeben wird. „Ist das ein Wunder", fragte er, „wo doch die meisten Professoren, aber auch Assistenten Wirtschaften nur aus der Theorie kennen? Aber vielleicht, ich würde mich freuen, Frau Trollinger, übernehmen ja einmal doch mehr Praktiker wie Sie Unterrichtseinheiten in der Universität. Und wenn ich mal ganz revolutionär sein darf, warum sollten Professoren nicht verpflichtet werden, nach jeweils fünf Jahren Universität fünf Jahre Praxis in Unternehmen einzuschieben?" Solch revolutionäre Ansätze hätte sie nicht erwartet und versprach, sich zukünftig in der Lehre zu engagieren. Es müsse ja nicht Rostock sein, vielleicht täte es ja auch die neue Fachhochschule in Heide…

Sie fuhr dann am Montagmorgen weiter nach Berlin. Ihr Vater freute sich über den Besuch. Doris schien die Krankheit dank der amerikanischen Pillen überwunden zu haben. Als sie die kleine Reisetasche von Constanze sah, fragte sie erstaunt, „was trägst Du denn, wenn wir heute abend gemeinsam mit Helmut ins Theater gehen?." Oh, da hatte sie sich verplappert! Aber nun war es raus.

„Für die Volksbühne am Rosa-Luxemburg-Platz muss man ja nichts Extravagantes anziehen, und wir sind ja in Berlin und nicht in Düsseldorf oder München, aber, liebes Töchterchen", pflichtete Johannes bei, „ich hatte vor, mich bei Helmut mit einem schicken Essen für alles zu bedanken. Schau Dir doch an, wie gut es Doris geht – und in vier Wochen fliegen wir beide nach Venedig, den Frühling einläuten." „Ich kenne die Tochter einer Freundin, die hat ein kleines Modeatelier in Mitte. Komm, vielleicht findest Du ja ein Kostüm, das Du auch in Husum gut als Vorstand tragen kannst", meinte Doris.

Constanze wollte beiden den Spaß nicht verderben, und so war sie zusammen mit Doris noch am Vormittag bei *von Wedel & Tiedeken*. Es waren wirklich tolle Kleider, die ihr dort präsentiert wurden. Verrückt, aufregend! Sollte sie wirklich auf einer Modewelle mitschwimmen? Vielleicht waren die Kleider, die sie anprobierte etwas zu hip für Husum, aber warum nicht? Musste sie immer gediegen auftreten? Nein, das Leben ist viel zu abwechslungsreich dafür. Sie entschied sich schnell und trug dieses Kleid auch am frühen Abend.

Mit Helmut Stehlin trafen sie sich relativ früh im *Kürbis* und genossen österreichische Küche. Schon zu Beginn des Essens hatte Helmut mit Constanze ein weiteres Treffen am nächsten Tag vereinbart. „Über Dienstliches wollen wir heute nicht reden – wir feiern die Gesundung von Doris." Die tellergroßen Schnitzel – was sonst? – schmeckten vorzüglich, der dazu gereichte Erdäpfelsalat war lauwarm, die Südtiroler Spinatknödel mit frisch geriebenem Bergkäse von Doris leicht und locker. „Fast so wie in Wien", schwärmte Helmut.

Der abendliche Blick auf die Volksbühne lockte sie dann bald auf die andere Straßenseite: Die *Möwe* von Tschechow, aufgeführt vom DT stand auf dem Programm. Johannes hatte die Karten zu diesem „Theaterstück des Jahres" ergattert. Zwar fühlte Constanze sich in diesem schicken Kleid „overdressed", die Volksbühne musste nun wirklich renoviert werden, aber trotzdem war es wegen der schauspielerischen Leistungen ein bewegender, ein starker Abend.

Am nächsten Vormittag traf Constanze sich mit Helmut draußen in Wannsee bei *Mutter Fourage*. Geheimtipp versprach Constanze und hatte nicht zu viel versprochen. In einer kleinen Scheune, die erste Frühlingssonne zeigte sich nach dem harten Winter, schmeckte das Frühstück, auch wenn es für Helmut schon das zweite war.

Helmut erzählte von seinen Erfahrungen als Banker, kommentierte die Finanzkrise „unserer Gesellschaft fehlt der Sinn für Nachhaltigkeit" und kam dann auf ein Buch zu sprechen, das er mitgebracht hatte: „Constanze, dieses Buch habe ich Dir mitgebracht. Ich habe es schon einmal – es war wohl 1998 – gelesen, und es fiel mit vor drei Monaten wieder in die Hände. Kondratieff[100] war ein russischer Wirtschaftswissenschaftler und...", „das kenne ich doch!", entfuhr es Constanze. Sie erinnerte sich, dass Lasse ihr das

---

[100] Vgl. L. Nefiodow, der sechste Kondratieff, Rhein-Sieg-Verlag, St. Augustin, 2006.

Buch vor ein, oder waren es zwei, Jahren geschenkt hatte. „Nein, kennen ist zu viel gesagt. Ich erkenne es an dem schwarz-gelben Umschlag. Ich habe es geschenkt bekommen." Sie errötete leicht, „und darin aber nur etwas geblättert."

„Kondratieff", erläuterte Helmut, „veröffentlichte bald nach dem ersten Weltkrieg seinen Aufsatz ,Die langen Wellen der Konjunktur'. Hierin stellte er anhand empirischen Materials aus Deutschland, Frankreich, England und den USA fest, dass kurze Konjunkturzyklen von langen Konjunkturwellen überlagert werden. Diese manchmal 40 bis 60, manchmal nur 15 bis 20 Jahre dauernden langen Wellen bestehen aus einer länger andauernden Aufstiegsphase und einer etwas kürzeren Abstiegsphase.

Die bisherigen fünf Wellen mit ihren relevanten Wettbewerbsfaktoren

1. Welle (ca. 1790–1840): mechanische Energie

   Beginn der Industrialisierung durch den Einsatz von Dampfmaschinen

2. Welle (ca. 1840–1890): Massentransport

   Eisenbahnen und Dampfschiffe setzen sich durch

3. Welle (ca. 1890–1940): Energietransport

   Elektro- und Schwermaschinentechnik verändern die Industrie

4. Welle (ca. 1940–1980): individuelle Mobilität

   Das Automobil wird zum Massentransportmittel

5. Welle (ab 1980–2000): Datenverarbeitung

   Informations- und Kommunikationstechniken setzen sich in einer globalen Welt durch

haben die Welt verändert. Nun sind wir – nach dieser Theorie – in einer Abschwungphase, und jeder sucht nach der Technologie der sechsten Welle. Mögliche Kandidaten hierfür sind Bio- oder Nanotechnologie, Gewinnung von Energie aus Kernfusionen bzw. Technologien zur Energieeffizienz oder Gesundheitskompetenzen.

Ich aber sehe etwas ganz anderes, unsere Welt in Zukunft Veränderndes: Die Menschen werden in den nächsten Dekaden lernen (müssen), auf Basis von Kooperation miteinander zu leben. Natürlich müssen die Menschen fähig und willens sein zur Zusammenarbeit. Deshalb werden Biotechnologien,

Entwicklung von Gesundheit und positiver Lebenseinstellung und nachhaltige Energieversorgung wesentliche Begleitfaktoren sein.

Auch politisch braucht Kooperation einen Rahmen. In Europa wird dies mit der Europäischen Union schon vorgelebt, andere Kontinente werden wohl folgen. Aber das Thema gilt auch für Unternehmen. Und dieser Glaube an Kooperationen, liebe Constanze, ist der Hauptgrund, warum ich mich für euch engagiere. Ihr habt Kooperation und ein dementsprechendes Management 2.0 zur Strategie erhoben. Ihr seid dabei, den Stil von Befehl und Gehorsam durch eine vertrauensbasierte Führung zu ersetzen. Ihr glaubt wie ich, damit eure Zukunft erfolgreich gestalten zu können. Ich bin dabei!"

Die Sonne schaute vom Himmel und lachte beide an...

P.S. Zwar sind, liebe Leserin, lieber Leser, Geschichten endlich, aber nicht das Leben. Im November 2009 werden Constanze und Lasse Eltern. Mal schauen, wie sie auch dies meistern...

9 Anhang: Controllinginstrumente

9.1 Anforderungsprofile

Schritte zur Erarbeitung eines Anforderungsprofils für Lieferanten
(Beispiel Zeuss Husum GmbH):

1. Schritt – prinzipielle Anforderungen definieren

Zunächst wird eine Grundstruktur definiert. Die Anforderungen an Lieferanten werden in Gruppen gegliedert, wobei jede eine spezifische Gewichtung erhält. Es geht dabei um eine Einschätzung der Bedeutung dieser Anforderungsgruppe für unser eigenes Unternehmen – nicht um den absolut ‚richtigen‘ Wert, den es gar nicht gibt.

In unserem Beispiel hat der Einkauf von Zeuss Husum für die Lieferanten von Spezialmotoren vier Anforderungsgruppen und deren Gewicht, deren Bedeutung festgelegt (s. Abb. 41).

Zeuss Husum GmbH **Anforderungsprofil für Lieferanten** Lieferant für Spezialmotoren *XYZ GmbH*	**Gewicht für Zeuss Husum**
	Klassifikation: A definiert vom Einkauf
persönliche Anforderung	**11%**
Lieferantenpotenzial	**31%**
Kooperation	**33%**
Qualität	**25%**
Gesamt	**100%**

Abb. 41: Grundstruktur Anforderungsprofil Lieferanten

2. Schritt – Anforderungen konkretisieren

Die Anforderungsgruppen sollten nun weiter verfeinert werden. Zu diesem Zweck werden spezifische Anforderungen definiert. Als Beispiel wird hier das Lieferantenpotenzial unterteilt in sechs Untergruppen (s. Abb. 42), die auch jeweils gewichtet werden. Die Summe der Gewichtungen entspricht dem Gesamtgewicht der Anforderungsgruppe:

Lieferantenpotenzial	31 %
Lieferanteil von Zeuss Husum bei XYZ	5 %
Lieferanteil XYZ bei Zeuss Husum	5 %
Nachfragetrend	2 %
Lieferantenbindung	6 %
wirtschaftliche Stabilität	10 %
Kapazitätstrend des Lieferanten	3 %

Abb. 42: Lieferantenpotenzial

Lieferanteil von Zeuss
Mit dem „Lieferanteil von Zeuss Husum bei XYZ" wird bspw. festgehalten, ob Zeuss Husum Lieferanten haben will, bei denen Zeuss einen wichtigen, aber keinen überwältigenden Anteil an ihrem Umsatz hat. Der Zeuss-Anteil sollte so groß sein, dass Zeuss Husum zu den bevorzugten Kunden des Lieferanten gehört. Zugleich wäre es nicht so gut, wenn XYZ völlig von Zeuss Husum abhängt. Dann wäre der Zulieferer praktisch ein angeschlossenes Unternehmen. Das ist nicht gewollt.

Lieferanteil bei Zeuss
Andererseits lässt sich mit dem „Lieferanteil XYZ bei Zeuss Husum" festlegen, mit wie vielen Lieferanten für Spezialmotoren auszukommen ist. Soll eine Politik der wenigen, aber zuverlässigen Partner mit einer hohen gegenseitigen Integration gefahren werden oder soll es eher um Diversifizierung zur Streuung von Risiken gehen?

Nachfragetrend
Der „Nachfragetrend" setzt Anforderungen, Lieferanten mit einem zukunftsgerichteten Produktmix zu bevorzugen. Ist XYZ der beste in seiner Klasse und in der Lage, Trends zu setzen, von denen Zeuss Husum profitieren kann?

Lieferantenbindung
Die „Lieferantenbindung" lässt sich an den Jahren der gemeinsamen Zusammenarbeit messen.

Wirtschaftliche Stabilität
„Wirtschaftliche Stabilität" kann beispielsweise anhand der Bewertung
durch eine Wirtschaftsauskunft gemessen werden.

Kapazitätstrends
Die „Kapazitätstrends des Lieferanten" lassen sich anhand der Reserven
bestimmen, die es dem Lieferanten ermöglichen, innerhalb von z. B. einem
halben Jahr Zeuss Husum 50 % mehr Kapazität zur Verfügung zu stellen.

Für alle anderen Anforderungsgruppen sind ähnliche Unterteilungen
zweckmäßig.

3. Schritt – Anforderungen bewerten

In diesem Schritt werden Kriterien für die Vergabe von Punkten definiert.
Beim Lieferanteil von Zeuss Husum bei XYZ könnte das bspw. wie folgt
aussehen:

0 Punkte	0 % bis 20 % Lieferanteil
1 Punkt	20 % bis 30 % Lieferanteil
2 Punkte	30 % bis 40 % Lieferanteil
3 Punkte	40 % bis 50 % Lieferanteil
4 Punkte	50 % bis 60 % Lieferanteil
5 Punkte	60 % bis 100 % Lieferanteil

Es ist selbstverständlich auch ein Punktesystem mit nur drei, aber auch eines
mit 10 Punkten möglich. Meist reichen drei bis fünf Punkte aus. Denn die
wachsende Differenzierung wird normalerweise mit einem wesentlich höheren Aufwand zur Erarbeitung der Kriterien erkauft. Lasse Krämer hatte sich
für Zeuss Husum für jeweils maximal fünf Punkte entschieden.

4. Schritt – Soll und Ist ermitteln

Mit diesen Kriterien lassen sich nun Sollanforderungen für jeden einzelnen
Lieferanten definieren und mit dem Ist abgleichen; die Gewichtung erlaubt es,
manche Unterschiede weniger, manche mehr im Auge zu halten. Der Nutzen
dieser Systematik besteht zum einen darin, dass für jeden Lieferanten spezifische Anforderungen formuliert werden können und nicht mehr alle über einen

Kamm geschoren werden. Zum anderen kann relativ leicht erkannt werden, wo ein Lieferant Stärken und wo er Schwächen hat (s. Abb. 43).

Zeuss Husum GmbH **Anforderungsprofil für Lieferanten**	Gewicht für Zeuss Husum	Jahresbewertung Partner			
Lieferant für Spezialmotoren	Klassifikation: A	Punkte (ungewichtet)		Bewertung (gewichtet)	
XYZ GmbH	definiert vom Einkauf	SOLL	IST	SOLL	Ist
persönliche Anforderung	11 %	9	5,5	0,50	0,30
in der Region vertreten	6 %	5	2,5	0,30	0,15
Erreichbarkeit	5 %	4	3	0,20	0,15
Lieferantenpotenzial	31 %	27	15	1,34	0,82
Lieferanteil von Zeuss Husum bei XYZ	5 %	4	3	0,20	0,15
Lieferanteil XYZ bei Zeuss Husum	5 %	5	3	0,25	0,15
Nachfragetrend	2 %	5	2	0,10	0,04
Lieferantenbindung	6 %	4	2	0,24	0,12
wirtschaftliche Stabilität	10 %	4	3	0,40	0,30
Kapazitätstrend des Lieferanten	3 %	5	2	0,15	0,06
Kooperation	33 %	18	4	1,55	0,33
Prozessintegration	12 %	5	1	0,60	0,12
Einbindung in die Infrastruktur von Zeuss	11 %	5	1	0,55	0,11
Erfahrungshorizont bzgl. Kooperationen	5 %	4	1	0,20	0,05
Innovationspartnerschaft	5 %	4	1	0,20	0,05
Qualität	25 %	14	9	1,15	0,75
Termintreue	10 %	4	3	0,40	0,30
Produkt-/Leistungsqualität	10 %	5	3	0,50	0,30
Nachhaltigkeits-Konzept	5 %	5	3	0,25	0,15
Gesamt	100 %	68	33,5	4,54	2,20

Profilerreichungsgrad: 48 %

Abb. 43: Lieferantenprofil, Gesamteinschätzung

Der Profilerreichungsgrad als Maßzahl Ist/Soll zeigt an, wie groß der Unterschied von Sollanforderungen und Istzustand insgesamt ist und ermöglicht so einen Vergleich aller Lieferanten untereinander.

5. Schritt – Maßnahmen festlegen

Die Konsequenzen aus Differenzen zwischen Soll und Ist können mithilfe konkreter Maßnahmen konkret und unmittelbar gezogen werden. Gleichzeitig bietet die Systematik auch die Möglichkeit, zeitnah zu erkennen, ob die ergriffenen Maßnahmen die gewünschte Wirkung zeigen.

9.2 Umsatzpotenzialplanung

Schritte zur Erarbeitung einer Umsatzpotenzialplanung
(Beispiel Zeuss GmbH):

1. Schritt – Kundenstruktur definieren

Eine Umsatzpotenzialplanung schätzt die kundenkonkreten Möglichkeiten je Marktsegment ein. Die Marktsegmentierung beruht auf den Geschäftsmodellen des Unternehmens (s. Kapitel 2.1.3). Die maßgeblichen Abnehmer (A-Kunden) werden je Segment einzeln erfasst. Dem folgt eine Gruppe von B-Kunden. Üblicherweise werden mit den A- und B-Kunden zusammen mindestens 80 % des Umsatzes realisiert. Alle übrigen Kunden gelten als C-Kunden.

2. Schritt – Zulieferbedarf der Kunden ermitteln

Bezogen auf unser Produkt- und Leistungsportfolio wird der Zulieferbedarf der Kunden ermittelt. Bei den A-Kunden sollte das im direkten Gespräch erfolgen – Zeuss Husum realisiert die Informationsbeschaffung im Rahmen des Key Accounting. Die B-Kunden sind differenzierter zu betrachten. Die Beziehung zu ihnen ist selten so eng wie bei den A-Kunden. Dennoch verfügen erfahrene Vertriebsmitarbeiter zumeist auch für viele B-Kunden über ausreichende Informationen. Bei den übrigen B-Kunden sowie den C-Kunden sind in den meisten Fällen Einschätzungen hinreichend genau.

3. Schritt – Anteil der eigenen Lieferungen am Bedarf der Kunden ermitteln

Dieser Schritt ist eine reine Rechenaufgabe. Er zeigt an, welche Bedeutung das eigene Unternehmen für den jeweiligen Kunden hat. Anteile unter 10 % indizieren die Gefahr der Austauschbarkeit, zugleich aber auch ein enormes Entwicklungspotenzial. Anteile über 75 % signalisieren eine hohe Abhängigkeit des Kunden, lassen jedoch erwarten, dass der Kunde sich um Alternativen bemüht. Das Entwicklungspotenzial bezüglich der Anteile ist daher eher gering.

4. Schritt – den Zuwachs des Zulieferbedarfs der Kunden einschätzen

Für die Informationsbeschaffung gilt hier dasselbe wie beim zweiten Schritt. Dennoch wird der Charakter eher eine qualifizierte Einschätzung als eine exakte Ermittlung sein. Dennoch ist das für den Zweck einer Umsatzpotenzialplanung völlig ausreichend. Es geht ja darum, Möglichkeiten aufzuzeigen, um daraus Maßnahmen zur Nutzung der Potenziale abzuleiten.

5. Schritt – Zuwachs des eigenen Lieferanteils am Bedarf der Kunden ermitteln

Hier geht es um Sollzahlen oder eine Orientierung, wie sich das Potenzial in Abhängigkeit des eigenen Lieferanteils entwickelt (ein Beispiel für Zeuss Husum zeigt die Abb. 44):

Umsatzpotenzialplanung							
Zeuss Husum GmbH			Zulieferbedarf Kunde	Anteil Zeuss Husum an der Bedarfsdeckung des Kunden	Zuwachs Zulieferbedarf Kunde 2005	Zuwachs Anteil Zeuss Husum an der Bedarfsdeckung	Umsatz-Potenzial
Bereich Antriebssysteme			IST 2004 Mio € [1]	IST 2004 % [2]	Einschätzung % [3]	SOLL % [4]	Mio € [1]*[2]*[3]*[4]
A-Kunden	Segment I	K 1	45,2	10%	10%	8%	5,4
		K 2	35,6	12%	10%	6%	5,0
		K 3	24,2	8%	8%	7%	2,2
	Segment II	K 4	21,0	25%	6%	9%	6,1
		K 5	15,9	7%	5%	5%	1,2
B- Kunden	Segment I (20 Kunden)		42,7	15%	3%	7%	7,1
	Segment II (7 Kunden)		16,8	12%	5%	5%	2,2
C-Kunden			15,0	5%	3%	3%	0,8
Interessenten		I 1					0,0
		I 2					0,0
		I 3					0,0
	pauschale Zielsetzung		50,0	15%			7,5
	Summe Umsatzpotenzial						**37,5**

Abb. 44: Umsatzpotenzialplanung

6. Schritt – Maßnahmen festlegen

Die Konsequenzen aus der Umsatzpotenzialplanung sind in Form geeigneter Maßnahmen zu ziehen, um marktsegment- und kundengerecht die eingeschätzten Potenziale zu erschließen.

9.3 Innovationsbeitrag

Jedes Unternehmen, bzw. jede strategische Geschäftseinheit hat neben den Ausgaben für die Leistungserstellung noch weitere Ausgaben (s. Abb. 45):

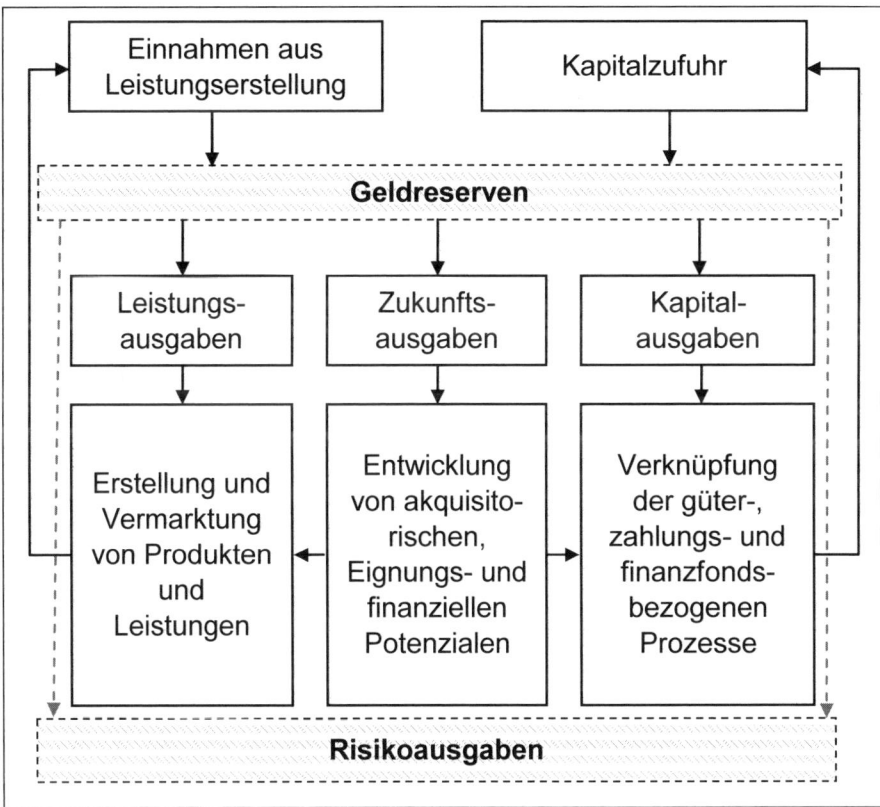

Abb. 45: Ausgabenstruktur

Leistungsausgaben

Sie dienen unmittelbar der Erstellung und Vermarktung von Produkten und Leistungen.

Zukunftsausgaben

Sie dienen der Bezahlung aller Aktivitäten zur Entwicklung von Potenzialen. Dazu zählen neben den materiellen Investitionen auch Tätigkeiten, die nach traditioneller Rechnungslegung als den Gewinn belastende Kosten charakterisiert werden. Zu diesen Aktivitäten zählen beispielsweise Forschung und Entwicklung, Marketing, Personalentwicklung oder Kommunikation.

Kapitalausgaben

Sie dienen der Überbrückung von Differenzen zwischen den güterprozess-, zahlungsprozess- und finanzfondsbezogenen Zeitordnungen (wie sie *Gutenberg* unterschieden hat).

Risikoausgaben

Sie dienen der Bildung von Geldreserven zur Risikovorsorge sowie der Bezahlung aller Aktivitäten im Rahmen des Risikomanagements.

Abgesehen von Kapitaleinlagen entsteht Geldzufluss im normalen Geschäft ausschließlich aus der Vermarktung von Produkten und Leistungen. Der daraus fließende Einnahmenstrom muss daher nicht nur die Leistungsausgaben decken. Er muss darüber hinaus so bemessen sein, dass auch die Zukunfts-, die Kapital- wie die Risikoausgaben bezahlt werden können. Diesen der nachhaltigen Wettbewerbsfähigkeit des Unternehmens geschuldete Überschuss über die Leistungsausgaben kann man als „**Innovationsbeitrag**" bezeichnen.

Seine Relation zum Umsatz bzw. dem eingesetzten Kapital bestimmt den erforderlichen Rentabilitätsanspruch jeder wirtschaftlich intendierten Aktivität.

Der Innovationsbeitrag orientiert sich an den Erfordernissen der Unternehmensentwicklung. Das ist ein wesentlicher Unterschied zu den Konzepten des Economic Value Added ® (EVA) bzw. des ähnlich strukturierten Wertbeitrags, die sich aus der Entwicklung des Kapitalmarktes ableiten. Damit ist der Innovationsbeitrag ein geeignetes Rentabilitätsmaß für alle nicht am Kapitalmarkt agierenden Unternehmen bzw. eine sinnvolle Ergänzung für die anderen.

9.4 Mögliche Workshopstruktur „Strategieerarbeitung und -umsetzung"

Kein Unternehmen gleicht einem anderen. Daher sollte es auch keinen verbindlichen Standard geben, wie mit den Mitarbeitern eines Unternehmens die Strategie angedacht, diskutiert, verabschiedet und dann gemeinsam umgesetzt wird. Die Autoren haben mit dem im folgenden beschriebenen Ablaufplan grundsätzlich gute Erfahrungen gemacht, aber natürlich: Kein Unternehmen gleicht... – daher diese Vorgehensweise nur als Anregung:

1. Vorbereitungsbesuch im Unternehmen

   Die Kenntnis des Unternehmens, erste Gespräche mit den Führungskräften eines Unternehmens sind Grundvoraussetzung, um die grundsätzliche Bereitschaft aller für den Beginn eines nachhaltigen Veränderungsprozesses zu erfahren.

2. Strategieworkshop

   Workshop zur Strategieerarbeitung als Grundlage des Veränderungsmanagements, mit dem der Führungskreis des Unternehmens die konsequente Umsetzung der strategischen Ziele erreichen wird. Es ist sinnvoll, den Strategieworkshop vom Umsetzungsworkshop zu trennen – sonst nimmt man sich zu viel vor!

   10 bis 15 Teilnehmer sollten es sein: mindestens die gesamte 1. Führungsebene des Unternehmens, am besten auch ein Externer, der das Unternehmen kennt, aber noch nicht einen ‚Tunnelblick' hat, dazu vielleicht ein ‚Querdenker' oder auch ein erst kürzlich ins Unternehmen gekommener Mitarbeiter, idealerweise ein guter Kunde und – sofern vorhanden immer! – ein Vertreter des Betriebsrats.

   Dieser üblicherweise dreitägige Workshop basiert auf folgenden Zielsetzungen:

   – Aufbau einer vertrauensvollen Kommunikation im Unternehmen, beginnend im Führungskreis.

   – Diskussion des Geschäftsmodells und der daraus abzuleitenden Unternehmensziele (Leitbild und Leitziel) – dies bildet die Grundlage der weiterführenden Arbeit zur Umsetzung der strategischen Ziele.
   Ggf. bereits vorhandene Unternehmensstrategien werden gemeinsam auf Konsistenz überprüft, bereits geleistete Vorarbeiten sind hierfür eine große Hilfe.

   – Festlegung des strategischen Zielsystems, der strategischen Koordinaten: strategische Themen und Entwicklungsgebiete/Perspektiven.

   Hier ist die Konzentration auf wenige Aspekte mehr und fördert die Kommunikation der Ziele bei den Mitarbeitern im Unternehmen.

3. Hausaufgaben I

Bearbeitung von „Hausaufgaben". Wir sehen sog. strategische Analysen vor einem Strategieworkshop recht kritisch; diese sind sehr aufwendig und selten effizient.

Besser ist es, gemeinsam im Workshop erarbeitete Zielvorstellungen anschließend auf ihren Realitätsgehalt zu überprüfen, um die Lücke zwischen Ist und Ziel exakter bestimmen zu können. Der Analyseaufwand kann somit erheblich verringert werden.

4. Workshop Strategieumsetzung

Mit der Managementmethode Balanced Scorecard wird der Führungskreis des Unternehmens die konsequente Umsetzung der strategischen Ziele erreichen.

Mit diesem dreitägigen Workshop (derselbe Teilnehmerkreis wie in Workshop 1) werden folgende Zielsetzungen verfolgt:

– Sammlung zielführender strategischer Aktionen/Aktionsprogramme, die zu strategischen Projekten/Programmen zusammengefasst werden

– Bestimmung der verantwortlichen Mitarbeiter für die weitere Umsetzung dieser Projekte/Programme

– Festlegung der weiteren Eckpunkte zur Einführung der Balanced Scorecard im Unternehmen

5. Hausaufgaben II/erste Projektbearbeitung

Strukturierung der erarbeiteten Ideen für strategische Projekte/Programme und Vorbereiten des Beschlussfassungsworkshops.

6. „Beschlussfassung"

Eintägiger Workshop (derselbe Teilnehmerkreis wie in Workshop 1), um über die Umsetzung der strategischen Projekte/Programme im Unternehmen zu entscheiden. Die in den beiden vorangegangenen Workshops aufgebaute Motivation ist üblicherweise so groß, dass es hier unsere Aufgabe ist, das Unternehmen zu bremsen: lieber weniger vornehmen, aber dies richtig (nicht alles zugleich, sondern nacheinander tun).

Sie können viel Kraft, Zeit und Geld sparen, wenn sie sich auf das Wesentliche konzentrieren!

7. Berichts-Scorecard

Gemeinsame Erarbeitung der „Berichts-Scorecard" im kleinen Kreis

In der Folgezeit stehen dann folgende Aktivitäten an:

- Kommunikation
Ein Kommunikationskonzept muss ausgearbeitet werden, damit alle Mitarbeiter im Unternehmen wissen, welche Aktivitäten für eine gemeinsame Zukunft geplant sind. Wir wollen erreichen, dass jeder Mitarbeiter dazu beiträgt!

- Verbreitung im Unternehmen
Unternehmen sind so verschieden wie Menschen; es gibt kein einheitliches „so muss es gemacht werden"! Daher sollte nach der ersten Runde das weitere Vorgehen im Unternehmen festgelegt werden. Dazu ist abzustimmen, in welchen Kaskadierungsstufen der Umsetzungsprozess erfolgen soll. In großen Unternehmen erweist es sich als zweckmäßig, Moderatoren auszubilden, von denen die Begleitung in der Folgezeit systematisch betrieben werden kann.

- Begleitung
Die Strategieumsetzung müssen alle Mitarbeiter des Unternehmens gemeinsam tun – gemeinsam ausgerichtet, gemeinsam erarbeitet und daher entsprechend motiviert. Mit dem erarbeiteten Instrumentarium erhalten die Führungskräfte neben der Zieltransparenz bei allen Mitarbeitern die Einsicht, dass Strategieumsetzung in die tägliche Arbeit aller integriert werden muss – und mittels Kennzahlen nachvollzogen werden kann, ob „die richtigen Dinge auch richtig getan werden."

Jedoch: Das Jahr ist lang, und wir sind bereit, den Führungskreis auch in der Umsetzung zu begleiten. Zur Unterstützung der Umsetzungsarbeit hilft ein monatlicher oder Quartals-„BSC-Bericht", mit Zahlen und Informationen über geleistete Aktivitäten.

- Strategieanpassung
Nach einem Jahr sollte sich der Führungskreis des Unternehmens zwei Tage Zeit nehmen, damit seine Strategie an die aktuellen Gegebenheiten angepasst werden kann.

Es ist davon auszugehen, dass ein Unternehmen aus sich selbst heraus strategische Zielstellungen erarbeiten und umsetzen kann – Beratung ist daher vorwiegend für die Startphase in Form der Moderation des BSC-Umsetzungsprozesses hilfreich.

9.5 Kompetenzanforderungsprofil

Beispielhaft dargestellt für einen Leiter Controlling:

Beispiel für ein Kompetenzprofil	LeiterIn Controlling		Bewertung Leiter Controlling				Entwicklung Person		
	definiert von zentraler Personalverwaltung /		Punkte (ungewichtet)		Bewertung (gewichtet)				
	Gewicht Aufgabengebiet	Punkte (unge-wichtet)	SOLL	Ist	SOLL	Ist	Ent-wer-tung	Auf-wer-tung	Ziel
Wissen	**17%**	**14**	**12**	**12**	**0,50**	**0,43**			**0,42**
Studium (BWL, VWL, Wi.-Ing)	6 %	3	3		0,18		5 %		
technische Kenntnisse	4 %	3	2	4	0,08	0,16	20 %		0,13
Controller-Lehrgang	4 %	5	3	3	0,12	0,12	10 %		0,11
EDV-Anwenderkenntnisse	3 %	3	4	5	0,12	0,15	15 %	40 %	0,19
Erfahrung	**21 %**	**11**	**15**	**15**	**0,77**	**0,79**			**0,72**
Leitungserfahrung	6 %	4	5	1	0,30	0,06	10 %	80 %	0,10
Produktionserfahrungen	5 %	2	3	5	0,15	0,25	10 %		0,23
Kommunikation mit Kollegen	8 %	4	3	5	0,24	0,40	20 %		0,32
Regionale Erfahrung	2 %	1	4	4	0,08	0,08	5 %		0,08
soziale Kompetenz	**23 %**	**15**	**16**	**12**	**0,92**	**0,70**			**0,74**
Geduld / Toleranz	7 %	4	5	3	0,35	0,21		10 %	0,23
Auftreten	5 %	3	4	2	0,20	0,10	10 %	20 %	0,11
Zuhören können	5 %	4	5	3	0,25	0,15		20 %	0,18
Entscheidungsfähigkeit	6 %	4	2	4	0,12	0,24	10 %		0,22
Wollen	**20 %**	**16**	**17**	**13**	**0,87**	**0,57**			**0,60**
Einbringen von Ideen	2 %	4	4	5	0,08	0,10	10 %		0,09
Flexibilität im Arbeitseinsatz	6 %	4	4	5	0,24	0,30			0,30
Delegation von Verantwortung	5 %	4	4	2	0,20	0,10	15 %	30 %	0,12
Beschäftigung mit Strategie	7 %	4	5	1	0,35	0,07	15 %	50 %	0,09
Infrastruktur	**19 %**	**12**	**16**	**10**	**0,74**	**0,50**			**0,58**
Leistungsfähigkeit EDV-Arbeitsplatz	5 %	4	4	4	0,20	0,20	15 %		0,17
Einbindung in das Intranet / Internet	5 %	3	3	3	0,15	0,15	15 %		0,13
Ergonomie des Arbeitsplatzes	3 %	3	5	1	0,15	0,03	12 %	300 %	0,12
Kommunikatives Umfeld	6 %	2	4	2	0,24	0,12	10 %	50 %	0,17
Gesamt	**100 %**	**68**	**76**	**62**	**3,80**	**2,99**			**3,06**
			Kompetenzerreichungsgrad:		79%				81 %

Abb. 46: Kompetenzprofil Leiter Controlling

9.6   Tipps und Tricks für eine erfolgreiche Sitzungskultur

Wir alle kennen diese endlosen Sitzungen, auf denen allzu häufig nur wenig oder gar nichts herauskommt. Wie können Arbeitstreffen ergebnisorientiert gestaltet werden[101]?

1. Brauchen wir das Treffen überhaupt?
   Prüfen Sie vorher, ob Aufgabe und Thema auf andere Weise geklärt werden können und „meeting-tauglich" sind.

2. Wer ist dabei?
   Eingeladen wird nur, wer wirklich benötigt wird und Konstruktives beitragen kann. Es gibt keine „Zuhörer-Karten" und „Backstage-Pässe."

3. Sind alle informiert?
   Identische Arbeitsunterlagen zur Vorbereitung sowie verbindliche Tagesordnung mindestens 3 Arbeitstage vor der Sitzung an alle Teilnehmer versenden.

4. Wer leitet das Meeting?
   Abwechselnd einzelne Teilnehmer die Moderation übernehmen lassen. Den Moderator fürs nächste Mal schon am Ende dieses Meetings bestimmen.

5. Wer schreibt Protokoll?
   Wichtigste Punkte und Beschlüsse während der Besprechung sichtbar für alle festhalten. Das Protokoll (innerhalb 3 Tagen) enthält alle Zuständigkeiten/Termine.

6. Wie lange soll's dauern?
   Bei der Einladung verbindliche Zeiten festlegen. Die Dauer von Vorträgen und Berichten wird genau terminiert. Sitzungen mit einer Dauer von mehr als 60 Minuten vermeiden.

7. Haben alle Platz?
   Meetings rechtzeitig anmelden, ausreichend große Räume reservieren, Hilfsmittel (Flip-Chart etc.) bereitstellen. Sitzordnung ohne „zweite Reihe."

8. Sind wir ungestört?
   Handys sind völlig auszuschalten, Anrufe werden nicht durchgestellt.

---

[101] Diese Tipps beruhen auf einer Zusammenstellung der TU Braunschweig.

Wird ein wichtiger Anruf erwartet, beantwortet diesen (auch bei Gästen) das Sekretariat.

9. Sind schon alle da?
Für alle Teilnehmer gilt: 10 Minuten vor dem Treffen Telefon auf „Rufumleitung" schalten. Pünktlich anfangen, Zuspätkommen wird sanktioniert.

10. Sind noch alle da?
Es gibt kein „Ich muss früher weg." Durch die rechtzeitige Einladung erhält jeder Teilnehmer Gelegenheit, seinen Terminplan zu ordnen.

11. Sind wir in der Zeit?
Der Moderator setzt mit einer „Zeit!" – Karte ein für alle wahrnehmbares Signal und greift schon nach geringer Toleranzüberschreitung ein.

12. Vergeuden wir Redezeit?
Statements zeitlich begrenzen – etwa auf 1 Minute oder 30 Sekunden. „Schwätzer" werden optisch verwarnt.

13. Geht jemand fremd?
Bei privaten Unterhaltungen oder Nebentätigkeiten muss der Moderator sofort einschreiten.

14. Sind wir noch beim Thema?
Abweichungen von der Tagesordnung oder Wiederaufgreifen bereits erledigter Punkte sofort abbinden.

15. Sind alle bei der Sache?
Schweiger oder Schläfer aktiv ansprechen und fordern. Hier ist der Moderator gefordert, Impulse zu geben und Ideen einzubringen.

16. Haben wir verstanden?
Schwierige Themen oder komplexe Darstellungen visualisieren, z.B. durch Skizze am Flipchart, die ins Protokoll übernommen wird (Digitalkamera!).

17. Wo bleiben die guten Sitten?
Beleidigungen, Machtkämpfe, Haarspaltereien, Fehden, Gemaule sind verboten und werden sofort sanktioniert.

18. Kommen wir auf den Punkt?
Ausweichende Antworten werden nicht akzeptiert. Jeder Teilnehmer muss sich festlegen.

19. Sind wir ganz Ohr?

Zuhören können ist eine wichtige Sitzungs-Tugend. Kurze Wortmeldungen machen das leichter. Zwischenrufe sind verboten, anderen ins Wort zu fallen auch.

20. Ist die Luft rein?

Rauchen und Essen während einer Sitzung gibt es nicht. Auch das Lesen von anderweitigen Unterlagen, das Spielen im PDA oder im Kalender sind tabu.

21. Gibt es Freiraum?

Schaffen Sie Regeln für kreative und überraschende Ausweitungen des Themas. Reservieren Sie in jedem Meeting am Ende Zeit für diese Aufgabe.

22. Alles unter Controlling?

Unterziehen Sie alle Sitzungen einer regelmäßigen Erfolgskontrolle, z. B. durch Auswertung der Protokolle und Überprüfung der Ergebnisse.

Literatur

Antônôvsqî, A./Franke, A. (1997): Salutogenese: zur Entmystifizierung der Gesundheit. Dgvt-Verlag, Tübingen

Bauer, J. (2006): Prinzip Menschlichkeit – Warum wir von Natur aus kooperieren, Hoffmann und Campe, Hamburg

Bauer, J. (2008): Das kooperative Gen – Abschied vom Darwinismus, Hoffmann und Campe, Hamburg

Deyhle, A. (2003): Controller Handbuch, 5. Auflage, VCW Verlag für ControllingWissen, Offenburg

DGQ, Deutsche Gesellschaft für Qualität e. V. (2003): Das EFQM-Modell für Excellence

Drucker, P. F. (2002): Was ist Management?, Econ, München

Echter, D. (2003): Rituale im Management, Strategisches Stimmungsmanagement für die Business Elite, Vahlen, München

Ewert, R./Wagenhofer, A. (2008): Interne Unternehmensrechnung, Springer, Berlin

Friedag, H./Schmidt, W. (2003): Balanced Scorecard at work, Haufe, Freiburg

Friedag, H./Schmidt, W. (2004): My Balanced Scorecard, Haufe, Freiburg

Fuchs, H./Huber, A. (2002): Die 16 Lebensmotive, Was uns wirklich antreibt, Deutscher Taschenbuch Verlag, München

Gälweiler, A. (1974): Unternehmensplanung, Grundlagen und Praxis, Campus, Frankfurt/M.

Gänßlen, S. (2009): Laudatio von Siegfried Gänßlen, Vorsitzender des Vorstands der Hansgrohe AG und Vorsitzender des Internationalen Controller Vereins, anlässlich der Verleihung der Ehrendoktorwürde an Dr. Albrecht Deyhle am 14. November 2008 an der WHU Vallendar, http://www.controllerverein.de/Aktuelles_aus_dem_ICV.107034.html?#WHU%20Vallendar%20verleiht%20Ehrendoktorwürde%20an%20Dr.%20Albrecht%20Deyhle

Geier, M./Rausch, A. (2008): Das Konzept der Fachlaufbahn – ein Praxisbeispiel aus dem Maschinenbau; in: Gleich, R./Sauter, R. (Hrsg.), Operational

Excellence: Innovative Ansätze und Best Practices in der produzierenden Industrie, S. 251–263

Goleman, D./Boyatzis, R. (2009): Soziale Intelligenz – Warum Führung Einfühlung bedeutet; in: Harvard Business Manager, Januar, S. 35–44

Graßhoff, J. et. al. (2003): Target Costing, Statement des Internationalen Controller Vereins, Gauting; s. a. www.controllerverein.com (Controlling-Wissen/Statements)

Gutenberg, E. (1980, 1983, 1984): Grundlagen der Betriebswirtschaftslehre, Erster, zweiter und dritter Band, Springer, Berlin

Heckhausen, H. (1987): Wünschen – Wählen – Wollen, in: Heckhausen, H./ Gollwitzer, P. M./Weiner, F. E.: Jenseits des Rubikon: Der Wille in den Humanwissenschaften, Springer, Berlin

Hüther, G. (2006): Die Macht der inneren Bilder, Vandenhoeck & Ruprecht, Göttingen

Jockel, S. (2004): „EVA®Centives" – Erfolgsabhängige Vergütungen nach Unternehmenswert; Referat anlässlich der 4. CIB Controlling Innovation Berlin am 4. September 2004; http://www.controlling-online.eu/cib.89684.html?#cib2004

Kalwait, R./Meyer, R./Romeike, F./Schellenberger, O./Erben, R. (Hrsg.) (2008): Risikomanagement in der Unternehmensführung; Wiley, Weinheim

Kramer, R. M. (2006): Die Stunde der Einschüchterer, in: Harvard Business Manager, Juli, S. 83–94

Nalebuff, B./Brandenburger, A. (1996): Coopetition – kooperativ konkurrieren; Mit der Spieltheorie zum Erfolg, Campus, Frankfurt/Main

Nalebuff, B./Dixit A. (1997): Spieltheorie für Einsteiger, Strategisches Know-how für Gewinner, Schäffer-Poeschel, Stuttgart

Nefiodow, L. (2006): Der sechste Kondratieff. Wege zur Produktivität und Vollbeschäftigung im Zeitalter der Information, 6. aktualisierte Auflage, Rhein-Sieg-Verlag, St. Augustin

North, K. (2002): Wissensorientierte Unternehmensführung. Wertschöpfung durch Wissen. 3., aktualisierte und erw. Aufl., Gabler, Wiesbaden

Otte, M. (2008): Der Crash kommt – Die neue Weltwirtschaftskrise und wie Sie sich darauf vorbereiten; Ullstein, Berlin

Picot, A./Reichwald, R./Wigand, R. T. (2003): Die grenzenlose Unternehmung: Information, Organisation und Management, Gabler Wiesbaden

Porter, M. E. (1999): Wettbewerbsstrategie, Campus, Frankfurt/New York

Schäffer, U./Zyder, M. (2003): Beyond Budgeting – ein neuer Management Hype?, in: Zeitschrift für Controlling & Management, 47. Jhg., Sonderheft Nr. 1, S. 101–110

Schmidt et. al. (2008), International Financial Reporting Standards (IFRS), Statement des Internationalen Controller Vereins, Gauting

Schmitz, H. (2005): Raus aus der Demotivationsfalle, Gabler, Wiebaden

Schlack, M. (2008): Tarifliches Entgelt in der Metall- und Elektroindustrie Baden-Württemberg, in: Gleich, R./Sauter, R. (Hrsg.), Operational Excellence: Innovative Ansätze und Best Practices in der produzierenden Industrie, S. 327–349

Scholz, C./Stein, V./Bechtel, R. (2004): Human Capital Management, Luchterhand München

Schumacher, S. C./Schiele, H./Contzen, M./Zachaus, T. (2008): Die 3 Faktoren des Einkaufs, Einkauf und Lieferanten strategisch positionieren, Wiley, Weinheim

Schumpeter, J. A. (1993): Kapitalismus, Sozialismus und Demokratie, A. Franke Verlag, Tübingen und Basel, 7. Auflage

Simon, H. (2004): Think, Strategische Unternehmungsführung statt Kurzfrist-Denke, Campus, Frankfurt am Main

Simon, H. (2007): Hidden Champions des 21. Jahrhunderts, Die Erfolgsstrategien unbekannter Weltmarktführer, Campus, Frankfurt/New York

Vester, F. (2008): Die Kunst vernetzt zu denken; Ideen und Werkzeuge für einen neuen Umgang mit Komplexität – Der neue Bericht an den Club of Rom, Deutscher Taschenbuch Verlag, München